河南省科技著作出版资助项目

北方屋顶绿化技术研究

翟晓巧　董玉山　徐振华　主编

河南科学技术出版社

·郑州·

图书在版编目（CIP）数据

北方屋顶绿化技术研究/翟晓巧，董玉山，徐振华主编. —郑州：河南科学技术出版社，2016. 12

ISBN 978-7-5349-8436-5

Ⅰ. ①北… Ⅱ. ①翟… ②董… ③徐… Ⅲ. ①屋顶-绿化-研究 Ⅳ. ①S731. 2 ②TU985. 12

中国版本图书馆 CIP 数据核字（2016）第 244673 号

出版发行：河南科学技术出版社

地址：郑州市经五路 66 号　　邮编：450002

电话：（0371）65737028　65788613

网址：www. hnstp. cn

策划编辑：陈淑芹

责任编辑：李义坤

责任校对：郭晓仙

封面设计：张　伟

版式设计：栾亚平

责任印制：张艳芳

印　　刷：河南新华印刷集团有限公司

经　　销：全国新华书店

幅面尺寸：185 mm×260 mm　　印张：11. 5　　彩插：8 面　　字数：230 千字

版　　次：2016 年 12 月第 1 版　　2016 年 12 月第 1 次印刷

定　　价：38. 00 元

如发现印、装质量问题，影响阅读，请与出版社联系并调换。

本书编写人员名单

主　编　翟晓巧　董玉山　徐振华

副主编　王　念　刘艳萍

编　委　翟晓巧　董玉山　徐振华　王　念　刘艳萍
何　威　王文君　赵蓬晖　任媛媛　晏　增
马永涛　曾　辉　党　磊　田　丽　陈　超
侯志华　钱世江　李会宽

前　　言

“屋顶绿化”在国际上的通俗定义是：一切脱离了地气的种植技术，它的涵盖面不单单是屋顶种植，还包括露台、天台、阳台、墙体、地下车库顶部、立交桥等一切不与地面、自然土壤相连接的各类建筑物和构筑物的特殊空间的绿化。现在的屋顶绿化已经不再仅仅局限于园林教科书上的“屋顶花园”，而是把它提升、扩大为一个新的行业。屋顶绿化对增加城市绿地面积，改善日趋恶化的人类生存环境空间；开拓人类绿化空间，建造田园城市，改善人民的居住条件，提高生活质量，以及对美化城市环境、改善生态效应有着极其重要的意义。

屋顶绿化是人们根据建筑屋顶结构特点、荷载和屋顶上的生态环境条件，选择生长习性与之相适应的植物材料，通过一定技艺，在建筑物顶部及一切特殊空间建造绿色景观的一种形式。北方地区由于气候条件和南方不同，特别是在降水量和冬季气温两方面与南方地区有较大差异。因此，在北方开展屋顶绿化不同于南方，有其独特的要求。本书结合当前国内外屋顶绿化现状以及研究成果，本着理论性和实用性相结合的原则，以屋顶绿化发展概况、屋顶绿化类型、屋顶绿化建筑要求、屋顶绿化气象条件研究、屋顶绿化基质选择、屋顶绿化植物选择、屋顶绿化施工与建造、屋顶绿化养护及屋顶绿化实例与分析来介绍北方屋顶绿化技术，以期为北方地区开展屋顶绿化工作提供技术借鉴。

书中可能存在错误之处，敬请读者批评指正。

编者

2016 年 3 月

目　录

第一章　概　　述

第一节　北方城市环境状况

中国北方地区泛指中国东北、华北和西北地区，以温带大陆性气候为主，局部地区是高原气候，少数临海地区为温带季风气候。北方地区由于远离海洋，海洋上的湿润气流难以到达，终年受大陆气团控制，因此呈现冬季寒冷干燥，春季干旱、多风沙，夏季温热多雨的气候特征。北方地区气温年较差大，气温日较差亦大，最冷月出现在1月，最热月在7月，春温高于秋温。此外，我国北方地区降水量少，降水量在400~600 mm，集中在6~8月，而且季节分配不均，占全年降水量的60%左右，降水的年际变化大。

从历史发展的角度来看，中国在距今2 500~3 000年前（约为春秋、战国时期），自然环境发生过一次大改变。这次改变使我国北方地区由温暖湿润气候期转变为干凉气候期。黄河流域和北方大部分地区成为温带，降水量剧减，河流浅干、湖泊消失。因为地表水的下降，土壤沙化，而人们长期耕作的旱地，因土质疏松、分散、土壤黏性差，在北方风蚀条件下也容易形成沙化。

在历史进程中，人民承受气候变化的后果，也开始了适应改造环境的斗争，且意识到干旱气候下生物资源的宝贵以及环境保护的重要。1949年新中国成立后，北方人口、城市剧增，工农业生产迅速发展，水土流失和土地沙漠化、盐碱化面积也快速增加。北方生态环境恶化，其实质原因是缺水。水是生命之源，有水才能植被丰茂、耕地得到保护，使工农业生产得以正常发展。然而北方今日的水环境对维持增长中的北方人口来说已经十分困难。中国的人均水量为2 710 m^3，约为世界人均水量的1/4，居世界第88位，而中国北方人均水量仅938 m^3，其中海河、滦河流域只有430 m^3。由于地表水不足，许多城市和农村只能依赖地下水。可地下水是地表水循环的一部分，是以大气降水为补给源的。当大气降水不充足时，地表植被会进一步减少，到一定程度时地下水也会枯竭或变质。

环境是在不停地演变，今日南方的某些城市和耕地是在水位降低、水域减少的基础上出现的。未来发展中，对北方环境的保护，意义不仅在于现在，还在于未来。对中国生存空间进行保护、开发、利用和改造，这无疑是中国持续发展的重要方略。中国社会科学院财经战略研究院、社会科学文献出版社与中国社科院城市与竞争力研究中心，2014年9月在北京共同发布《中国城市竞争力报告（2014）》，其中“2013年宜居城市竞争力”前十名的城市依次是珠海、香港、海口、三亚、厦门、深圳、舟山、无锡、杭州、上海，作为我国首都的北京，在中国城市中的宜居排名仅列第41位。报告指出："宜居方面的短板已成为制约北京市可持续发展的主要障碍，如不尽快加以解决，最终必将危及北京市的整体发展。"

第二节　北方城市环境污染现状

城市是人类社会政治、经济、文化和教育的中心，是承载现代文明与推动经济社会发展的重要力量。城市化伴随着生产力的发展及工业化的出现而产生。推进城市化进程是落后的农业国走向发达的工业国的必经之路，对实现工业化与现代化具有重要的意义。然而城市化发展是一把双刃剑，一方面城市化的快速发展有力地推动和促进了经济社会的发展，另一方面快速发展的城市化也形成了诸多的"城市病"，尤其突出的是城市生态环境容量面临巨大的资源和环境压力。长期以来，中国城市经济延续的是一种"高投入、高消耗、高排放和低效益"的"三高一低"粗放型增长模式。随着城市化进程的加快，城市人口的增加，人民生活水平的提高以及消费升级，这都给原本趋紧的城市资源、环境供给带来巨大的压力，致使城市经济发展和城市生态环境容量之间的矛盾越来越突出，城市环境日趋恶化。中国城市环境保护与管理面临着前所未有的严峻挑战，城市环境问题正在逐年推高经济发展的成本。据世界银行测算，环境污染使中国的发展成本比世界平均水平高7%，环境污染和生态破坏造成的损失占GDP（国内生产总值）的15%。

城市环境污染，是在城市的生产和生活中，向自然界排放的各种污染物，超过了自然环境的自净能力，遗留在城市环境污染自然界，并导致自然环境各种因素的性质和功能发生变异，破坏生态平衡，给人类的身体、生产和生活带来危害。具体包括空气污染、水域污染、固体废物污染、噪声污染、土壤污染等。

随着科学技术水平的发展和人民生活水平的提高，环境污染也在增加，特别是在发展中国家。环境污染问题越来越成为世界各个国家的共同课题之一。

由于人们对工业高度发达的负面影响预料不够，预防不利，导致了全球性的三大危机：资源短缺、环境污染、生态破坏。人类不断地向环境排放污染物质。但由于大气、水、土壤等的扩散、稀释、氧化还原、生物降解等的作用，污染物质的浓度和毒性会自然降低，这种现象被称为环境自净。如果排放的物质超过了环境的自净能力，环境质量就会发生不良变化，危害人类健康和生存，这就发生了环境污染。

环境污染问题日趋严重，主要体现在大气污染、城市水污染、固体废弃物污染等几方面上。近几十年来，大气污染一直是许多国家和地区面临的环境问题。随着中国经济的快速发展，工业化和城市化进程的快速推进，包括大气污染在内的环境问题也日趋严峻且损害凸显。以PM2.5为代表的大气环境恶化对国内城市的空间格局规划和城市绿色生态网络的建设是一个挑战。2014年1月10日，绿色和平组织发布了中国74个城市2013年的PM2.5年均浓度排名。根据《环境空气质量标准》（GB 3095—2012），PM2.5年均浓度35 $\mu g/m^3$ 为达标。在该排名的74座城市中，接近92%的城市空气PM2.5年均浓度达不到国家标准，其中32座城市的PM2.5年均浓度是国家标准的2倍以上，而PM2.5年均浓度排行前十名的城市是国家标准的3倍以上，均在中国的北方地区。

《中国城市竞争力报告（2014）》中称：雾霾和房价成为城市宜居面临的标志性难题。在评价比较2013年中国城市的生态环境时，这份报告特别指出，2013年，在政府重拳治理的前提下，中国城市环境污染引发的重大事件仍呈爆发式增长，雾霾、水污染、植被破坏等问题也都呈现常态化趋势。生态环境问题已经严重影响了中国城镇化的质量。

报告在以环境质量、资源节约和生态状况作为主要指标的中国生态城市竞争力排名中，香港、黄山和澳门，依次列为前三甲。除此之外，鄂尔多斯、十堰、扬州、南宁、咸宁、大连、三明，进入中国生态城市竞争力的前十强。

在区域表现上，东南地区表现优异，西北、环渤海和东北地区总体水平很低。作为雾霾重灾区，空气质量无疑是拉低京津冀生态排名的主要原因。报告特别举例，环保部2014年发布的资料显示，京津冀、长三角和珠三角三大城市群中，京津冀的空气污染最为严重，2013年环保部监测了74个大中城市，空气质量最差的10个城市中，京津冀占了7个（表1-1）。报告称："这反映出在可持续竞争力方面，生态城市竞争力是京津冀城市共同的短板。"

表1-1　2013年74个城市PM2.5年均浓度排行（只列出前15位）

排名	城市	省份	PM2.5年均值/（μg/m³）	PM2.5最大日均值/（μg/m³）
1	邢台	河北	155.2	688
2	石家庄	河北	148.5	676
3	保定	河北	127.9	675
4	邯郸	河北	127.8	662
5	衡水	河北	120.6	712
6	唐山	河北	114.2	497
7	济南	山东	114.0	490
8	廊坊	河北	113.8	772
9	西安	陕西	104.2	598
10	郑州	河南	102.4	422
11	天津	天津	95.6	394
12	沧州	河北	93.6	380
13	北京	北京	90.1	646
14	武汉	湖北	88.7	339
15	成都	四川	86.3	374

从排名中不难发现，空气最差城市大多在京津冀地区，并且是重工业发达地区，河北占7个。河北大气污染还是以煤烟型、颗粒物为主要特征，大气污染物排放量巨大。其中，氮氧化物、烟（粉）尘排放量居全国第一位，二氧化硫排放量居全国第二位。

分析全年监测结果可以得到如下结论：一是京津冀、长三角、珠三角是空气污染相对较重的区域，其中京津冀区域的空气污染最重。二是复合型污染特征突出，即传统煤烟型的污染、机动车尾气污染与二次污染相互叠加，部分城市不仅PM2.5和PM10超标，二氧化硫、氮氧化物和一氧化碳也存在不同程度的超标。三是空气污染呈现明显的季节特征，第一季度和第四季度是空气重污染高发季节。

第三节　北方城市环境污染解决途径

严重的环境污染不仅影响了城市居民生活质量，严重危害着人体健康，而且破坏了城市经济发展的自然物质条件，制约了城市经济持续发展的潜力。当前和今后一段时期，中国仍将处于城市化快速发展的时期，进一步推进城市化是中国经济发展的必然趋势，由此将面临更加严峻的环境污染问题。我国是一个缺林少绿、生态脆弱的国家，生态环境状况远远不能满足人民群众对天更蓝、山更绿、水更清、环境更宜居的热切期盼，生态产品已成为社会最短缺的产品，生态差距已成为我国与发达国家最大的差距之一。2014世界生态城市与屋顶绿化大会10月20日在青岛开幕。在下午的会议上，国家室内环境监测中心主任宋广生在会上表示，根据《中国低碳经济发展报告（2014）》，中国治理雾霾污染需要20~30年。该报告称，根据英国、日本、德国、美国治理大气污染的经历，中国要“从根本上而不是一时”治理好雾霾、重现蓝天白云，按照目前的经济发展模式和技术水平，需要20~30年时间。即使是采取最严厉的措施，采用最先进的技术，最快地实现经济结构转型，奇迹性地改善环境，也需要15~20年的时间。

如何改善城市的生态环境，让碧水蓝天重回人们的视野，是摆在城市管理者面前的重要课题。北方是中国历史发展的中心地区，养育着大量的人口，还是中国的政治和文化中心，加强和保护北方环境，就是保护中国的大半个生存空间。

为了保护生态环境，为了维护人类自身和子孙后代的健康，必须积极防治环境污染。

防治环境污染的措施很多，其中与生物科学密切相关的有利用生物净化来消除环境污染和发展绿色食品等。生物净化是指生物体通过吸收、分解和转化作用，使生态环境中污染物的浓度和毒性降低或消失的过程。在生物净化中，绿色植物和微生物起着重要的作用。

绿色植物的净化作用主要体现在以下三个方面：第一，绿色植物能够在一定浓度范围内吸收大气中的有害气体。例如，1 hm^2 柳杉林每个月可以吸收60 kg的二氧化硫。第二，绿色植物可以阻滞和吸附大气中的粉尘和放射性污染物。例如，1 hm^2 山毛榉林一年中阻滞和吸附的粉尘达68 t；又如，在有放射性污染的厂矿周围，种植一定宽度的林木，可以减轻放射性污染物对周围环境的污染。第三，许多绿色植物如悬铃木、圆柏等，能够分泌抗生素，杀灭空气中的病原菌。因此，森林和公园空气中病原菌的数量比闹市区明显减少。总之，绿色植物具有多方面净化大气的作用，特别是森林，净化作用更加明显，是保护生态环境的绿色屏障。

因此，在控制污染源头的基础上，植树造林、增加植被覆盖率是改善生态环境的有效方法。由于城市植被能吸附灰尘、吸收有害气体、调节二氧化碳和氧气比例，因此能很好地净化城市空气。城市公园、行道树、庭院中的树木和草坪能通过叶片来吸纳烟灰和粉尘。一般而言，绿化地区上空的飘尘浓度较非绿化地区少10%~50%。树木和草坪还拥有“有害气体净化场”的美称，具备吸收大气中悬浮颗粒物、二氧化硫、氟化氢和氯气等有害物质的功能。

然而现如今，将城市中心土地作为大规模的公园用地越来越困难，并且绿地的网络系统化重要性在不断扩大，在寸土寸金的市中心，要想拥有更多的绿色，屋顶绿化就是最好的解决之道。屋顶绿化是一切脱离了地气的绿化，即建筑绿化、碳汇建筑，是提高城市生态自净力的重要举措，是治疗现代城市病的良方，由于没有土地成本，是城市最节约的绿化方式，是解决全球土地消亡的补偿办法，向建筑要绿、要菜……成为当代城市建设的必由之路。开发小规模屋顶绿化的工作显得更为重要和迫切。屋顶绿化在防治环境污染，恢复城市生态系统，调节气候，节约能源，减少噪声，回收利用雨水等方面起着很大作用。此外，屋顶绿化从位置上比较贴近居民日常生活空间，更容易让人们融入大自然之中。

东京都政府将城市绿化建设视为控制城市大气污染既经济又有效的措施之一，陆续制订了一系列条例和计划来改善城市环境。如日本的《城市规划法》规定，从东京市内的任何一点向东西南北方向延伸250 m的范围内，必须见到公园，否则就属于违法，将会受到严厉的处罚。

近几年，随着城市建设的快速发展，在拥挤的城市中心区域开发新的空地来建造绿地以防止扬尘，已经变得越来越困难。因人为造成的大城市中心地区局部高温现象被称为“热岛效应”，而城市中心区的屋顶绿化不仅可以缓解城市“热岛效应”，还可以吸附大量的空中粉尘。修建屋顶花园可以防止建筑物出现裂纹，减少紫外线辐射，延缓防水层老化，还有调节温度和湿度、改善气候、净化大气等效果。日本东京都政府大力鼓励和支持屋顶绿化，东京出现了兴建屋顶花园和墙上“草坪”的热潮。许多业主在设计大楼时都考虑在屋顶修建花园，而在高层楼上的餐厅、饭馆也不甘落后，积极在凉台上修建微型庭院。为普及屋顶绿化，东京地方政府出台了补助金等一系列优惠政策。东京城市建设管理部门规定，在新建大型建筑设施时必须有一定比率的绿化面积，屋顶花园可以作为绿化面积使用。作为远期目标，《绿色的东京规划（2001—2015年）》提出，2015年的东京屋顶绿化面积要达到1 200 hm^2。

据北京园林科学研究院教授级高工韩丽莉的研究，1 000 m^2 屋顶绿化一年可以滞尘100~220 kg，可降低环境25%左右的大气含尘量。还有大量研究表明，乔灌草结合的屋顶花园的滞尘效果远远高于草坪类的屋顶绿化，监测数据表明，屋顶花园滞尘平均为12.3 g/m^2，滞尘率平均为31.13%，屋顶草坪滞尘量平均为8.5 g/m^2，滞尘率平均为 21.53%。由此可见，在城市中心开展屋顶绿化对改善空气质量还是有明显作用的。

建筑越来越多，绿化越来越少，空气越来越差，城市发展不可避免会遇到这些瓶颈。屋顶绿化独辟蹊径，在寸土寸金的市中心开辟珍贵绿地。

目前，城市中心区土地已处于饱和状态，唯一增绿扩水的方法是在屋顶、墙体、硬地面上造田、造水，进行种植。因为没有土地成本，屋顶绿化成了最节约的绿化方式。当前世界共识，植物和水是已生成的 PM2.5 的“克星”。向建筑要绿、要菜，将是当代城市建设的必由之路，而且能有效解决 PM2.5 严重超标的问题。

第二章　屋顶绿化发展概况

第一节　屋顶绿化的概念

屋顶绿化国际上的通俗定义是一切脱离了地气的种植技术，它的涵盖面不单单是屋顶种植，还包括露台、天台、阳台、墙体、地下车库顶部、立交桥等一切不与地面、自然、土壤相连接的各类建筑物和构筑物的特殊空间的绿化。它是人们根据建筑屋顶结构特点、荷载和屋顶上的生态环境条件，选择生长习性与之相适应的植物材料，通过一定技术，在建筑物顶部及一切特殊空间建造绿色景观的一种形式。

屋顶花园是指在建筑物的顶部（包括屋顶、楼顶、露台或阳台）根据建筑的风格、形式建造景观小品，加上树木花草的组合式种植，从而形成一个完整的景观空间。屋顶花园是在发展现代生态园林城市观念的推动下逐渐孕育出的一种新型的城市生态景观形式，它以建筑物顶部平台为依托，进行蓄水、覆土并营造园林景观的一种空间绿化美化形式。其涉及建筑、景观艺术和园艺等专业学科，是一个综合性的景观。它使建筑物的空间潜能与绿色植物的多种效益得到完美的结合和充分的发挥，在现代城市建设中发挥着重大作用，是美丽生态城市发展战略中的重要组成部分。

图 2-1　石家庄市尚未开展屋顶绿化的楼顶

城市屋顶约占城市面积的1/5，如果合理改善并加以利用，会使城市在环境与绿化方面得到整体的提升。屋顶被称为“建筑第五立面”，一直是都市中尚待开垦的“处女地”，处于一种被忽略、被遗忘甚至被糟蹋的境地。一方面是城市绿化面积和水面面积被越来越多的高密度建筑物蚕食，另一方面大量的屋顶却仍然素面朝天，未被有效利用（图2-1），甚或成了“垃圾仓库”，这是目前城市建设及管理上的一个死角。而被众多生态环境专家、城市规划专家、建筑设计专家所推崇的屋顶绿化，则既能兼顾建筑景观，同时又能改善城市生态环境。现在的屋顶绿化已经不再仅仅局限于园林教科书上的“屋顶花园”，而是把它提升、扩大为一个新的行业。其与地面绿化同属城市园林范畴，是城市园林的一部分，但如同园林区别于林业一样，同属而又有别，它有诸多不同于地面绿化的特殊性和复杂性，是当代园林发展的新亮点、新阶段。

第二节　屋顶绿化的作用

一、生态效应

随着我国城市化进程的高速发展和建筑面积的急剧增加，建筑能耗将更加巨大，城市“热岛效应”将更为严重。进入21世纪以来，人们对环境的要求越来越高，许多城市政府也意识到绿化的重要性，提出了创建生态园林城市的理念。城市生态环境在迅速恶化，已经难以承受人类生活所带来的负担。城市建筑面积的增加导致绿化面积不断减少是生态环境遭受破坏的关键原因。而屋顶绿化这项技术是在不占用土地面积的前提下，扩大绿化面积。大面积植被的种植，将会给城市生态环境带来极大好转。屋顶绿化将在生态环境保护方面发挥重大作用。

（一）改善城市生态环境，缓解城市“热岛效应”

屋顶是一块未被利用的巨大空间资源，同时对城市环境，特别是对城市“热岛效应”产生重大影响。城市“热岛效应”是指城市因大量的人工发热、建筑物和道路等高蓄热体及绿地减少等因素，造成城市“高温化”，城市中心的气温明显高于外围郊区的现象。城市“热岛效应”使城市年平均气温比郊区高出1℃，甚至更多。夏季，城市局部地区的气温有时甚至比郊区高出6℃以上。此外，城市密集高大的建筑物阻碍气流通行，使城市风速减小。由于城市“热岛效应”，城市与郊区形成了一个昼夜相同的热力环流。城市“热岛效应”产生以后，城市内不会有凉风进来，污浊的空气和烟尘也排不出去，形成较为严重的大气污染。居民生活质量下降，对健康产生危害，其最主要的原因是城市化的发展、住宅建筑、工业发展和交通散发的余热对于原本的生态系统产生的影响。城市裸露建筑顶板吸收的太阳辐射热，仅有5%传递至室内，使室内温度升高；其余95%又再次转向大气辐射，使大气升温。通过研究表明，屋顶绿化可以吸收太阳辐射热，减少向大气的二次辐射。屋顶花园的建造能增加屋顶绿化面积，可以大大降低屋顶外表面的平均辐射温度，从而进一步改善城市的热环境，调节城市的温度和湿度，对缓解城市“热岛效应”有着积极的作用。

根据20世纪70年代晚期第一次对两种不同材质的屋面温度进行测试，测试结果显示，当气温超过 30 ℃时，种有植被的屋面与沥青屋顶温度最高值的差距大，且绿化屋面的温差也小于沥青屋顶。这说明绿化屋顶通过覆盖在屋顶植物的蒸腾作用，在一定程度上可以调节温度，使屋顶在夏季保持适合的温度。除了可以通过蒸腾作用调节温度外，屋顶花园还能够增加空气湿润度，吸附有害气体，净化空气，还能为附近的小环境提供较好的气候。根据联合国环境计划研究指出，一个城市屋顶绿化总量达到城市建筑面积的70%时，夏天的气温将下降 5~10 ℃，“热岛效应”基本可以消失。如中国台湾新北市市政大楼俯瞰税捐处楼顶，原来是一片灰色水泥屋顶，后来做了屋顶花园，现成为新北市第一座绿能屋顶示范建筑，市民在上班时间可以申请上去参观。

（二）储存雨水，节约水资源

屋顶花园土壤的深度和植物的选择对于水土保持有决定性的影响。水土的保持与排水结构关系很小，厚度为 50~100 mm 的栽培基质中保水力约为 50%；100~120 mm 的土壤植被层面保水力为总降水量的 69%。屋顶花园作为一种新型的绿化系统可以与蓄水系统相结合，不但能够缓解夏季暴雨来临时的路面积水，还能减轻排水系统的负担。同时，能够过滤、储存一部分雨水供建筑物内部使用，或是用于灌溉植物，节约了城市的水资源。在屋顶花园里，除了土壤和蓄水系统，植物的根系和树冠本身也起着储存一部分雨水的作用，树叶使得一部分的雨水保存在叶子上不落于地面。如果屋顶花园能够在城市中大范围应用，不但雨季时的排水压力能够得到大幅减轻，而且对于雨水的收集、储存并且循环利用都是城市节能环保的体现。例如，美国波士顿麦高伦大楼上的屋顶花园，作为获得美国能源与环境设计银奖的一座生态建筑，两个位于屋顶的绿化空间是该生态建筑的重要组成部分。屋顶花园位于地面上方 12 m 处，受到当地地理因素和环境气候的影响，整个屋顶花园的结构有了独到之处，整个花园形成了一个高度集中，部分地段呈起伏状的多层面景观，层面的类型由下至上依次为：地下层、地表层、灌木层、草阶层和树木层。这样多层次的景观布置使得植物在生长过程中有节奏地逐渐发挥储存、汇集、吸收雨水的作用。在花园的地下层，有一条排水通道，起到汇集从地表层、灌木层、草阶层以及树木层流入雨水的作用。雨水从此处直接汇集到位于停车场处的大型蓄水池，汇集的雨水将会再用于植被的灌溉。

（三）净化城市的大气

随着城市不断扩大、人口急剧增加、工业迅速发展，呼吸产生的二氧化碳及煤炭、石油、天然气燃烧产生的二氧化碳，远远超出了过去的水平。屋面的植物能够吸附、滞留和固定大气中的细菌、烟尘、重金属元素，并能吸收、分解空气中的氮氧化物、氨气、氯气等有害物质，提高城市空气质量。例如北京城区空气中的有害气体主要成分是二氧化硫，据统计，北京市屋顶绿化年吸收二氧化硫量约为 3.1 g/m^2，北京市屋顶绿化的年滞尘量约为 150 g/m^2，对环境的影响起到了积极的作用。有资料显示，屋顶绿化植被能够吸收大量的二氧化碳，同时增加大气氧含量。有资料显示，绿地每天吸收二氧化碳 900 kg/hm^2，产生氧气 600 kg/hm^2。一个城市如果把屋顶都利用起来，进行有效的绿化、美化，那么这个城市中的二氧化碳浓度可降低 70% 以上。另外，还能够吸收有害气体，如氟化氢、氯气，汞、铅蒸气等，同时还可以吸滞烟灰和粉尘。

（四）防止城市公共危害

由于植物的叶表面有很多气孔和茸毛，这些结构都有助于将多余的杂音吸收掉。

声波碰到树干时，会被破碎，使声波削弱，而栽种植物的面积越大，能够消除杂音的能力也就越强，因而植物有“天然消音器”之称。屋顶花园至少可以减少原有 2/3 噪声，同时隔绝噪声效能达到很好的效果。这对于位于机场附近或有喧闹的迪斯科舞厅、大型设备的建筑来说最为有效。对于净化水体也有很好的作用。雨水或者是灌溉用水经过植物根系以后，都将对水体有一个净化过程。另外，由于屋顶绿化植被层的作用，可阻留 10%以上的降水量，对于缓解城市洪涝灾害有积极作用。

二、经济效益

屋顶绿化不仅有良好的生态效益，而且还具有可观的经济效益。以深圳市屋顶绿化为例，在深圳市中心城区绿化 1 万 m^2 土地，加上征地、拆迁补偿费用在内，约需 3 000 万元。而建造 1 万 m^2 屋顶绿化的综合投入（包括防水和绿化）只需约 300 万元，约为前者的 1/10。同时，经过实地测定，屋顶绿化的生态效益可达平地绿化的 60%。从节能角度看，如果将屋顶做了绿化处理，植物能蒸发掉水分，消耗掉大量的热能，可以调节夏、冬两季屋顶的极端温度，起到隔热保温的作用，能够使顶层室内温度下降或升高 3~5℃，可节省 20%~40%的空调耗电量，实现可持续的经济效益。

屋顶绿化处理在很大程度上也保护了建筑构件，通常有绿化覆盖的屋顶能够延长其使用寿命 2~3 年，大部分的屋顶由于夏季白天暴晒，夜晚温度骤降，使得混凝土热胀冷缩，易导致屋顶面板龟裂，防水层状态改变和材料老化，导致雨水渗入形成渗漏。屋顶绿化植物吸收雨水，吸收阳光辐射热量，减轻阳光暴晒引起的热胀冷缩，减少风吹雨淋，保护建筑防水层，从而延长建筑物寿命。

三、屋顶绿化的景观效应

增加大面积的绿地系统是改善城市环境的有效可行性方法之一。充分利用屋顶空间正是弥补城市可利用土地缺乏的一种方式。这可以在很大程度上解决城市用地快速扩张与保护城市绿地之间的矛盾。屋顶花园的营造可以有效提高景观效果，润泽建筑物生硬的线条，同时还可以从建筑物内部改善视觉效果，增加多层次、多色彩的景观体验。同时在屋顶种植的植物选配上看，通过植物四季变换所展现出的色彩及形态，形成了层次丰富、色彩多样的屋顶景观。使花草建筑融为一体，打造出一种别样的城市街景。

（一）利用城市垂直空间，营造立体式城市景观空间

将普通的未被使用的屋顶空间设计为屋顶花园，尤其是作为公共屋顶空间，不仅充分利用宝贵的空间，同时也降低了购买土地的费用。屋顶花园可以丰富建筑的空间构图，协调建筑所创造的人工环境。通过屋顶景观建设，能加强景观与建筑的相互作用和相互结合，使景观和建筑取得有机联系，增加人与自然的紧密度。同时，屋顶景观也能够将整个城市的景观带在空间上串联起来，丰富城市生态景观的轮廓线，提高城市生态环境，可形成多层次的城市立体生态景观。

（二）完善城市生态景观结构，提高城市景观效果

按照生态学原则，景观设计建造的最终目的是要形成一个完整、科学的生态自然

系统。对城市建设来说，城市景观设计系统理论强调从生态学的角度深化景观理论的研究，力求建立生态健全的城市园林绿地系统，希望通过不断延伸和渗透，有效地拓宽景观的范围，增加城市绿量。而屋顶花园正是整个城市绿地系统的重要环节，它的建造要以生态学为基础，成为生态系统的载体之一。

（三）展现城市景观中的艺术设计

屋顶花园景观与地面一般的园林景观一样，都要用到园林景观的艺术造景手法。但由于屋顶的面积有限，加之建筑顶部的承载力不同以及垂直的高度不同，在选择景观小品和景观树种上要考虑到屋顶景观设计的特殊性，因地制宜地进行设计，巧妙地运用传统的设计手法，将艺术美学和设计美学恰当融入其中，做到小中见大、移步换景的艺术效果。

（四）为城市园林景观设计的发展提供了新模式

城市屋顶花园景观在建设美丽生态城市景观中发挥着重要作用。城市屋顶花园景观设计确立了以城市生态景观为主线的设计方针。在结合园林造景艺术手法的同时注重对屋顶景观种植系统的研究，这样可以最大限度地发挥植物的生态效益，循环利用资源，尤其是提高了水资源的利用率。伴随着屋顶景观设计的发展，一些生态节能型材料、技术也随之发展。如找坡材料、保温隔热材料、排蓄水材料以及耐根穿刺防水材料等。这些材料、技术在屋顶景观设计中的成功使用，为其在城市景观设计中的推广应用提供了可能性。

四、精神效应

现在许多人工作生活在城市高空中，当他们俯视窗外风景时，都是灰色的混凝土、黑色沥青和各类墙体。这种环境使人的心情受到影响，进而导致人的工作和生活质量下降。屋顶进行绿化以后，人们看到的将是花园式的绿色屋顶。绿色植物能调节人的神经系统，使人的紧张和疲劳得到缓和消除，使人们避开喧嚷的街市或劳累的工作环境，在宁静安逸的气氛中得到休息和调整。现阶段屋顶绿化多存在于一些高级商业办公区域、酒店平台、医疗康复中心等地。在一些国内外的屋顶花园营造与设计中，可以看到景观设计师在原本水泥浇灌的有限范围内设计出一个充满绿色的、适合人们娱乐、休憩、聊天的室外聚会场所。同时选择一块区域进行围合，打造出一个相对私密的环境，让人们在工作之余，也能够舒缓压力，放松心情，欣赏风景。美国曼哈顿金融中心的一处屋顶花园，总面积 130 m^2，被誉为“方寸天堂”。屋顶花园拆除了原场地过时的屋顶凉棚，成功地打造了颇具现代感和家居时尚的屋顶花园结构。为了将屋顶花园打造成惬意的休闲场所，设计中融入一些设施，如沙发、餐厅、不锈钢藤架、镶嵌方形小玻璃块的花岗岩喷泉、烧烤区、户外淋浴室、音响设备、照明设施、自动灌溉系统和 6 个红外线加热炉，让人们充分享受户外就餐的轻松和愉快。

大量的实践证明，屋顶绿化所营造的绿化环境能使人们产生良好的心理效应。这种绿化方式在提高城市绿化覆盖面积、美化环境的同时，还能陶冶人的情操，为市民创造一个更加具有创意的活动空间。

第三节 屋顶绿化发展历史

一、屋顶绿化的起源和各国发展史

屋顶花园的历史可以追溯到公元前2000年左右，在古代幼发拉底河下游地区（即现在的伊拉克）的古代苏美尔人最古老的名城所建的“大庙塔”，就是屋顶花园的发源地。20世纪20年代初，英国著名考古学家伦德·伍利爵士，发现该塔三层台面上有种植过大树的痕迹，真正的屋顶花园是在亚述古庙塔以后1 500余年才发现的著名的巴比伦“空中花园”，它之所以被世人列为“古代世界七大奇迹”之一，其意义决非仅在于造园艺术上的成就，而是古代文明的佳作。巴比伦“空中花园”始于公元前604~前562年，新巴比伦国王尼布加尼撒二世娶了波斯国一位美丽的公主，名叫塞米拉米斯，她日夜思念故国山乡，郁郁寡欢。国王为了取悦她，下令在平原地带的巴比伦堆筑土山，并用石柱、石板、砖块、铅饼等垒起每边长125 m，高达25 m的台子，在台子上层层建造宫室，处处种植花草树木。建造巴比伦“空中花园”耗费了大量的人力、物力、财力，是皇家贵族的享受，它反映古代帝王所追求的奢侈生活。

意大利橡树塔屋顶花园建于14世纪文艺复兴时期，位于意大利卢卡城古尼奇家族城堡内，在高36.5 m的橡树塔上。园内种有4株4 m高的橡树，种植在砖砌的树池内。该塔至今仍对外开放。俄国克里姆林宫屋顶花园建于17世纪，是一个两层的屋顶花园，面积约为4 hm^2，两层各有一个大型水池。植物多为树、花灌木、葡萄等，种植在盆、桶或大的容器中。1773年被拆毁，被建造新的克里姆林宫。德国拉比茨（Rabbitz）屋顶花园建于19世纪晚期，是建筑师卡尔·拉比茨在柏林修建的一个玻璃屋顶花园。由于柏林冬季寒冷，常年多雨，玻璃屋顶不适合这种气候，为了解决这个问题，卡尔·拉比茨采用了自己的专利——硫化橡胶。这种施工技术被认为是建筑屋顶防水的突破，并于1867年在巴黎世界博览会展出了花园微缩模型。

挪威老百姓的草坪屋顶：数百年前，为了与恶劣严酷的自然环境斗争，挪威人在屋顶上建植草坪以隔热保温，抵御严冷的寒冬。19世纪中后期，在树木缺乏的平原，建筑多采用砖木结构。当地人们设置屋顶草坪，并不是用于装饰，更多的是以实用为目的。这种保暖御寒方式在今天仍有非常重大的意义，值得我们借鉴。

屋顶花园首先在美国盈利，1882年，美国卡西诺剧院在其屋顶上修建花园，在夏季用于剧场表演，一举取得成功，成为纽约一流的演出中心，并带动了纽约百老汇街上其他屋顶花园剧场的发展。20世纪后，随着人们喜好的变化，屋顶花园转向酒店、高级宾馆并逐渐兴起。以阿斯特宾馆为首，是当时一流的屋顶花园宾馆。此后，当地市民将这一概念进一步推广，应用在高层豪华公寓上，带屋顶花园的顶楼成为拥有者地位的象征。代表作有1924年由弗雷德·F·弗伦奇公司建造的17层公寓大楼屋顶花园。

世界上第一个地下停车场屋顶花园是美国旧金山的联邦广场，建成于1924年，由蒂西莫·弗莱格设计建造。停车场可以停放1 700辆汽车，可见其上花园广场之大，建成后成为旧金山最成功的商业中心区。

二、国外屋顶绿化发展现状

西方发达国家在20世纪60年代以后，相继建造各类规模的屋顶花园和屋顶绿化工程，如美国华盛顿水门饭店屋顶花园、美国标准石油公司屋顶花园、美国DT&T公司屋顶花园、英国爱尔兰人寿中心屋顶花园、加拿大温哥华凯泽资源大楼屋顶花园、德国霍亚市牙科诊所屋顶花园、日本同志社女子大学图书馆屋顶花园，这些统一建在屋顶的花园，多数是在大型公共建筑和居住建筑的屋顶或天台，向天空展开。也有建在室内成为建筑内部共享空间的；有游览性的，也有仅能观赏而游人不能入内的屋顶绿化；有的不仅在平屋顶上修建，还在坡屋顶上修造草场式绿化屋顶。

美国是世界上开展屋顶绿化最早的国家之一。由于汽车工业的迅速发展，多年前汽车停车位已经成为突出问题。20世纪初，停车库和城市广场的建设成为城市建设中的重要内容，从而使得地下车库的屋顶绿化和广场绿化也迅速发展起来。同时，写字楼和宾馆、饭店的屋顶花园从景观角度出发，以追求美、追求盈利为目标，虽然在生态节能方面未做过多考虑，但已注意到防水、排水的问题。典型的屋顶花园，每平方米承重360~680 kg，基质深20~30 cm。整个屋顶绿化层包括屋顶甲板、防水薄膜、根系阻断层、绝缘层、排水层、过滤垫、栽培基质层以及各种植物材料。目前在美国的许多大城市，绿色的屋顶随处可见。其巨大的市场前景、快速的发展速度使屋顶绿化为美国的园林绿化带来了新契机。最重要的一点是，植物不仅美观，也具备降低噪声、减少污染等功能。纽约打算将所有的屋顶绿化连接起来，建成一个空中绿化网，为人们创建更多的绿色休闲空间，以起到节能环保的作用。

德国是最早涉足屋顶绿化研究的国家。从1957年起，德国提出屋顶绿化是对建筑破坏自然的一种补偿，从环保的角度出发，大力推广生态化的绿色屋顶，并制定了屋顶绿化发展原则、指南与规范（FLL），再加上政府政策的强制与鼓励，德国屋顶绿化的研究和推广工作走在了世界的最前列，成为屋顶绿化技术最先进的国家。在目前世界上有关屋顶绿化的技术成果中，大约有90%都是属于德国的专利。德国屋顶绿化系统包括四个重要的组成部分：过滤层，蓄排水盘，保湿保护毯，隔根层。过滤层可以确保不使土壤微细颗粒进入蓄排水盘内；蓄排水盘具备能保存大量雨水，又快速排走过剩雨水的两大功能；保湿保护毯除了蓄水的功能外，同时也对防水层和隔根层具有保护作用；隔根层可以有效地阻止植物根系对建筑物结构和防水卷材的破坏。在软景配置中80%以上的植物是景天科植物的混植草坪或者本土化的野花、野草的纯自然绿化，20%是空中花园。据2003年的统计数据，30%~40%的新建屋面都是种植屋面。尤其是拓展型的屋顶绿化，进一步更新楼屋造型及其结构，将楼屋建成阶梯式或金字塔式的住宅群，当人们布置起各种形式的屋顶花园后，远看如半壁花山，近看又似斑斓峡谷，俯视则如同一条五彩缤纷的巨型地毯，令人心旷神怡。

日本东京规定，凡是新建建筑物占地面积超过1 000 m^2者，屋顶必须有20%为绿色植物所覆盖，否则要被处以罚款。目前，该市屋顶绿化率已经达到14%。

加拿大的设计师、建筑师和园艺师们打破传统的分工，同心合力，别出心裁，在一座18层的办公大厦中，采用轻型多孔材料，建成了一个集假山、瀑布、水池、草坪、花坛等多种景致于一体的盆景式“空中花园”。

法国巴黎一幢幢高楼大厦的平顶上，栽种着各种树木与花卉。有些人为在近千平方米的屋顶建造花园，更是倾注了大量心血，建人造草坪、圆形拱顶小屋，夏天在“空中花园”避暑，冬日则在用白雪装点的圆形拱顶内欢度良宵，如香港太古城天台花园、香港葵芳花园住宅楼天台花园。

此外，在英国、俄罗斯、意大利、澳大利亚、瑞士等国的大城市，也都有千姿百态、风格各异、风景绮丽的屋顶花园。

三、我国屋顶绿化发展现状

我国自20世纪60年代起，才开始研究屋顶花园和屋顶绿化的建造技术。随着我国改革开放的进程，旅游事业得到空前的发展。为了改善城市生态环境，增加城镇的人均绿地面积等需要，屋顶花园、屋顶绿化、屋顶养花才真正进入城市的建设规划、设计和建造范围。如以北京建成区现有的6 979万 m^2 建筑平屋顶面积的30%进行屋顶绿化，可实现屋顶绿化相当于在北京城市中心区又建成了27个紫竹院公园，可提高城市绿量769.8万 m^2，使绿地每年滞尘量增加192.45 t，全年吸收二氧化硫量增加3.95 t，大大改善了大气质量。从1983年长城饭店建成北方地区第一座屋顶花园至今，北京一直在尝试采用新技术进行屋顶绿化。据不完全统计，北京有屋顶绿化的建筑不到城市现有建筑总数的1%。不同时期建筑屋顶绿化目前有几百处，面积约60万 m^2。北京市建成市区可进行绿化的屋顶面积约6 979万 m^2，其中多层楼屋顶（18 m以下）约占70%，高层楼约占30%。

随着国内经济建设的突飞猛进，人居环境和生活质量的评价日益受到重视。例如重庆、上海、深圳、杭州、长沙等国内各大城市，屋顶绿化自发地以各种形式展开。

上海市静安区人民政府2002年6月1日发布了《关于〈上海市静安区屋顶绿化实施意见（试行）〉的通知》，提出从2002年起，凡列入当年屋顶绿化实施的项目，每完成1 m^2 奖励10元。上海市绿化管理局2002年11月发布了《关于〈组织编制屋顶绿化三年实施计划〉的通知》。

广东省深圳市人民政府于1999年11月发布了《深圳市屋顶美化绿化实施办法》，并制定全市屋顶美化绿化的规划和实施办法，组织全市屋顶美化绿化工作的检查、督促和考评。广东省于2000年发布了《关于我省城市屋顶美化和防护（防盗）网、空调器及室外管道规范装设的意见》，提出各市可参照深圳市的做法，结合本地实际，提出建筑物屋顶美化绿化的措施。

四川省已于1994年颁布地方标准《蓄水覆土种植屋面工程技术规范》。四川省成都市2005年全面实施屋顶绿化方案，力争在2005年年底达到人均屋顶绿化面积0.5 m^2。2005年3月成都市特别规定：成都市五城区、龙泉驿、青白江、新都区、温江区以及双流县和郫县范围内新开工的楼屋，凡是12层楼以下，40 m高度以下的中高层和多层、低层非坡屋顶建筑必须按要求实施屋顶绿化。凡成都市范围内建筑竣工时间在近20年以内、产权明晰、满足房屋建筑安全要求的建筑均应根据条件实施屋顶绿化。

屋顶绿化经费采取“以奖代补”的政策，并由市、区、社区三级组织开展“优秀屋顶花园”等评选活动。

重庆市制定了《重庆市种植屋面技术规程》，作为推荐性工程建设标准，明确了主城区屋面防水工程、绿化植物选择、屋面工程验收等内容，并首次列出适宜重庆主城区屋顶生长的46种植物。以保证主城区屋顶绿化质量，提高城区绿化率。2008年10月起开始实施。

北京市园林绿化局、北京市财政局、北京市规划委员会的京绿地发〔2006〕8号文件提出：屋顶绿化是城市绿化的一种有益补充形式，其在增加城市绿量、美化城市景观、储蓄天然降水、缓解“热岛效应”、降低空气中可吸入颗粒物、节约能源和土地资源、改善城市生态功能等方面都具有一定作用。2005年5月北京制定了地方标准，发布了《北京屋顶绿化规范》。同年北京市市政府把屋顶绿化10万 m^2 列入“为民办55件实事”之一。2006年、2007年每年完成的屋顶绿化面积都在10万 m^2 以上。

2012年，河北省城市绿化会议提出，各设区市10%以上的公共建筑将实施屋顶绿化。

杭州要求新建建筑必须进行绿化，且楼顶绿化与主体建筑的设计、施工、验收同时进行。

2008年2月底，为推动屋顶绿化工作的开展，河南省郑州市园林局、财政局、规划局联合下发了《关于推进郑州市屋顶绿化工作的通知》。通知要求，新开发的居住小区要积极开展屋顶绿化美化工作。老旧建筑在承载、防水和安全等方面允许的情况下，可适度开展屋顶绿化。对于申请屋顶绿化的单位或个人，验收合格后，原则上每绿化1 m^2，财政补贴50~100元。

2013年，《河南省屋顶绿化技术规范》通过审定将颁布实施。出台这样一个高标准的技术规范，必定能够保证河南省屋顶绿化向健康、快速方向发展。

第四节 屋顶绿化发展前景

一、相关政策、法规及技术规程

随着屋顶花园的发展，屋顶绿化越来越受到人们的重视。世界上许多国家都制定了屋顶绿化的相关政策，如德国、美国、加拿大、韩国、日本、新加坡等。同时，政府也出台了相应配套法规，将屋顶花园建设纳入城市规划行政管理的轨道。例如，2004—2008年《北京市环境建设规划》要求，北京的高屋建设中30%要进行屋顶绿化，低层建筑中60%要进行屋顶绿化；上海市2005年将屋顶绿化写入《上海绿化管理条例》，对新建住宅和商务楼强制推行“用一亩土地，还一亩绿地”。屋顶绿化工作虽然在我国已经发展了20多年，但在发展最好的北京市，屋顶绿化的建筑面积仍仅占建筑总面积的1%，而对大多数中小城市来说，由于受资金来源不足，法律配套不完善，技术和人员缺乏等多方面因素的制约，发展状况不容乐观。另外，国家对屋顶花园专用建材没有出台相应的生产标准，致使一些屋顶花园绿化效果欠佳，也是原因之一。

我国屋顶绿化起步较晚，相关制度还不健全。目前仅有上海、成都、杭州、重庆、北京、深圳等几个城市制定了相关的政策法规，对新开工的建筑屋顶绿化提出了强制性或引导性的要求，并制定了相应的奖惩措施加以规范引导。而武汉、南京、郑州等城市则因相关的政策法规缺乏，尽管其中蕴藏着巨大的商机，但屋顶绿化的发展仍然缓慢。因此，相关政策法规的出台对屋顶绿化的发展具有重要意义。随着屋顶绿化日益受到重视，各个城市的相关政策法规必将应运而生，为屋顶绿化的发展提供巨大的推动力。屋顶绿化是一个涵盖多学科、多领域的复杂工程，操作上技术要求很高。这就需要各个地方应根据本地区的生态系统、气候条件及经济发展水平等制定相应的地方性屋顶绿化技术规程，这也是屋顶绿化进一步发展的必要条件。北京市于2005年出台了我国首个屋顶绿化的地方标准，对屋顶绿化的基本要求、类型、植物选择和技术要求等进行了规定。重庆市于2007年10月1日起开始实施《重庆市种植屋面技术规程》（DBJ/T 50—067—2007），住房和城乡建设部也于2013年12月1日起开始实施国家行业标准《种植屋面工程技术规程》（JCJ 155—2013）。这些技术规程的出台，为屋顶绿化的发展提供了有力的技术支撑。随着屋顶绿化发展的加快，相关科研工作的进一步开展，各个城市的地方性技术规程将陆续出台，这对我国屋顶绿化发展将起到良好的推动作用。

二、产业化发展

随着国内经济建设的突飞猛进，人居环境质量日益受到人们的重视。我国北京、上海、重庆、深圳、杭州、长沙等大城市，也已开始纷纷自发地采取措施推广屋顶绿化。

目前我国各大城市屋顶可利用的绿化面积相当可观，市场前景广阔。据统计，仅上海市可利用的屋顶绿化面积达2亿m^2，但仅完成45万m^2，有巨大的开发空间。随着各方面条件的日益成熟，屋顶绿化必将迎来大发展。目前各地绿化公司看准商机，相继推出了屋顶绿化业务，但专业的屋顶绿化公司屈指可数。由于屋顶绿化的工程复杂，涉及多学科、多领域，技术要求高，目前一些开展屋顶绿化业务的绿化公司是否具备相应的从业能力值得质疑。将来需提高屋顶绿化的市场准入门槛，相关企业必须具备相应的设计、施工资质，以保证市场健康有序地发展。屋顶绿化的发展，必将带动相关行业的发展，如绿化苗木繁育、栽培基质生产，防水隔根卷材生产等相关行业都将分享屋顶绿化带来的巨大商机。

现在，美国不少城市已经开始效仿芝加哥的做法，大力推广屋顶绿化。一些大型企业比如麦当劳和苹果公司等也加入修建屋顶花园的风尚中，不少小企业也希望拥有环保美观的屋顶花园。由于越来越多的国家和城市认识到了开展屋顶绿化的好处，“绿色屋顶”在国际上得到了越来越多的关注，人们绿化“钢铁”和“水泥”建筑的愿望越来越强烈。目前，“绿色屋顶”已成为全球的热点话题和建筑业的发展趋势。很多国家通过大力推广屋顶绿化，兴建“会呼吸的屋顶”，构建生态城市。日本在立体绿化、垂直绿化和空中绿化方面走在世界前列，政府规定超过一定面积的建筑，业主必须对屋顶进行绿化，并把它作为一种法令强制执行。如东京规定，凡新建建筑物占地面积超过 1 000 m^2，屋顶必须有 20%为绿色植物覆盖，否则要被罚款；德国采取政府补贴的方式，让政府和业主共同出资进行屋顶绿化；英国伦敦以举办 2012 年奥运会为契机，通过建造“绿色屋顶”打造“绿色市区”；瑞士日内瓦，已有 7%的食品来自屋顶种植；丹麦哥本哈根把屋顶绿化作为 2025 年成为“碳中性”城市整体战略的一部分，要求屋顶斜坡小于 30°的所有新建筑物的屋顶都要进行绿化；加拿大多伦多市 2009 年 5 月通过一项法规，要求超过 6 层的住宅、学校、非营利性住屋、商业和工业建筑的屋顶绿化覆盖率要达到 50%，并建立了财务奖励制度；还有一些国家专门制定条例，鼓励民间进行屋顶绿化。与此同时，美国设计师马尔科 · 安东尼康 · 卡斯特罗正在计划将屋顶花园搬上公交车顶。但愿在不久的将来，生活在喧嚣和忙碌中的我们，不出国门就能看到更多的绿色屋顶，我们的城市人居环境越来越美好。

第三章　屋顶绿化类型及建筑要求

第一节　屋顶绿化的分类

现代屋顶绿化涉及范围较广，类型复杂，常见的屋顶绿化分类方式，一般从用途、绿化形式、建筑高度、屋顶类型、建筑功能、建筑类型、屋顶荷载和后期管理等因素出发对屋顶绿化进行分类。

按照屋顶绿化的用途分类，可分为可进入型的屋顶绿化和不可进入型的屋顶绿化（以保护屋顶和调节雨洪为主要目的）。例如一般楼屋上可进入的休憩游赏花园就是一种可进入的屋顶绿化，还有很多酒店或接待场所的屋顶绿化设置成为舞会和商业屋顶花园，也是可进入的屋顶绿化。

按照绿化的形式分类，可分为草坪式、苗床式、花坛式、棚架式、花园式。例如一些承重较小的轻质屋顶，大多采用草坪式屋顶绿化方式。

按建筑高度分类，可分为超高层屋顶绿化（24 层以上）、高层屋顶绿化（16~24 层）、中高层屋顶绿化（8~16 层）、多层屋顶绿化（2~8 层）和低层屋顶绿化（2 层以及以下）。

按照建筑屋顶分类，可分为坡面屋顶绿化、平面屋顶绿化。对于平面屋顶绿化一般有三种情况：普通型平面屋顶绿化、地下建筑屋顶绿化、开放型建筑屋顶绿化。

按照建筑使用分类，可分为商业办公建筑屋顶绿化、酒店接待屋顶绿化、车站体育馆公共服务建筑屋顶绿化、工业建筑屋顶绿化、居住建筑屋顶绿化以及其他建筑屋顶绿化。

按照建筑类型分类，可分为地上建筑屋顶绿化、地下建筑物屋顶绿化和桥梁等特殊建筑物绿化。

按照屋顶荷载允许度、屋顶功能的需要以及植物的生长条件分类：一类是只为解决生态效益的轻型简易型屋顶绿化。一般铺装在人们看不到的屋顶上，每平方米重量为 15~20 kg，水饱和状态不超过 40 kg。一类是既要注重生态效益又要注重景观性的简易型屋顶绿化。一般是从高处可俯视，但不能进入的屋顶上，其屋顶绿化形式注重设计，以铺装草坪为主，用花舟和彩砖点缀色彩。每平方米重量为 20~30 kg，水饱和状态不超过 60 kg。一类是集观赏、休憩、活动等功能于一体的屋顶绿化，是人可进入的屋顶绿化形式，为复合型屋顶绿化。从建筑物荷载实际出发，又可分为两种：一种是轻型复合型绿化，以草坪为主，配置多种地被植物和花灌木等植物，讲求景观色彩。每平方米重量为 20~40 kg，水饱和状态也不超过 80 kg，屋顶静荷载应在每平方米 250 kg 以上。另一种是重型复合型绿化，也叫花园式屋顶绿化。这种绿化通常采用铺设隔根层、防水层、排水层、轻型营养基质，选用耐干旱、绿期长、浅根系、生长缓慢的植物种类，乔灌花草、山石、水亭廊榭合理布置，其间可点缀园林小品，犹如地上的花园一般。但一般每平方米重量为100~200 kg，在水饱和状态下，重量为300~400 kg，屋顶静荷载应在每平方米500 kg以上。

按照屋顶绿化后期管理分类，可分为粗放型管理屋顶绿化和精绿型管理屋顶绿化。一般而言，对于简易型屋顶绿化，由于植物种植和基础结构相对比较简单，大多采用粗放型管理模式，粗放型管理模式对屋顶绿化后期管理相对比较简单，主要是一些常规的管理工作，例如灌溉、除杂草、检修等保证屋顶绿化正常存活的基本管理。对于复合型屋顶绿化，由于植物种植类型较多，基础结构复杂，且注重景观性，大多采用精绿型管理模式，精绿型管理模式不仅要求粗放型管理模式，又要保证屋顶绿化存活的基本功能，还要对复合式屋顶绿化植物进行修剪、固定，保证植物的观赏性，构筑物的保护等大量后期管理工作。

第二节　屋顶花园的设计原则

屋顶花园的设计应遵循以人为本、生态自然的设计原则，充分考虑人们的行为心理。将传统造园手法与现代规划设计理念相结合实施设计方案，创造一个优美而自然的空中景观。屋顶花园的设计要遵循以下原则。

一、安全第一原则

屋顶的改造需要充分考虑建筑物的安全荷载，设计者在设计前期要充分了解建筑物顶层的楼板安全载重值及其容许的最大安全荷载值，因为园林植物和绿化小品以及土壤配置会加重建筑物屋顶的荷载压力。屋顶的平面规划及其景点布置，需要根据屋顶的承重能力，精确计算，准确设计，合理布局，只有在最大安全荷载值以内的造园设计才是安全的设计。此外，屋顶花园往往设置在建筑物顶部，人员安全问题也是其设计的关键要素，应在屋顶四周设置防护栏杆。要考虑屋顶的女儿墙的有效高度，对于有儿童活动的区域，尤其要设计安全护栏装置，防止意外跌落事件发生。

二、突出功能性和文化性原则

屋顶花园的建设是为了拓展绿化空间，改善城市生活环境。除满足不同的使用要求外，绿化覆盖率指标必须保证在50%~70%，以充分发挥屋顶绿化的生态效益、环境效益和经济效益。规划设计时要考虑到当地的地方文化，巧妙地把地方文化和园林景观结合起来，寻找一个平衡的切入点。如上海邮政大楼的空中花园，其南面和东面用不锈钢镶嵌玻璃制成透着现代化气息的栏杆，凭栏可见蜿蜒的苏州河、黄浦江、上海现代化标志的东外滩和代表近代城市繁荣的外滩全景。屋顶花园内部设计了大片的草坪、丰富的花草树木、木制的长廊和亭台楼阁，以及小桥、溪水和游鱼，营造出动静结合的花园景致，也使人们通过该屋顶花园领略到上海邮政大楼周边充满文化气息的特色景观和建筑。

三、经济实用性原则

屋顶绿化的主要目的就是改善城市生态环境，为人们生活提供一个良好的环境。合理、经济地利用城市空间环境，始终是城市规划者、建设者、管理者共同追求的目标。屋顶园林除满足不同的使用要求外，应以绿色植物为主，创造多种环境气氛。以精品园林小景新颖多变的布局，达到环境效益和经济效益的有机结合。同时，由于屋顶花园同样需要一定的管理和维护，因此在建置时就要考虑以后管理的方便。屋顶花园的造价相对较高，建设前期必须做好预算。需要全面考虑，结合实际情况节约施工和后期养护管理的费用。尽量使用合适的材料，降低建设成本，节约资金。各种设施要合理安排，布局灵活，同时还要注重功能的舒适性、方便性，如可合理安排功能空间，适当营造一定的私密空间和安静的休息空间，以便于人们在此交流和休息。

四、彰显美观精致的特色

屋顶由于场地条件的限制，不能像在平地造园活动中那样灵活自如，这就需要设计者在设计场地受限的条件下能将设计理念和意图巧妙地结合起来。各种活动设施、场地和活动区域的设计要精巧、细致，既符合美学观点，又符合人的行为模式和人体尺度要求，使身居高空的人们，无论是俯视大地还是仰望天空，都如同置身于园林美景之中的效果。在微小地形条件下创造小巧玲珑、精致美观的屋顶景观，形成独特的园林风格。如位于上海黄浦江畔的黄浦区生活垃圾中转站，是一座集生活垃圾中转、大件垃圾破碎中转、电池和玻璃回收为一体的综合性中转站，该中转站根据地处市区中心的特点，在满足原工艺设备的前提下，采用半地下和地面双层设计，建成花园式建筑，屋顶花园布置得合理紧凑，节省了土地资源，并且与周围环境相融洽。

第三节　屋顶绿化的建筑设计

建筑物屋顶是硬质的建筑立面，位于城市上空不同的高度和不同的视野中，大小不一，一个接一个地排列着，显得生硬和灰暗，并且易积灰。屋顶可以充分利用有限的建筑空间来扩大绿化面积，有益于城市生态环境的良性循环，改善城市景观，是提高城市绿化覆盖率的有效途径。屋面绿化见效快，成本低，绿化效果好。绿化屋面的平面布置是根据建筑物的环境条件、建设规模的大小、使用功能和要求进行绿化小品和设施的平面组合和空间设计。

一、平面设计

屋顶是建筑物避免受雨雾、日晒等自然因素影响的构造层，绿化屋顶由绿化覆土层、面层和承重层三部分组成。它应该满足承重、保温、防水、美观和环保的要求。

平面布置的形式有规则式、自然式和混合式。梯屋是屋面花园的总入口，是屋顶花园的起点，布置 6～20 m^2 的休息休闲平台，其次依次布置架空的交通道、种植池、集水池、小台阶和花台，种植池占立面总面积的60%~70%，交通道宽600~800 mm。

绿化屋顶要做女儿墙，女儿墙要保护人员的安全，并对建筑方面起装饰作用。一般屋顶女儿墙高设为1 300 mm，因为要加上覆土高度，因此绿化屋顶女儿墙高一般为1 500~1 800 mm。种植土屋面在沿墙边及屋面中间6 m内设置过道，过道高度约600 mm，用两道115 mm规格的破块架空中间，上面盖上规格为长600 mm，宽600 mm，厚40 mm的高盖板。过道整体比种植面高50 mm，过道底部设置出水口，与女儿墙的水口相连通。

二、种植区的设计

屋顶绿化既然要保持一定数量的植物，就必须在屋顶建筑上有能使各类植物赖以生长的种植区。花池（坛、台）常见的有方形、长方形、圆形、菱形、梅花形等，采用哪种形状，应根据屋顶具体环境和场地选用。池壁高度要根据种植物品种而定，植被只需10~20 cm厚的种植土即可生长；大型乔木需100 cm以上厚的种植土才能保证树木的正常生长环境，适合于各种植物的特性。种植池的高矮还与屋顶承重能力有关。

自然式种植区：在一些大型屋顶花园中，特别是与建筑物同步建造的屋顶花园多采用自然式种植池，提供了较大的植物生长环境，适合于各种植物的特性。种植区是屋顶园林工程中的重要部分，它不仅占地面积大，工程量大，而且关系到屋顶花园主景——植物的生长。

三、屋顶绿化的水体设计

水是绿化中不可缺少的要素，可以成为园林构图的重要组成部分。因此在屋顶载荷允许范围内，可以考虑设计水体，屋顶绿化中，各种水体是重要组成部分，水体更是常用的造景手法。

屋顶花园中的水池因受到场地和承重限制，多建造成浅矮小型观赏池。其形状随造园基调可建成自由式或各种几何形，池深度为300~500 mm。为了保持屋顶水池水质清洁，水池底可用水泥抹面、马赛克或面砖饰面。屋顶水池的水体积较小，为保证其水质洁净可以结合喷泉，使用循环水系统，既可节约用水，又可经常保持水质清澈。

四、屋顶绿化的园路

屋顶绿化除植物和水体外，还有工程量较大的道路和场地铺装。由于屋顶上园路承担以活载荷为主，所以园路铺装应该做在屋顶楼板、隔热保温层和防水层之上的面层。面层下的结构和构造做法一般由建筑设计确定。园路的设计还要满足景观、视图上的要求，不呆板，且要有变化。

第四节 屋顶绿化的建筑要求

屋顶花园处于屋顶之上，由于受地势的限制，屋顶花园的建设就必须要考虑建设的安全性和实用性。屋顶花园建设的成败关系到两大因素，其中的关键技术是如何解决承重和防水排水问题。

一、建筑物的荷载

荷载是屋顶绿化最基础的条件，是屋顶绿化设计与建造的最重要的因素，它决定了屋顶绿化的类型。每平方米不低于 70 kg 承重，即可实施超轻型屋顶绿化，一般只种植草坪和小灌木；空中花园的荷载要求每平方米 300 kg 以上，北京目前实施的空中花园，大部分都在每平方米 500 kg 以上。同时在具体设计中，除考虑屋面静荷载外，还应考虑非固定设施、人员数量流动、外加自然力等因素。为了减轻荷载，应将亭、廊、花坛、水池、假山等重量较大的景点设计在承重结构或跨度较小的位置上。

对于未考虑绿化承重的建筑屋顶可以采用如下办法解决。

（一）对新设计的建筑可加入屋顶绿化的承重

对已有的建筑可进行重新计算，得出可承载的压力，有的可以承载屋顶绿化，有的需要加固或改造，有的不可以绿化。

（二）绿化技术的配合

1. 尽量多选用轻质建材 如小型空心砌块、加气混凝土砌块、轻质墙板、铝合金材料、高强度塑料板材、透水橡胶等。

2. 选用轻质的薄层土壤和栽培基质 轻质栽培介质包括蛭石、珍珠岩、稻壳、花生壳、聚氨酯泡沫等。以上材料极轻，但缺乏植物生长所需的养分。因此，可把它们同腐殖土、泥炭土、松针土等混合，再加入骨粉等物质，高温腐熟后进行土壤消毒，再用于屋顶之上。

3. 选种低矮的花、草、灌木 屋顶绿化由于土层较薄，栽培基质较轻，所选绿化植物不能太高大，大些的树需要较厚的土壤，应种到可承重的立柱、梁的上边。屋顶上的风力比地面大，土壤轻薄，为防止把土壤吹走，要在上面覆盖透水透气的固定层。为防止风吹倒树木，甚至从屋顶落到地面上造成事故，不能种大树，低矮的树也要加以固定。

二、防水排水系统

（一）防水系统

防水的处理直接关系到屋顶花园的使用效果以及建筑物的安全保障，如果没能引起充分重视，万一发生漏水现象，整个造园工程就得部分或者全部返工。由于建筑物屋顶的特殊环境再加上植物根系的侵袭作用，极易造成屋顶防水层的破裂毁坏，因此防水设计是屋顶花园的关键技术。屋顶花园的建造防水和排水同样重要，应做到科学防水，合理排水，使屋顶花园的功能和效能得到充分发挥。

屋顶花园的构造层一般如下：防水层、保护层、排水层、过滤层和种植土等五层。屋面绿化适用于坡度不大于 3%的平屋顶，屋面防水等级为 1～2 级，耐用年限为 25 年以上。防水层应选用耐腐蚀、耐穿刺性能好的材料。平屋顶宜采用结构找坡。天沟、檐沟纵向坡度不应小于 2%，沟底落差不得超过 200 mm。用 1：2. 5 的水泥砂浆铺厚度为 20 mm 的找平层；用 30 mm 厚的抗根防水卷材和 30 mm 厚的柔性防水卷材做防水层，卷材纵横搭接不小于10 cm；用1∶2.5的水泥砂浆做厚30 mm的保护层。以1%~3%的坡度坡向雨水口，再做一个72 h的闭水试验，合格后方可投入使用，只有这样才可以保证屋面的防水质量。目前，屋面防水比较常见的做法有两种，一是柔性卷材防水，是以防水卷材作为防水胎层，与沥青等粘贴剂交替黏合形成连续致密的结构层，从而达到防水的目的。北方地区多用SBS改性沥青卷材，其低温柔度较好。特别适用于寒冷地区。南方地区多用APP改性沥青卷材，耐热度较高。目前屋顶花园中常用“三毡四油”或“二毡三油”，再结合聚氯乙烯胶泥或聚氯乙烯涂料处理。柔性卷材防水的优点是能适应温度的剧烈变化和不均匀沉降等因素的作用，整体性好，不易渗漏。二是刚性防水做法，即屋面板上铺设不小于40 mm厚的C20细石混凝土，内置双向冷拔低碳钢筋网片1层。为使此类防水层提高防水性能，一般可加防水剂、泡沫剂、矾土水泥及石膏粉等材料，以提高砂浆和沙石混凝土的密实性和抗裂性，破坏砂浆和混凝土的渗水通道，从而达到防水的目的。刚性防水屋面对气温变化和屋面基层变形的适应性较差，所以刚性防水多用于日温差比较小的南方地区。

（二）排水系统

防水是屋顶花园安全工作的核心，排水也是屋顶花园安全工作的重要内容。防水工程质量与设计、施工和材料三个方面都有极为密切的关系。材料为基础，设计为前提，施工为关键，为了搞好屋顶花园的防水、排水工程。必须选择质量可靠的防水材料，设计合理的构造，并把好施工质量关，营造安全可靠的屋顶花园景观，充分发挥屋顶花园的功能和效益。

通常原始屋顶是通过屋顶面找坡排水的形式，将雨水引至排水口，屋面做防水层。在屋顶花园设计以后如果不采取专业处理，屋面的雨水无法快速地从排水口排出，将导致屋顶积水、植物根系破坏防水层导致漏水，屋顶植物淹死等问题。

目前，多采用粒径10~15 cm的碎石或者陶粒做排水层。碎石排水层再结合原有的排水坡度可以起到一定的排水效果。但是，如果大面积使用这样的排水做法，碎石的用量增加，会超出屋顶楼板的安全荷载值。出于屋顶的安全考虑，可以选用一些新型的塑料排水板。国外已尝试用中空类的泡沫塑料制品作为绿化土层与屋顶之间的良好排水层和填充物，以减轻自重，也有用再生橡胶打底，加上沥青防水涂料，粘贴厚3 mm的玻璃纤维布作为防水层，这样更有利于快速施工。

三、防止植物根系穿刺问题

屋顶绿化植物的根系若不采用阻拦的措施，会对屋顶的结构造成一定的伤害。即使是在仅有防水层或包括压制层的屋面上，由于空气的流动作用导致一些植物的种子飘落到屋面上，在一定的条件下，植物也能顽强地生长。其后果导致其根系穿透防水层，甚至结构层，从而使整个屋面系统失去作用。其他的某些外来植物一般都较我们预先铺设的植物更具生命力，这些植物会不断侵蚀其他植物的领地。另外，草类植物的根系相当发达并且穿透力较强，对防水层及结构层的破坏力也很大。所以在建筑物的结构层上进行园林建设时，就必须引导和限制植物根系的生长。防水层不仅防止屋面渗水、漏水，还能防止植物根系对屋面的穿透。因此，对于防水层的要求，除了防止渗入的雨水，屋顶绿化也要求防水层面能长时间抵抗植物根系的穿透能力。根据德国 FLL 试验方法确定的抗根系穿透性屋面防水层标准，防水层主要有沥青卷材、塑料卷材和橡胶卷材等，这几种材料有很强的可加工性和根稳定性，且抗拉强度高、承载能力强，是很好的屋顶绿化防水层材料。

四、种植土的选择

种植土的选用和配置应尽量选择人造土、泥炭土、腐殖土等轻型材料，既要绿色环保、无病虫害，又要轻型，具备肥效充足、保水性强、渗透性好、轻质化、清洁无毒、材料来源广且价格便宜等优点。城市垃圾经高温杀菌可制成有机肥、草炭土、深层田园土，它们组成的人工土，这种基质很适合屋顶草坪应用。空中花园应使用无机珍珠岩和蛭石，它们最大的优点是重量极轻，可控制营养的配比。

一般采用的人工配制种植土种类有：①黄泥、泥炭土、珍珠岩人工合成土，按体积比 6∶2∶2 配制，其容重达 800~1 000 kg/m^2。②泥炭土、微生物有机肥、珍珠岩按 6∶3∶1 比例组合的无土栽培配方，其干重为 200 kg/m^3，饱和湿重为 450 kg/m^3。

种植层厚度选择：花草、蔬菜等浅根系植物 15~30 cm；小灌木 35~50 cm；大灌木 40~60 cm；乔木根深、冠大需覆土 1 m 左右。

五、园路的设置

园路一般宽 50~70 cm，弯弯曲曲的路径将把整个屋顶面分割成若干大小不等的片区。路径的路基可用 6 cm 宽的砖砌成，每隔 1.5 m 左右砌留贴地暗孔道排水，暗孔宽 7~8 cm。用水泥砂浆作为路基，在路基上铺贴鹅卵石，使小路呈古朴风味。此外，有些屋顶面的落水管、排水管等与园林气氛极不协调，可用假山石将其包藏起来，也可用雕塑手法把它隐裹塑成树干等。

第五节　屋顶花园的植物选择

屋顶绿化能否创造出优美的风景和环境，主要取决于植物种类及其生长状况。植物只有与屋顶生态环境相符合，才能够生长得更好，达到绿化效果。屋顶具有光照强度大、光照时间长、昼夜温差大等有利于植物生长的条件；同时也存在土温、气温变化较大，土层薄等一些弊端。因此，在植物选择上要遵循一定的原则。一是遵循植物多样性原则。在条件允许的情况下，尽可能创造出多层次的园林景观。据调查，花园式屋顶绿化在减少太阳二次辐射、滞尘、截留雨水等方面都要远优于简单式园林绿化，其综合生态效益更高。二是遵循植物适应性原则。由于屋顶绿化是高空作业，光照、温度、湿度、风力等因素限制了植物材料的选择。因此，应按以下原则选择合适的植物配置。

一、选择抗寒性强的矮灌木和草本植物

屋顶光照强度比地面大，光照时间也更长，如 6 层屋顶，冬季光照强度比地面大

300～400 lx，夏季大 500～800 lx。强烈的阳光辐射使夏季白天屋面温度比地面高 3～5 ℃，晚上又比地面低 2～3 ℃。屋顶花园夏季气温高、风大、土壤结构层保湿性能差，冬季保温性能差，因而应选择抗寒性强的植物。同时，考虑到屋顶的特殊地理环境和承重的要求，应注意多选择矮小的灌木、小乔木和草本植物。若需要栽植大一点的乔木。则应栽植在屋顶的承重位置上。

二、选择阳性、耐瘠薄、抗污染的浅根性植物

屋顶花园大部分地方为全日照直射，光照强度大，应尽量选用阳性植物。由于建筑荷载的限制，屋顶花园的种植土层较薄，大部分地方的土层厚度控制在 15～40 cm，仅极少数特殊的地方土层厚度可达 60～100 cm，为了防止根系对屋顶建筑结构的破坏，应尽量选择浅根系的植物。屋顶花园所处的环境条件比较恶劣，故屋顶花园应尽量选择耐瘠薄的植物种类。由于屋顶地势高，空气气压低，污染物扩散较慢，污染物在大气中停留的时间比较长，因此应该选择抗性强且能吸收污染物的植物品种。

三、选择抗风、不易倒伏、耐积水的植物种类

建筑屋顶上空风力一般较大，特别是雨季来临时，风雨交加，容易对植物的生存环境造成一定的危害。屋顶种植层薄，土壤的蓄水性能差，一旦下暴雨，易造成短时大量积水，故应尽可能选择一些抗风、不易倒伏，同时又能耐短时积水的植物。

四、选择生长缓慢，较耐修剪的植物品种

由于屋顶花园的场地空间比较狭小，绿化设计时要充分考虑植物的生长空间和生长速度，以便设计合理的栽植位置。选择易管理的植物，降低屋顶绿化的建设维护成本。首先选择须根发达的植物以防止植物根系穿透防水层；其次选择易移植、耐修剪、生长缓慢的植物，避免植物长大后对建筑静荷载的影响；再次应满足减少或防止屋顶渗漏及种植后起码有 10 年以上自然生长期的要求。

五、选用耐旱力强的地被植物

在承载力较低的旧屋顶建造屋顶花园时，要选用耐旱力极强的地被植物。如矮种早熟禾、景天属（如玉米石）、长生草属和苔藓等。目前国内推广使用的有抗旱性极强的佛甲草，其根系较细，大部分草根可网状交织分布在 2 cm 的种植层内。

六、选择以常绿为主，冬季能露地过冬的植物

屋顶花园建造的目的是增加城市的绿化面积，美化城市立体景观。屋顶花园上的植物尽可能以常绿为主，宜用叶形和株形秀丽的品种，使屋顶花园更加绚丽多彩，体现花园的季相变化。

七、尽量选用乡土物种，适当增加精品植物

乡土植物对当地气候有高度的适应性。在环境相对恶劣的屋顶花园，选用乡土植

物易于成功。同时考虑到屋顶花园的面积一般在几十至几百平方米，在这样一个特殊的小环境中，为增加人们对屋顶花园的新鲜感，提高屋顶花园的档次，可以适量引种一些当地植物精品，让人感到屋顶花园的精巧和雅致。

总之，屋顶绿化要使用须根较多、水平根系发达、能适应土层浅薄要求的植物。在植物类型上应以草坪、花卉为主，可以穿插点缀一些灌木、小乔木。各类草坪、花卉、树木所占比例应在70%以上。屋顶绿化一般使用植物类型的数量变化顺序应是：草坪>花卉>地被植物>灌木>藤本>乔木。种类选择上应以阳性喜光、耐寒、抗旱、抗风力强的植物为主，如佛甲草、木香、合欢、紫薇、红叶李、夹竹桃、丝兰、月季、迎春、黄馨、菊花、半支莲等；竹类、扁柏等喜阴湿植物不宜种植。屋顶上一般不宜种植较大的乔木树种，可选种少量中小型浅根而又能抗风的树种；对于不适宜露地过冬的树种，可采用木桶栽植。屋顶绿化场地狭小，因此在选用植物时，应切实估计其生长速度及充分成长后所占有的时间和空间，以便计算栽植距离及达到完全覆盖绿地面积所需时间。选择生长缓慢、耐修剪的品种，可以节省养护管理费用；在进行植物选择时要考虑周围建筑物对植物的遮挡。在阴影区应配置耐阴或阴生植物，还要注意防止由于建筑物对于阳光的反射和聚光，致使植物灼伤；同时要强化冬季的生态效益。

第六节　屋顶绿化的植物组合配置

在安排植物组合时，首先要对植物材料的颜色、外形、规格、叶形有一个比较全面的了解，之后再进行搭配组合，这样才能获得理想的景观效果。分析所有经典组合的搭配原则，不难发现，将植物的相同点进行巧妙融合，是营造最佳景观效果的关键。从艺术的角度讲，植物组合的协调性主要由组成部分共有元素的多少以及和谐程度大小来决定。对比则正好相反，它主要取决于各部分差异的多少，以及这些差异之间冲突程度的大小。因此将不同的元素组合在一起，最大限度地提高组合的稳定性，融合性是设计人员应该坚持的原则。针对色彩问题，一个色彩批示罗盘就可以帮你解决所有的困难。在你决定色彩搭配方案时，罗盘可以告诉你如何缩小不同颜色间的差别，以寻求组合在色彩上的最大共同性。将对立色彩进行成对组合处理也是一个不错的方法，比如一些公认的成功组合，蓝色和橘黄色、黄色和紫色，或者红色与绿色等。此外，也可将具有某个相同基础颜色的植物搭配在一起，形成一个较有规模的色彩群，比如将紫色、红紫色和蓝紫色组合在一起。当然，任何一组色彩组合都与植物的株形、规格以及结构紧密关联，所以具体实施起来还有很多需要变通的地方。下面将介绍一些屋顶花园植物配置的搭配方案，以供借鉴。

一、叶形对比，色彩互补的植物

在设计此种植物组合时，少量配置黄色和紫色的观花植物可以使整个组合在达到较好协调性的同时也能突出组合中其他植物元素的特色。不论是紫色和黄色的深浅度，或是选择其他颜色进行搭配，丝兰硬实，直立的叶片从一群体形较小、质地柔软、叶形较圆的植物，如欧亚甘草、马樱丹属植物丛中伸出，其在叶形和外形上的巨大反差都将形成较强的视觉效果。

二、颜色相同，外形不同的植物

将两种或者更多种颜色相同的观花植物栽种在一起时，要通过株形和叶形上的差异来确保组合的景观效果。将浅粉色的金花菊与福禄考栽种一起，营造较强烈的粉色浪漫氛围。当然，金花菊与福禄考花朵的形状还是有较大的差别。金花菊一个花梗上盛开一朵朵成串的粉色小花，这一差别成为该组合的一个亮点。

三、叶形差别较大的绿色植物

观叶植物经过巧妙搭配组合能给人宁静舒适的感觉。在处理这种组合时，绿色深浅程度的细微差别可作为安排植物位置的一个标准。深绿色的大戟属植物成为浅绿且发白色的蕨类植物的陪衬，同时也将颜色介于两者之间或深或浅的八仙花属植物的叶片突出出来。此外，叶形、叶片大小和纹落图案的差别也是安排此类组合的重要依据。

四、颜色和外形存在差异的植物

蓝紫色与醒目的黄色并排栽植，可形成极为强烈的对比效果，因为这两种颜色没有共同的色彩元素，且色彩差别较大。如果将紫色且发灰白色的蓟种植物和毛蕊花栽种在低密度的暗红色植物丛中，你会发现色彩反差被弱化，而植株造型上的差异也达到了一种平衡。

五、高度和外形存在差异的植物

这种植物组合的核心就是充分利用差别做文章。丛生的丝兰拥有像剑一样狭长而直立的叶片，与四周栽种的质地柔软、植株较矮的柏木属植物、刺柏属植物形成鲜明对比。而丝兰旁边摆放的陶制大球，以粗糙淳朴的造型和灰蓝色的色调使整个组合更加突出，成为整个花园最为醒目的景观。

六、基础色调相同的植物

紫色、蓝紫色以及红紫色的搭配是在协调中借助细微的色彩差别以获得显眼的对比效果。比如羽衣甘蓝融合了蓝紫色和紫红色两种颜色，与纯紫色的天芥菜组合在一起，色彩的接近使得组合景观的协调性达到近乎完美的程度，一定会成为花园里的经典一景。

第四章　屋顶绿化应注意的问题

第一节　屋顶绿化要考虑的问题

屋顶绿化在我国存在巨大的市场空间，并将形成一个新的绿化产业。但屋顶绿化作为园林绿化的一项新技术，还刚起步，技术上需要进一步完善。为此，特提出以下几个问题，共同探讨。

一、屋顶绿化要考虑屋顶承重问题

这关系到安全问题。建筑物的承载能力，受限于屋顶花园（绿化）下的梁板柱和基础、地基的承重力。由于建筑结构承载力直接影响房屋造价的高低，因此屋顶的允许荷载都受到造价的限制，只能在一定范围，特别是对原有未进行屋顶设计的楼屋进行屋顶绿化时，更要注意屋顶允许荷载。这样屋顶花园（绿化）平均荷载只能控制在一定范围之内。为了解决这一问题，应该采用基质栽培。如使用屋顶绿化专用无土草坪，在生产无土草坪时，可以根据需要调整基质用量，用以代替屋顶绿化所需的同等厚度的壤土层，从而大大减轻屋顶承重。

二、屋顶绿化要考虑渗漏问题

由于植被下面长期保持湿润，并且有酸、碱、盐的腐蚀作用，会对防水层造成长期破坏。同时，屋顶植物的根系会侵入防水层，破坏屋面结构，造成渗漏。屋顶花园防漏还有个难点：屋顶上面有土壤和绿化物覆盖，如果渗漏，很难发现漏点在哪里，难以根治。

三、屋顶绿化要考虑设计问题

屋顶绿化要考虑的设计问题：一是建筑设计时要考虑屋顶绿化的特殊要求，如屋顶承重、屋顶防漏、照明、供排水等尽量考虑周全；二是进行屋顶花园设计时要因地制宜。屋顶花园的面积都不大，要在有限的屋顶面积内将雕塑、园路、灯光、水池、喷泉、花木、亭台小品、建筑风格等精致结合。

四、屋顶绿化要考虑屋顶环境恶劣植物成活难问题

植物要在屋顶上生长并非易事，由于屋顶的生态环境因子与地面有明显的不同，光照、温度、湿度、风力等随着层高的增加而呈现不同的变化。比如：屋顶太阳辐射

强、升温快，暴冷暴热，昼夜温差大等。所以需要根据各类植物生长特性，选择适合屋顶生长环境的植物品种。宜选择耐寒、耐热、耐旱、耐瘠薄的生命力旺盛的花草树木。花木最好选择袋栽苗，以保证成活。

五、屋顶绿化要考虑栽培基质问题

传统的壤土不仅重量重，而且容易流失，如果土层太薄，极易迅速干燥，对植物的生长发育不利。如果土层厚一些，满足了植物生长，但屋顶承受不住。因此，应该选用质地轻的无土基质来代替壤土。可以直接使用营养袋基质栽培的花木和无土栽培的草坪毯。

六、屋顶绿化要考虑植物搭配问题

屋顶花园面积都不大，绿化花木的生长又受屋顶特定的环境限制，可供选择的品种有限。一般宜以草坪为主，适当搭配灌木、盆景，避免使用高大乔木，还要重视芳香和彩色植物的应用。做到高矮疏密错落有致、色彩搭配和谐合理。

七、屋顶绿化要考虑管理养护问题

屋顶花园建成后的养护，主要是指花园主体景物的各种草坪、地被、花木的养护管理以及屋顶上的水电设施和屋顶防水、排水等工作。根据不同建筑屋顶的高度和便利程度，植物应有长期寿命，花草的置换时间要长。

第二节　我国屋顶绿化存在的问题

屋顶绿化拥有巨大的潜力。人类居住面积的扩大和经济发展导致环境恶化，为了维持可持续发展、建设和谐社会，推广屋顶绿化已经迫在眉睫。可是到目前为止，在我国，由于政策、资金、民众环保参与意识等因素的影响，我国屋顶绿化发展成果并不显著。

一、我国屋顶绿化存在的问题

（一）技术要求高、施工技术不完善

屋顶绿化对技术要求也比较高。屋顶绿化要求的技术因素很多，包括屋顶载荷能力、防水层渗透问题、栽培基质问题、栽培植物选择问题等。因为植物的根具有很强的穿透能力，可能会破坏防水层。另外，屋顶被土壤和植物覆盖，如出现渗漏，很难找出漏点。因此，给屋顶防漏增加难度。屋顶绿化的各类植物必须种植在人工合成的土壤上，而合成的种植土和大地之间被建筑物隔绝，水的供应受到限制。屋顶绿化植物生长的好坏，直接影响屋顶绿化的效果。因此，需要根据各类植物生长特性，选择适合屋顶生长环境的植物品种。此外，屋顶绿化还受限于建筑物的承载能力。受限于屋顶绿化下的梁板柱和基础、地基的承重力。由于建筑结构承载力直接影响屋顶造价的高低，因此屋顶上的单位面积的允许荷载均受到限制。这就直接影响到种植土的厚

度，从而影响土壤水分容量大小。较薄的种植土，如果没有雨水或均衡人工浇灌，则土壤极易迅速干燥，对树木花卉生长发育不利。

屋顶绿化施工技术虽然已取得了一定成果，但是还不够完善。特别是对旧屋进行屋顶绿化的技术还比较欠缺。我国屋顶绿化研究时间比较短，还处于初步阶段。由于旧屋建造时没有考虑到屋顶绿化问题，因此在施工要求上有所欠缺。现在只有用先进的技术来弥补这一缺陷。屋顶绿化是在屋顶进行的，在经常有大风天气的地方，高空坠物问题也是必须要注意的。由于屋顶绿化所栽植的植物生长环境特殊，养护管理技术也要有所改进。屋顶绿化还应考虑减少或防止屋顶渗漏、注意不引起火灾、种植后应至少有 10 年以上自然生长期、养护管理应达到少管理或不管理的目标。

（二）植物品种抗逆性差

现在能够用以屋顶绿化的植物种类已经十分丰富，但是有些植物的抗逆性还是不够强。在遇到恶劣天气时，就会出现枯黄，甚至死亡的现象。因此，在培养抗逆性比较强的新品种时，还需要进一步研究，以期培养抗逆性较强的新品种。

（三）认知不足，观念滞后

虽然说现在已经有了一定面积的屋顶绿化，但是与发达国家的屋顶绿化面积相比较，我国的屋顶绿化程度还很低。这主要是人们对屋顶绿化的认识还未到位造成的。

居民对屋顶绿化不了解。有些人觉得屋顶绿化既贵又麻烦，弄不好会引起屋顶渗漏，多一事不如少一事，产生抵触情绪；有些人又把屋顶绿化想象得过于简单，认为铺上一层草、种些花就万事大吉了。许多业主存在“多一事不如少一事”的想法，认为实施了屋顶绿化，就会平白无故增加了养护工作。而住在顶楼的百姓还担心屋顶绿化会造成渗漏水和招虫子。他们担心万一养护或者施工不当，防渗漏夹板层就有可能被损坏，而草坪更容易藏污纳垢。现在还有一部分人认为生态环境不是个人能改变的，一个人的力量无法起到作用，便不再积极地参与绿化建设；还有人担心屋顶绿化带来的安全性问题。

（四）资金短缺

一些老屋子在实施屋顶绿化之前，需要进行防渗水处理和承重检测，这需要大量的资金投入，政府没有此项专款；商品房的屋顶也是私有财产，产权往往归属于所有业主，一个业主不同意，屋顶绿化就不能实施；屋顶绿化的技术成本是左右很多人态度的重要因素。

二、对策

（一）加大科研力度

加速科研成果转化。屋顶绿化是将园林建置工程转移到了屋顶，因此，其涉及的技术因素比较多。我国屋顶绿化仍处于起步阶段，各项技术还不成熟，这就需要政府及相关部门的大力支持，给以屋顶绿化产业一定的政策倾斜，降低产业风险、加速科研成果的转化，进而促进屋顶绿化产业的发展。科研部门要在屋顶绿化施工技术方面及植物新品种和抗逆性的培育方面狠下功夫，完善屋顶绿化的各项技术。

（二）加大宣传力度

生态环境的改善和建设需要林业、园林、城建、环保、财政等多个部门协调配合和广大市民的积极参与。屋顶绿化是具有巨大社会效益、生态效应和经济效益的利民工程。对改善城市总体环境有利，是美化城市、活跃景观的一种方法。因此，要加大屋顶绿化宣传引导力度，让更多的人进一步了解和认识屋顶绿化的作用，增强市民责任意识，使更多人加入绿化建设的队伍中来。

第三节　北方屋顶绿化存在的问题及限制因素

一、北方屋顶绿化存在的问题

随着科技的发展和屋顶绿化的普及，北方城市也在逐步实施屋顶绿化的技术，但由于一些限制因素，北方城市屋顶花园除了存在本章第二节中的问题外，还存在以下几个问题：①园林小品配置不到位，缺乏美观度和供人休息的场地。②景观设施不符合人体工程学，缺乏人文关怀。③缺乏地域性的艺术表现形式，无法体现北方园林的特点或北方地域特征。④植物种类太少，造成景观搭配上的难题。⑤北方常绿树少，冬季低温防护措施不到位，经常造成屋顶植物死亡。

二、北方城市屋顶花园景观规划设计的限制因素

（一）北方城市的自然气候因素

北方地区是指中国东北三省、黄河中下游五省二市的全部或大部分地区。大多属于温带大陆性季风气候，例如北方最具代表的黑龙江，1 月平均气温 $-31 \sim -15$ ℃，极端最低气温达 -52.3 ℃（漠河，1969 年 2 月 13 日）。北方城市气候大多四季明显，冷热分明，主要降水集中在夏季，冬季冰雪覆盖，春秋温度适宜。这种极冷的气候不适合许多屋顶植物的生长和生存。

（二）北方城市的地域文化因素

地域性文化是指某一地区由于自然地理环境的不同而形成的特性。人们生活在特定的自然环境中，必然形成与环境相适应的生产生活方式和风俗习惯。这种民俗与当地文化相结合形成了地域文化。北方城市的地域文化影响和制约着屋顶花园景观设计形式、方案、主题和风格等，北方的地域文化倾向于粗犷、大气和豪迈，而表现在屋顶花园这种细致性的造园方式上来说，使建园水平受到了制约。

（三）北方城市的技术因素

北方城市屋顶花园景观建设在技术因素的限制方面可以表现为以下几点：①在排疏板的应用方面。排疏板可以减轻屋顶和滤水层的承重压力，它有多种产品类型，而北方屋顶花园采用的是较为劣质的塑料排疏板。②基质方面。没有完全考虑到植物材料的根系深浅，覆土厚度偏深，而配料的选择也没有按比例配给。③养护工作中的浇水、疏排水、修剪、除杂草和防病害等方面没有完善到位。

第四节 北方城市的屋顶花园景观规划设计

一、北方城市的屋顶花园景观规划设计理念

空旷的屋顶是最接近阳光和雨露的地方，大片屋顶的直接裸露也是对建筑资源的一种浪费。北方城市的屋顶花园应该以舒适性、安全性、生态性、防护性为人性化景观设计理念，既增加绿化面积，同时供人们活动或休憩，还可远观美景，俯瞰大地，是当下很多年轻人热爱的观景方式。北方城市的屋顶花园建设由于受到自然气候、地域文化和技术因素的影响，在人性化的设计理念上应该从以下几个方面彰显：①屋顶花园建设以防护极寒天气为主，因地制宜地选择本土植物；②用淳朴、粗犷又不失轻巧的人造石等材料表现北方地域建筑文化的特色，以简约和功能性为主要设计理念，其次再追求装饰性的美感；③在技术方面，加强材料的韧性和坚固性，加大资金投入，选择安全性和功能性强的设施材料，并且运用北方的科学技术来展示北方在科研方面的优势。

二、北方城市的屋顶花园景观设计要素

（一）植物

在对屋顶进行绿化时，要考虑到屋顶的最大承压力度和屋顶的本质环境，使用抗风力强、喜光、耐寒、耐贫瘠、耐土薄、生命力顽强的植物，种植例如月季、凤尾草、凌霄、连翘、萱草、匍匐福禄考、紫藤等植物。总体来说，屋顶花园的植物选择应该基于以下几个原则：①乡土植物或当地适合种植的植物；②抗风抗压大的品种；③耐干旱和抗积水的品种；④既耐寒又耐热的品种；⑤能顽强抵抗空气污染的品种；⑥易活、易栽培、耐修剪的品种；⑦能抵抗北方低温和强化冬季效益的品种；⑧浅根性、生长缓慢的品种。

北方屋顶花园植物在越冬之前应当针对北方极寒的恶劣天气进行修剪残枝、加强肥水管理、卷干或包草、根颈培土、涂白或喷白、灌冻水等处理措施。拿灌冻水来说，一般在 11 月的中旬或下旬灌冻水最佳，但是北方冬季来得早，所以在 10 月底或 11 月初便可灌冻水，也可以在屋顶花园的草坪上面覆盖马粪或锯末，灌木套薄膜，树木覆盖稻草或树干捆绑草绳，另外在越冬之前进行最后一次修剪有利于返青时植物嫩叶萌发。在返青前后滚压一次很有必要，有利于植物在夏、秋两季的生长。返青后要及时浇水，以促进生长。

（二）水景

屋顶花园中的水景设计应该考虑到屋顶承压与抗压能力，在此基础上设计水景，尽量以小面积的水景为主。水景要小巧玲珑，配合山石，点到即止，或是静态或是动态。受屋顶花园的恶劣环境限制，动态水要细腻和温婉，静态水要以浅和薄为主。静态水景可通过添置玻璃纤维增强混凝土（GRC）轻质景石、五彩石，或者以设计驳岸等形式来增加趣味性。动态水景可在设计中带有夸张的流线，在池底设计小鹅卵石等

障碍物，增加水体的流动感。整体要考虑到排水和防水的问题。

北方城市气候大多有低压缺氧、寒冷干燥和日照时间长的特点，降水量较少，加上日照时间长，对北方屋顶花园的水景建设尤为不利。除了采用喷灌、滴灌、漫灌的地中灌溉和底面灌溉之外，人工浇水也是必要的措施之一，尤其针对炎热的夏季。最可行的方法就是采用水循环措施，引进自动养护管理的先进排灌技术，让流动的水体除了自然蒸发之外，再无浪费。另外，屋顶花园地面的蓄水层对水景的建设也是极为重要的，常用的材料有专用蓄排水板、混凝土板、塑料盘、卵石、陶粒等。

在屋顶花园规划的开始就应将建筑、景观材料和城市水网紧密结合，从屋顶到地面铺置隐形排水管，将雨水带到地上和使地面上雨水经过碎石砂土的沉淀过滤渗入地下；一部分则用于植物浇灌和景观水体营造；降水量大的时期还能通过城市管道排走。不仅巧妙地解决了雨水排放和过滤的问题，同时还创造了优美的景观环境空间。

（三）园路与铺装

屋顶花园的园路与铺装既要满足人们的使用要求，同时还要满足其景观功能的需求，要具有一定的观赏性。屋顶花园的园路一般可以视为视觉中心，运用不同的材质、色彩等元素来设计或运用多种韵律的构图和具有象征性形象的图案来吸引人们的视线，引导人们聚集、活动，驻足停留。屋顶花园的园路与铺装应该在满足承压的状况下选择质轻、小巧和景观性强的材料或结构。一般不使用大面积的石材铺装，铺装以连环的汀步、暖性材料的木栈桥、鹅卵石拼花等几种形式作为设计要点。草坪这种软质铺装的使用既不会造成压伤，又能形成美好的景观，是值得采纳的。园路在布局上迂回而婉转，会显得景观面积大。

园路常被设定为屋顶排水的通道，园路良好的防水层处理使地面不易发生渗透、浸湿等现象，尤其是北方屋顶花园运用了水景，那么防水层应采用耐腐蚀、防根系穿刺、抗老化的材料，而北方建筑为了对抗极寒的恶劣天气，一般采用厚型或特厚型的建筑构筑面，所以在防水等级上应采用Ⅱ级标准。在实施第二次防水处理时，最好先拿掉屋顶的架空隔热层；另外不得撬伤原防水层，这样使得园路的防水层更加坚固和耐用。

（四）景观小品

屋顶花园的景观小品和其他建筑设施一样，考虑到承重和抗风、抗压、抗暴晒、抗风霜等许多恶劣的环境，因此，景观小品在材料的选择上要以质轻、坚固、耐腐蚀等原则为主，质量是最关键的。景观小品上可以选择小型的雕塑小品、假山小品、风车、水轮等。供休息的小品，如座椅、坐凳等最好以防腐性的木材为主，在外面另外涂上一层保质的漆，这样可以延长使用寿命，又不会给屋顶造成很大的压力。

相比于南方城市在景观小品的材料选择上利用木材、竹材、藤材等轻质结构表现温婉的特质，北方城市似乎很难体现出自身的优势。北方的严寒和民间文化的滞后使其民风相对淳朴，建筑民居也趋向于质朴敦厚，所以在景观小品的选择上也可以以质朴、粗犷和敦厚的材料来构形，突出北方屋顶花园的特色。例如钢筋结构的花架或亭子、肌理分明的石材坐凳、泥土堆积的砖形花墙等，如果觉得石材、砖材等厚重的材料较多，影响承重问题，不妨选择人造石等材料，这类材料不仅造价较低，而且在耐腐耐酸碱等功能上比天然石材更加突出。如位于北京市朝阳区东四环中路 39 号的北京华业国际中心，在屋顶设计方面采用休闲的美式风格，考虑到屋顶承压和排灌水等方面的问题，屋顶减少石材和水景设施带来的压力感，虽无水景带来的清凉，然而以一定尺度间隔排列的树木和木质休闲棚架与座椅，让人如同身处夏威夷的海滩。一个四方形的伞撑与四面围合的条凳将休闲空间 360°扩大，伞撑可收拢、可展开，不占用空间体积与面积，即使是花盆，要么采用仿木材料的底座，要么采用白色塑料盆，最大化地减轻屋顶负荷。屋顶布局采用规则式的布局方式，在无高大护栏的情况下，把修剪整齐的圆柏当成栏杆与扶手，围合空间的同时又不遮挡视线，反而使开阔的视野中减少了危险的隐患。整个屋顶空间既像咖啡厅，又像一场临时性的派对；因为所有陈设均可拆可卸，可搬可移，可以提前应对恶劣气候的袭击，同时将休闲与娱乐发挥到最大化。

三、解决北方城市的屋顶花园景观设计的对策

（一）技术结合人文

体现对人性的关怀。随着现代科技的不断更新换代以及人文环境的改善，北方城市在屋顶花园景观建设之中也应该考虑到技术结合人文，让科技与文化擦出火花，处处体现出人性的关怀。设计师在设计屋顶花园之前，首先要考虑的并不是其外在美，景观功能，而是必须考虑作为使用者的人们，用高新科技和最佳的人文环境给屋顶花园的使用者以人性的关怀。

（二）建筑服务于大众

屋顶花园本就是供人来欣赏和游憩的，它以建筑为载体，就必须考虑建筑服务于大众的原则。随着屋顶产业的不断扩张，北方城市屋顶花园为人们的日常生活带来便利，也发挥了美化城市的双重作用。人是城市环境的主体，在现代城市生活、工作、娱乐、休息。北方城市的屋顶花园反映了“人性化关怀”，也是链接和谐社会不可或缺的因素。基于这种环境，屋顶花园就自然而然地成为人们关注的焦点。而新的设计风格会不断影响屋顶花园景观设计的艺术观念和审美取向，不仅强调设计对时尚流行的审美情趣，也符合现代高端消费人群追求卓越生活品质的需要。

屋顶绿化已逐渐引起人们的重视，必将成为 21 世纪城市建设的新景观。屋顶绿化是加快城市绿化发展、提高城市绿化率、促进城市环境保护的重要途径。因此，做好屋顶绿化宣传，让更多人认识和了解并加入屋顶绿化的建设中，使屋顶绿化事业能够蓬勃发展，这将对城市生态环境改善起到极大的作用。屋顶绿化的规划设计，使屋顶自然生态环境与城市生态环境融为一体，要科学、合理、规范城市屋顶绿化建设，提高城市园林绿化质量，改善居住环境，美化家园，造福人类。

第五章　屋顶绿化的相关政策、法规及技术规程

第一节　国外各国屋顶绿化的相关法律法规

国外屋顶绿化发展得较早，相关的法律法规也建立得较早。在德国与屋顶绿化有关的法律主要有：《环境影响评价法》《自然保护法》《建筑法》《土地利用及废水处理法》，且在环保法规条例上德国政府也给予了屋顶绿化强大的支撑，如《德国联邦政府环保条例》《自然能源法规》等。德国各城镇还根据《建筑法》等建筑管理的相关规定，制定了《建筑工程管理规划》及《建筑房屋规划草案》等条例。德国城镇中有36%的地区在《建筑房屋规划草案》中对屋顶绿化做了特别的规定。日本诸多的法律法规都与屋顶绿化相关，有关屋顶绿化的国家级法律有《绿化设施整备计划认定制度》《城市绿地保护法》，地方性的条例有《东京都自然保护条例》《绿色东京计划》《大阪府自然环境保护条例》等。韩国对屋顶绿化有直接影响的法律有：《国土基本法》《环境交通灾害影响法》《建筑法》《有关国土规划及利用的法律》《建筑法实行条令》《国土规划及利用实行条令》《有关城市公园及绿地的法律》。屋顶绿化在北美地区起步较晚，且北美地区国家多为判例法，找不到相应的条文，但是在美国的波兰特市和芝加哥市相应地制定了有利于屋顶绿化发展的政策。

一、国外各国针对屋顶绿化采取的强制性政策

1982年德国就立法强制要求任何新建筑的业主必须偿还建筑物侵占的原本可以绿化的土地面积，并给予业主三种选择方式：第一，绿化与建筑所占面积等同的一块土地；第二，缴纳相应额度罚款；第三，对屋顶进行绿化。比较而言，屋顶绿化是最优的选择。德国新建的工业区建筑必须进行屋顶绿化，没有屋顶绿化设计方案的新建或改建项目的规划设计，将不予审批受理。在法律根基的支撑以及政策和相应技术的支持下，德国屋顶绿化取得了卓越的成绩，是现今屋顶绿化面积覆盖率最大的国家，屋顶绿化的覆盖率已经超过了81%。

美国的屋顶绿化起步较晚，始于20世纪90年代末期至21世纪初，美国材料检验协会（ASTM）正式成立对屋顶绿化发展具有决定性的意义。该组织研究出台了类似于德国的FLL标准，且美国将屋顶绿化纳入了美国绿色建筑协会（USGBC）颁布的“美国绿色建筑评估体系”，即LEED标准。虽然该标准对建筑物的评级不具有强制性，但在美国的波兰特市和芝加哥市必须使用该标准对政府出资修建和改建的建筑物进行评

级。同时这两个市针对屋顶绿化还提出了其他的要求，“波兰特市绿色建筑政策”要求所有新建的政府机构建筑必须进行屋顶绿化，且绿化面积要达到屋顶面积的70%以上，没有绿化的屋面必须使用环保材料铺设。

芝加哥节能标准规定，新建和改造翻建建筑物的屋顶必须达到太阳能反射率的最低标准，屋顶绿化是降低太阳能反射率的最优选择。

日本是一个十分重视城市环境的国家。在东京，《东京都自然保护条例》规定：建筑面积超过1 000 m^2 的，其中公共设施的面积在250 m^2 以上的新建、增建、改建的建筑项目，其屋顶面积的1/5必须实施屋顶绿化，否则将处以最高额为20万日元的罚款。另外，在提交建筑方案时必须提供屋顶绿化的规划设计方案，且该方案的地面、屋顶绿化必须已经完成20%以上，同时建设项目的外部结构绿化面积不能低于20%。

在韩国屋顶绿化发展得十分迅速，韩国《建筑法》规定在建造建筑物时，要根据地方自治团体条例中有关绿化比例的规定，将部分土地面积作为绿化面积。而有关住宅建设标准等相关规定明确表示，造景面积或绿地面积中包括了屋顶绿化面积。虽然韩国没有用强制的条款约束必须实施屋顶绿化，但依据韩国地方自治团体制定的相关条例可知，进行屋顶绿化是建造建筑物最优的选择。

二、国外各国针对屋顶绿化采取的鼓励性政策

（一）德国

首先，德国政府给予屋顶绿化的业主直接的财政补贴和提供低息贷款。一般业主每绿化1 m^2 屋顶可以得到政府10~20欧元的补助费用，德国银行设计了资助屋顶绿化的一系列政策，主要是低息贷款，且德国政府以承担一定比例的建筑费用来鼓励屋顶绿化。

其次，德国屋顶绿化能够获得税费的减免。德国工程建设要根据《环境影响报告》提交环境补救费用，实施屋顶绿化可以减少这部分费用的支出。同时，德国政府收取高昂的雨水处理费，屋顶绿化能够截留雨水，减少雨水污染，缓解市政排水工程的压力。德国各地政府为鼓励屋顶绿化，按照50%~80%的比例减免屋顶绿化建筑的雨水处理费用。在重点的城区，为了确保屋顶绿化效果，政府还提出了给予屋顶绿化的建筑物所有者五年内固定资产减税50%的鼓励政策。

再次，屋顶绿化的面积经折算后还可计入绿化率，鼓励了大批商人进行屋顶绿化。

最后，德国政府为屋顶绿化提供强大技术支持。德国屋顶绿化技术是世界上最先进的，德国的FLL标准现已成为欧美屋顶绿化的统一标准，德国政府为屋顶绿化的推广发展制定了多部指导规范，为民众提供屋顶绿化的技术咨询，及时发布屋顶绿化的标准和准则，进行广泛的宣传工作，促使民众自发地进行屋顶绿化。

（二）美国的波兰特市和芝加哥市

波兰特市是全美“绿色建筑”及屋顶绿化提倡推广的先驱者。波兰特市出台了多项针对公共建筑的屋顶绿化政策。波兰特市政府对商业和工业区的不透水的建筑收取雨水处理费用，实施屋顶绿化可以储存雨水，有效减少雨水处理费用。为保证屋顶绿化的长期效果，波兰特市政府与屋顶的所有者签订养护管理屋顶绿化的协议，政府提

供技术指导，并监督养护管理的效果。波兰特市政府还通过给予容积率奖励，提供低息贷款、技术指导、建立屋顶实验基地、成立屋顶绿化组织等措施推进屋顶绿化的发展。

芝加哥市也制订许多促进屋顶绿化发展的政策和方案，芝加哥市政府认识到屋顶绿化的优势后，为推广屋顶绿化的实施，政府要求屋顶绿化的面积应不低于 185.8 m^2 或至少 50%的屋顶面积进行绿化，给予满足要求的屋顶绿化项目相应的楼面面积奖励，且开发者按照屋顶绿化的面积可获得资金补贴，同时进行屋顶绿化的项目还可以获得雨水储蓄的信贷服务等政策支持。此外，芝加哥市政府成立了绿色屋顶示范展点及实验基地，一些专业的人士成立的非营利性组织还为屋顶绿化的发展制定一些鼓励措施，在专门的网站为屋顶绿化的业主提供技术咨询。

（三）日本

1999 年日本政府提出若建筑面积在 2 000 m^2 以上，且屋顶绿化面积超过 40% 建筑面积的，可以获得建造屋顶花园和主体建筑两项低息贷款的优惠政策。日本国土交通省都市整备局出台的《绿化设施整备计划认定制度》规定，对经过规划设计且得到了所在地方政府认定的屋顶绿化建筑设施，给予固定资产税费的减免，五年内税费减免占固定资产税总额的 1/2。同时，日本政府为鼓励和调动开发商的积极性，给予进行屋顶绿化的建筑容积率奖励。在东京和大阪的一些城市还提出了直接财政补贴和屋顶绿化面积折算绿地面积的鼓励政策。除了政府的鼓励措施外，日本的银行也推出了资助屋顶绿化的贷款项目。日本开发银行为屋顶绿化项目提供低息贷款，符合该行《环境共生型综合整备事业条例》和《新技术开发条例》的相应规定，可以得到不超过该项目工程总费用 50%的低息贷款。

（四）韩国

韩国从 20 世纪 80 年代开始普及推广屋顶绿化，1999 年 11 月，韩国环境部发布了《普及屋顶绿化手册》，指导屋顶绿化的设计、施工以及如何进行养护管理等。2002 年，韩国使用了亲环境建筑认证制度，屋顶绿化在这种制度认证的过程中可以为建筑加分。同时，韩国各市自治团体纷纷制定屋顶绿化的条例，如釜山广城市西区自治团体的屋顶绿化的促进条例规定，提交屋顶绿化的项目书到有关的部门可以获得一定数额的苗木费用补贴；《首尔特别市保护绿地及促进绿化条例》提出，工程项目建设审批时提交屋顶绿化项目计划书的，该工程可以得到建筑物结构安全的诊断支持和一定数目的补贴。

第二节　国内各省市屋顶绿化的政策法规

在我国城市绿化方面的法制建设不完善，没有一部关于屋顶绿化的法律。1992 年制定的《城市绿化条例》是指导我国各地城市绿化建设管理的一部法规，屋顶绿化已成为城市绿化的组成部分，但是在这部法规中却没有屋顶绿化的内容。而地方各省市的绿化条例在近几年内才将屋顶绿化纳入其中，且多数地方的绿化条例中未强制要求建筑进行屋顶绿化，还处于鼓励性的层面。各地方主要靠发布大量的规范性文件来引导规范屋顶绿化的建设。例如，北京市2006年《关于进一步推进本市屋顶绿化工作的通知》、2011年《北京市人民政府关于推进城市立体空间绿化建设的工作意见》，成都市2001年《成都市建设项目公共空间规划管理暂行办法》、2007年《成都市建设项目绿地率指标核定（异地绿化费核定）实施办法（试行）》，上海市2001年《上海市静安区屋顶绿化建设实施意见（试行）》，广东省深圳市1999年发布的《深圳市屋顶美化绿化实施办法》、广州市2007年发布的《屋顶绿化技术规范》等。

我国屋顶绿化起步晚，屋顶绿化的研究从20世纪60年代起才开始，由于没有法律支撑、技术落后、资金支持不足，我国的屋顶绿化没有得到较好的发展。城市环境不断恶化，人均绿地面积不断减少，为了改善人居环境，增加绿地面积，屋顶绿化得到了重视。如今，在北京、上海、广州、成都、深圳、重庆等大城市大力推广屋顶绿化，各地制定了促进屋顶绿化发展的规范性文件，制定多种鼓励政策，屋顶绿化建设步伐不断加快，绿化的面积逐年增加，取得了些许成绩。

一、我国各地方针对屋顶绿化采取的强制性措施

屋顶绿化的强制性措施主要是指政府强制要求符合规定的建筑物必须进行屋顶绿化。对于符合建筑设计要求，又达到一定面积标准，却未按要求建设的，予以一定惩罚的举措。

现今，我国北京、成都、上海、广州等城市对屋顶绿化进行了强制性的要求。如北京市人民政府强制要求新建、改建项目中附属绿地面积不符合标准的，但项目用地范围内无地下设施的绿地面积符合规划标准，并超过规划标准的1/2，则该项目50%以上的建筑物屋顶面积必须设计、建设花园式屋顶。公共机构所属建筑，层数在12层以下、高度在40 m以下的非坡屋顶，新建、改建建筑（含裙房）和产权在20年以下、屋顶坡度在15°以下的既有建筑，在符合建筑规范，满足建筑安全要求的前提下，应当实施屋顶绿化。成都市的规定与北京市的相似。

上海市静安区是全国推行屋顶绿化强制措施最早的地区，1999年该区政府要求新申报立项的住宅建设项目，送审时应提交屋顶绿化的设计方案，没有屋顶绿化设计方案的，区绿化局不予以审批备案，屋顶绿化还被纳入工程验收的范围，没有完成屋顶绿化的工程项目，区住宅局不予以验收。2007年上海市政府要求新建的适宜屋顶绿化的政府、事业单位以及各类公共服务设施建筑应当实施屋顶绿化。

广州市则要求新建的大型公共建筑，其面积超过20 000 m^2 的，在满足公共安全的前提下，应当进行立体绿化，建设屋顶花园，面积应大于屋面面积的1/2。同时《关于完善〈建设工程规划管理〉的规定》也提出符合一定条件的建筑物应设计成可上人的屋面，屋面必须实施屋顶绿化，且绿化面积不得小于30%。虽然各地的强制措施各不相同，且多数是针对公共类建筑的，绝大多数地区还没有针对住宅类建筑采取强制的措施。

二、我国各地对屋顶绿化采取的鼓励性政策

屋顶绿化的鼓励性政策主要是指政府为推广发展屋顶绿化，采取的一系列激励鼓励政策，包括提供屋顶绿化技术服务、开展屋顶绿化实验基地、开展屋顶绿化评比活

动、给予直接或间接的经济补贴，给予开发商绿地面积折算、容积率奖励等促进屋顶绿化发展建设的举措。屋顶绿化的推广发展离不开政府相应政策的支持，北京市政府制定了多项优惠的政策支持屋顶绿化的发展，如实施屋顶绿化的单位，其屋顶绿化的面积符合《北京市关于进一步推进本市屋顶绿化工作的通知》的标准时，可以按照一定的比例将屋顶绿化面积折算为绿地面积；验收合格的屋顶绿化项目，政府按照屋顶绿化类型给予相应的补贴；享受防洪费减免以及实施屋顶绿化折算义务植树任务等。北京市政府还为自发建设屋顶绿化的居民和业主提供免费技术支持，表彰和奖励屋顶绿化的先进单位及个人，并将屋顶绿化的资金纳入部门的财政预算之中，保障屋顶绿化的实施和养护管理效果。绿化的面积逐年增加，取得了些许成绩。

在成都给予屋顶绿化项目直接的资金补贴，对业主申报建设的屋顶绿化进行评定，根据屋顶绿化质量分为 3 个等级，每平方米补贴 20 元、30 元、50 元不等。成都市政府也推行了屋顶绿化的面积可以折算绿地面积的奖励政策，《成都市建设项目绿地率指标核定（异地绿化费核定）实施办法（试行）》详细规定了屋顶绿化面积折算绿地面积的计算方法，还在市区开展“优秀屋顶花园”的评比活动。上海市政府给予列入屋顶绿化实施项目的单位一定的补贴，每完成 1 m^2 的绿化可以得到政府 10 元奖励，奖金从“新绿杯”奖励基金中支出。为了维持屋顶绿化的长期效果，上海市静安区政府建立长效管理机制，按照“谁使用、谁建设、谁管理”的原则实施屋顶绿化的养护管理，确保屋顶绿化的养护效果的维持。

第三节　我国屋顶绿化法律问题

我国的屋顶绿化发展处于初期阶段，屋顶绿化发展的整体水平很低，群众对屋顶绿化的认知很少，开展屋顶绿化的城市局限于经济发展速度快的大中城市，且各市政府对屋顶绿化的认识程度不一。我国没有一部系统的屋顶绿化的法律法规，屋顶绿化靠政府下达的各种文件通知加以规范，屋顶绿化虽写入各地城市绿化条例之中，但对屋顶绿化的提法主要停留在倡导的层面，还没有强制要求，只有少数的几个城市对新建、改建、扩建建筑要求强制建设屋顶绿化。且各地屋顶绿化的政策法规混乱，立法层面低，制定的屋顶绿化政策得不到有效的执行，各地的屋顶绿化技术指导规范之间存有一定的矛盾，指导意义差，很难有效地指导和规范屋顶绿化的施工，屋顶绿化的验收更难以保障。

虽然这些规范性文件推进了各地屋顶绿化的发展，但效果不明显。各地方屋顶绿化的鼓励性政策主要包括直接的财政补贴，屋顶绿化面积折算绿地面积，开展相应的评比活动，表彰和奖励屋顶绿化的先进单位及个人。屋顶绿化的奖励范围不够广泛，奖励的政策较局限，奖励办法并不够明晰，而且鼓励开发商建设屋顶绿化的政策较少，不能激发开发商建设屋顶花园的积极性；民众自发建设的屋顶花园在法律上得不到合法的法律地位确认；对于容积率、屋顶绿化折算绿地面积的奖励也未得到广泛的推行，在我国多数市区都处于缺失的状态，而这项鼓励措施对屋顶绿化的推广发展有着极大的促进作用。同时，在屋顶绿化的宣传、研究等方面各地没有充分发挥能动作用。较之国外，我国各地政府给予的重视程度不高，认知程度较低，致使屋顶绿化法律法规建设步伐很慢。在德国、美国、日本、韩国等国屋顶绿化的法制建设不断完善，政府给予大力的支持，屋顶绿化发展迅速，并取得了惊人的效果。这些国家发展屋顶绿化的经验对我国大有裨益，吸收借鉴国外发展屋顶绿化的成功经验，依据我国国情，制定适合我国屋顶绿化发展的法律法规和政策。

（一）屋顶平台的权属问题

屋顶平台又称露台，是可供人们室外活动的顶层屋面或底层地面伸出室外的没有顶盖但有一定的维护结构的台面。有着覆盖、遮风挡雨、排除雨水积雪和保温隔热的功能。同时屋顶平台空间开阔、阳光充足，很适合进行绿化种植，是增加城市绿色景观的可开发资源。理论界对屋顶平台的权属问题已有很多探讨，目前我国对屋顶平台的权属有所规定的法律法规有建设部第 94 号令《城市异产毗连房屋管理规定》，以及 2007 年 12 月建设局、财政局共同发布的《住宅专项维修资金管理办法》。2007 年实施的《中华人民共和国物权法》对屋顶平台有所涉及，但是对屋顶平台的归属没有明确的定论。

（二）屋顶平台专用使用权问题

目前我国屋顶平台的产权分三种状态：第一种是房屋由单个业主拥有产权，这类房屋的屋顶平台的产权由房屋的产权人享有；第二种是房屋由多个业主拥有产权，依我国的相关法律规定，这种房屋的屋顶平台的产权由全体业主共同享有；第三种是屋顶由业主购买或者是开发商配送的，这种状态在当下是我国法律限制性禁止的。单个业主所有的屋顶平台产权，在实施屋顶绿化时不用过多地考虑产权问题，责任人也较明确，这类屋顶的绿化可由屋顶平台的产权人承担。实施屋顶绿化存在一定难度的是全体业主共同拥有产权的屋顶，这类屋顶主要是住宅类商品房的屋顶，依据建设部第 94 号令《城市异产毗连房屋管理规定》第 6 条、第 9 条第四款以及《住宅专项维修资金管理办法》中第 3 条的规定，我国住宅类商品房屋顶的产权形式是共有的，住宅类商品房的屋顶由全体业主共同拥有产权，在共有的情况下，屋顶进行绿化由全体业主共同负责，全体业主共同承担绿化后的养护管理工作，以及绿化后所产生的责任问题。

（三）屋顶绿化的商业开发问题

屋顶平台专用绿化使用权设定后必然会带来屋顶绿化商业开发利用问题和屋顶绿化补贴分配的问题。屋顶绿化的商业开发问题如果能够处理好不仅能够促进屋顶绿化产业的发展，解决屋顶绿化资金紧张的问题，还可以有效地利用资源带动经济发展。

（四）屋顶绿化的审批建设问题

屋顶绿化审批建设是屋顶绿化推广发展的前提，屋顶绿化的监督管理是屋顶绿化发展质效的保障，屋顶绿化的发展绝不能缺少了政府有效的监督管理体系；否则，屋顶绿化的资金难以确保充足和有效地利用，工程质量难以保证，绿化的效果难以维持。因此，建立有效运行的监督管理体系，是屋顶绿化长期发展的保障。

（五）屋顶绿化的监管问题

1. 屋顶绿化企业准入问题　我国对屋顶绿化的施工企业没有严格的准入门槛，屋顶绿化又是一个较地面绿化复杂很多的工程，不能简单地认为能做地面绿化的企业都可以做屋顶绿化。目前，我国没有相关标准加以规制屋顶绿化企业，各地方也未加以重视。现只有北京地区对屋顶绿化的施工企业规定无论有几级园林绿化资质的园林施工企业未经过北京屋顶绿化协会的专门培训的不得承揽屋顶绿化工程，违者处罚。实施全民发动屋顶绿化也必须是按规范标准选材和施工，要用经过协会专门培训且有业绩的专业队伍来施工，或是在有专业技能的人员指导下施工。由此可见，我国急需规制屋顶绿化施工企业的准入，严格制定屋顶绿化企业的准入制度，建立屋顶绿化企业准入的标准，该标准可以参考《城市绿化企业的资质等级标准》设立，设立时要考虑企业注册资金、每年承建屋顶绿化工程造价、面积以及出现工程质量问题的概率、技术人员的资历等各个方面因素。例如《城市绿化企业的资质等级标准》对城市绿化一级资质企业的标准规定，综合考虑了多方面的因素，为城市绿化的质量把好准入关，因此严格把好屋顶绿化企业资质准入关，是确保屋顶绿化质量的基础。

2. 屋顶绿化的工程质量问题 指导规范屋顶绿化的施工，解决屋顶绿化中的防水、防腐等一系列问题，是确保屋顶绿化工程的质量的关键，一部好的屋顶绿化技术指导规范很重要，各地方应做好屋顶绿化的技术指导，严格规范屋顶绿化的施工标准，确保屋顶绿化的工程验收质量。在德国，屋顶绿化参照的标准有德国景观开发与研究协会（FLL）制定的《屋顶绿化的设计、安装以及后期养护指南》和《屋顶指令》，以及其他一些组织协会发布的有关屋顶绿化的指导规范如《绿色空间的保证——绿色屋顶的规划、实施和维护指南》和《屋面准则》等。这些标准都为屋顶绿化的推进起到了关键作用，北美地区基本都参照德国的这些标准进行屋顶绿化。目前我国各城市相继制定了屋顶绿化的技术指导规范，2005 年北京市出台了北京市地方标准《屋顶绿化规范》，该规范是现在规定中比较完整的。除了要制定屋顶绿化的技术和施工标准，还要加大对施工质量的验收监管。政府部门要起到主导的作用，要在屋顶绿化工程质量验收时严把质量关，发动群众监督的力量。也可以像地面绿化施工一样建立相应的屋顶绿化监理公司，对屋顶绿化企业的施工进行质量把关，若屋顶绿化工程出现问题，可追究施工企业和监理公司的相关责任，同时对相关负责单位问责。

3. 屋顶绿化的安全责任监管 屋顶绿化涉及多方面的安全问题，有消防安全、生物入侵安全、高空坠物、楼体结构安全等。由此，必须对屋顶绿化安全问题有效监管，明确相关责任人的责任。屋顶绿化的种植植物的选择一定要不能破坏当地的生态平衡，在引种方面一定不能带来生物入侵的威胁。同时屋顶绿化的植物不能选择高大的树木，过大的植物不仅会增加屋顶的荷载，而且也存在着固定不好坠落伤人的危险。可上人屋顶的绿化一定要保证人员活动的安全，女儿墙以及防护栏的设计应符合一定的标准，要定期检查、检修安全设施的性能，确保使用安全。屋顶绿化使用的防水蓄水材料也要进行全面的检查，以确保屋顶使用安全。如果发生了屋顶漏水等一些结构安全性问题及高空坠物的问题，应追究产权人和管理者或其他相关人的责任。

4. 屋顶绿化的养护管理监管 为保障屋顶绿化的长期效果，建立屋顶绿化的长效养护管理机制，加强屋顶绿化后期养护管理工作是非常有必要的。屋顶绿化建设要按照谁使用、谁建设、谁管理的原则实施。各责任部门和单位必须在人力、物力、财力等方面给予保障，建设和管理同时进行，不定期地对屋顶绿化建设的单位进行抽查，确保植被的成活率。各部门要加大宣传力度，做好思想工作，确保屋顶绿化后期养护的有效进行，由绿化行政管理单位负责屋顶绿化后的管理监督工作，绿化后的屋顶不能对建筑屋顶上的公共设施的管理和使用产生影响，尤其是不能堵塞消防通道，不能影响屋顶的避险功能；要配合相关部门的管理和定期检查工作。屋顶绿化的后期养护管理工作十分的重要，否则耗费了人力、物力、财力的屋顶绿化项目的绿化效果达不到预期的设想，对屋顶绿化的开展将会造成很大的影响。因此，各部门单位必须明确自己的责任分工，做好屋顶绿化的后期养护管理监督工作，提供屋顶绿化的技术支持，维护好屋顶绿化建设项目的长期效果。

5. 屋顶绿化的资金监管问题 屋顶绿化资金列入国家的财政预算之中，国家财政部门给予屋顶绿化建设财政补贴，各地方应将屋顶绿化的资金纳入城市规划预算之中，积极地落实屋顶绿化资金保障工作。各级相关部门应将屋顶绿化的资金纳入部门的财政预算之中，由专门的部门进行管理和使用，建设屋顶绿化资金监督管理体系，追究侵占私吞屋顶绿化资金者的法律责任。屋顶绿化开发者缴纳的屋顶绿化维护保证金和政府的屋顶绿化补贴资金要作为专款，要专款专用。屋顶绿化资金有了坚实的保障，政府就能够针对公共类建筑大力推广实施屋顶绿化，起到宣传作用，让更多的民众了解屋顶绿化，从而吸纳民间资金建设屋顶绿化，拓宽屋顶绿化资金的来源，解决屋顶绿化资金紧张的问题。

第六章　屋顶绿化气象条件研究

第一节　屋顶生态因子调查与分析

屋顶的生态环境与地面差别甚大，无论是光照、温度还是湿度等，都有明显差异。屋顶的下垫面大都是水泥结构，通透性差、热容量小、易吸热也易散热，再加上种植土层薄，容易干旱失水，这些特点给屋顶绿化植物的生长发育带来了困难。

根据资料分析和现场调查，在绝大多数的屋顶绿化生长环境中，水分的盈缺决定着整个屋顶绿化情况的好与坏，对植物的影响最大。

一、屋顶温度

屋顶绿化多建在建筑密集的地域，由于建筑物的比热容较小［建筑的主要材料——水泥的热容量 C 值仅为 1 693 J/℃。根据《水泥水化热测定方法》（GB/T 12959—2008）］，白天建筑在日光照射下迅速升温，到晚上又迅速降温，使屋顶上的日温差和年温差均远远高于地面温差。据 2003 年 7 月对上海市 10 处屋顶进行测试，局部屋顶环境昼夜温差最高可达 30 ℃。

适度的温差有利于植物生长，也有利于植物色彩的表现，这是在某些屋顶花园中植物生长情况好于地面的原因之一，但是如果温差的变化幅度和变化速度超过植物的承受能力时，则会导致植物生长不良，夏季高温易致叶片灼伤、根系受损，冬季低温易造成寒害或冻害。

二、屋顶土壤

屋顶绿化与地面绿化最根本的差别在于种植基质与大地的相接性。地面绿化中土壤与大地相接，而屋顶绿化基质则被人为地与大地分隔开。一方面，植物生长所需的水分和矿物质缺少了大地的调节作用；另一方面，受建筑承载力的制约，进行绿化的屋顶必须控制对屋顶的荷载，预期考虑进行屋顶绿化的新式建筑上基质层可适当增加厚度，而对于改造屋顶进行绿化，则要尽可能地减小基质厚度。因此，屋顶种植基质在水分、肥力因素等方面均远比地面环境恶劣。

三、屋顶水分

由于缺少了大地的调节作用，植物能利用的毛细管水少，屋顶绿化所需水分除了来自于自然降水之外，完全依靠人工灌溉。在雨季，由于基质对雨水的滞留作用，基质容易有短时间的积水，容易引发一些植物不耐湿涝而死亡的情况；而到了干旱季节，植物又容易出现脱水甚至死亡。加之楼顶上光照强，风速高，空气湿度变化大，某些时候，即使植物根际供水充足，也会因为植株上部风速过高，而导致植物尖端失水过多形成枯梢、枯叶。水分成为影响屋顶绿化植物生长最重要的限制性因素。

四、风与空气质量

建筑屋顶上气流通畅，但是由于建筑物之间易导致风速过高，据测定，裙屋环境屋顶上的风速可比普通风速高出 2~3 级。适当的通风对植物生长有利，但是如若风速过高，易导致高层植物倒伏、风折，高温季节易出现枯梢、枯叶等不良症状。

五、屋顶光照

屋顶上光照强度较大，为植物的光合作用提供了良好的条件，有利于阳性植物的生长。另一方面，由于现代建筑幕墙多采用玻璃等反光材料，处于建筑环境之中的植物在吸收太阳直射光之外，还受到建筑物反射光的照射，从而使植物所受光照强度有所增加。适当增加光强可以增强植物的光合作用，但是如若光照过强，反而会导致光合作用停止，对植物生长不利。

第二节　屋顶气象因子分析实例

以河南省郑州市某五层办公楼楼顶（垂直地面距离 17 m）为试验点，利用 InteliMet Advantage 小气候观测站（美国 DYNAMAX），对 2009 年 7 月至 2010 年 6 月的太阳辐射、气温、相对湿度、气压、风速、风向等气象因子进行了监测，现将各气象因子 12 个月的变化情况总结如下。

一、屋顶气象因子调查与分析

（一）太阳辐射的变化情况

由图 6-1 可以看出，太阳辐射从 1 月起呈缓慢下降，到 4 月其月平均值最小，为 59.48 W/m^2，后又急剧上升，到 7 月其月平均值最大，为 297.80 W/m^2，之后又急剧下降。按四季情况来看，第一季的太阳辐射值最低，其次为第二季，第三季的太阳辐射最大，第四季的太阳辐射较之第三季下降，但高于第一季和第二季。从气象站收集记录每天的太阳辐射情况来看，太阳辐射的最大值出现在 2009 年 8 月 12 日 13 时，为 815.56 W/m^2；最小值出现在 2009 年 11 月 15 日 17 时，为-1.47 W/m^2。

（二）空气温度的变化情况

五楼屋顶的空气温度随时间变化情况如图 6-2 所示。可以看出，空气温度呈先升高后下降的趋势，1 月月平均温度最低，为 3.8 ℃；7 月月平均温度最高，为 28.7 ℃，二者相差 24.9 ℃。按四季的情况来看，第三季的空气温度最高，其次为第二季，第一季和第四季的空气温度均较低。从气象站收集记录每天的空气温度来看，空气温度的最高值出现在 2009 年 8 月 12 日 17 时，为 38.55 ℃；最小值出现在 2010 年 1 月 3 日 9 时，为-3.39 ℃。

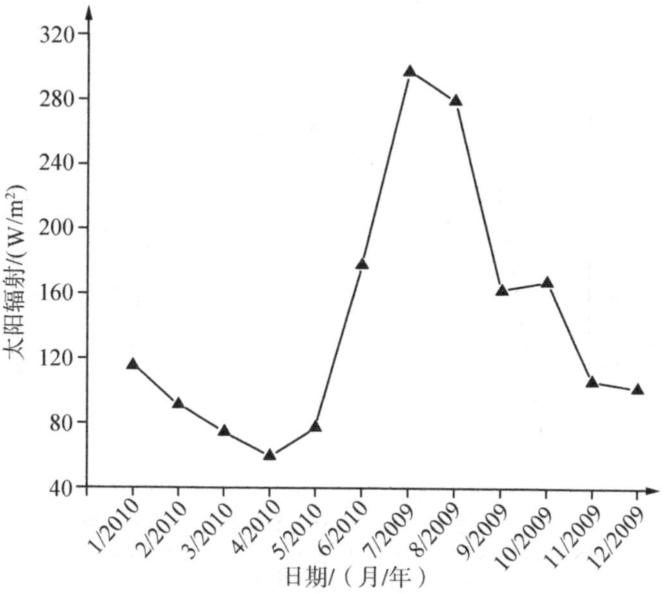

图 6-1 太阳辐射随时间的变化

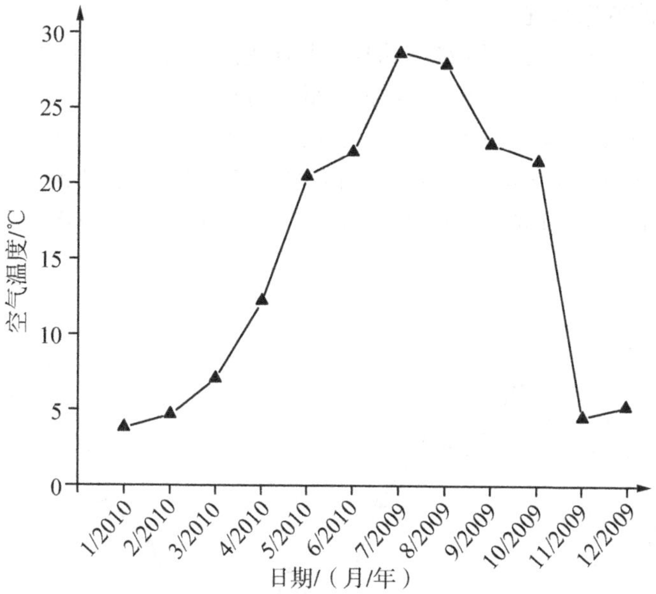

图 6-2 空气温度随时间的变化

（三）相对湿度的变化情况

从图 6-3 可以看出，本研究所收集的这一年中相对湿度的月平均值，除了 1 月、10 月和 12 月较低外，其余月份的相对湿度集中分布在 55%~65%范围内。从气象站收集记录每天的相对湿度来看，相对湿度的最大值出现在 2009 年 11 月 26 日 9 时，为 94.5%；最小值出现在 2010 年 3 月 20 日 8 时，为 6.7%。

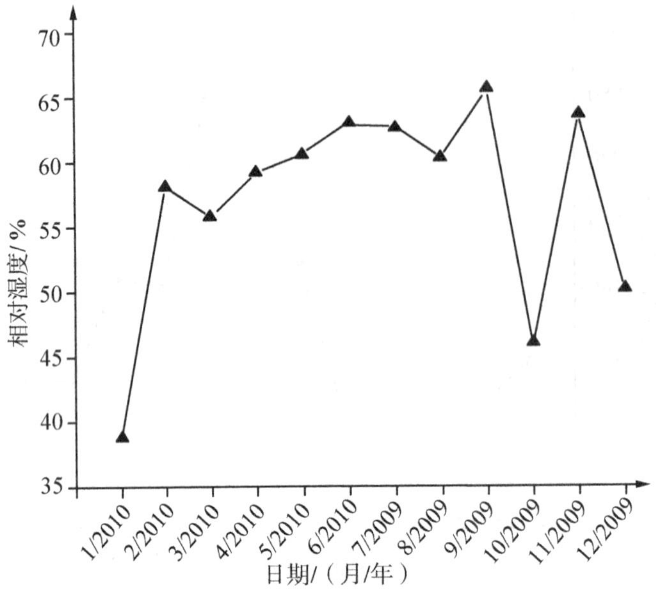

图 6-3　相对湿度随时间的变化

（四）气压的变化情况

从图 6-4 可以看出，在一年 12 个月中，气压先降低后升高，11 月的气压月平均值最高，为 1 013. 9 mbar；7 月的气压月平均值最低，为 991. 3 mbar，二者相差 22. 6 mbar。按四季的气压情况来看，第四季的气压最高，第一季次之，第二季的气压较低，第三季的气压最低。从气象站收集记录每天的气压可看出，气压的最大值出现在 2010 年 3 月 9 日 8 时，为 1 028. 4 mbar；最小值出现在 2009 年 7 月 23 日 18 时，为 985. 2 mbar。

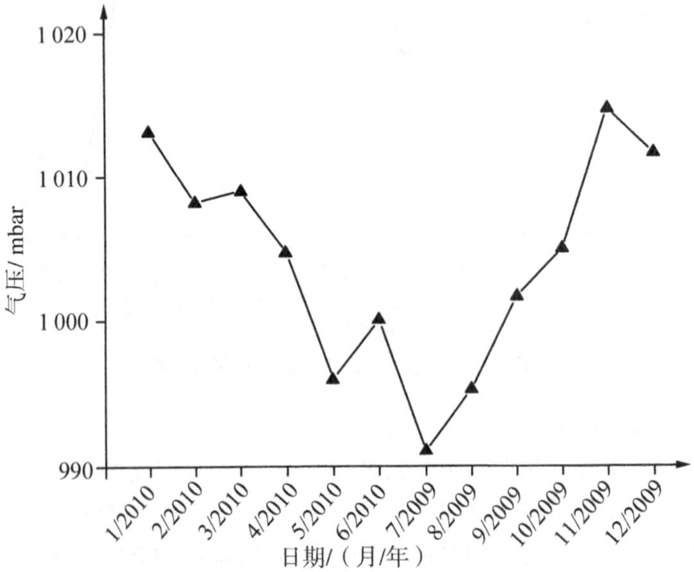

图 6-4　气压随时间的变化

注：1bar = 10^5 Pa　1mbar = 100 Pa

(五) 风速的变化情况

由图 6-5 可看出，月平均最大风速出现在 12 月，为 1.6 m/s；月平均最小风速出现在 10 月，为 0.9 m/s。第一季度三个月的月平均风速很接近，约为 1.4 m/s；第二季度三个月的月平均风速在 1.0~1.3 m/s 范围内；第三季度三个月的月平均风速在 1.0~1.2 m/s 范围内；第四季度三个月的月平均风速波动较大，在 0.9~1.6 m/s 范围内。从气象站收集记录每天的风速可看出，风速的最大值出现在 2010 年 2 月 7 日 13 时，为 6.3 m/s；最小值出现在 2009 年 10 月 9 日 17 时，为 0.5 m/s（因为最低风速 0.5 m/s 出现多次，故取风速月平均值最低的最低风速集中的一天）。

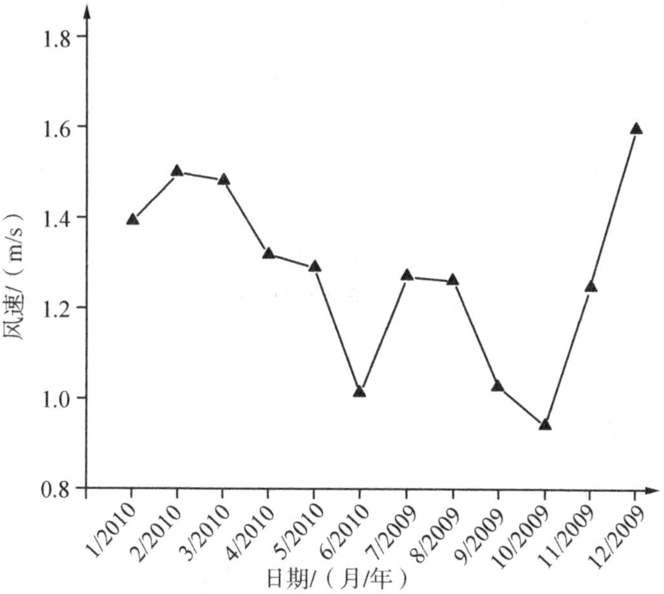

图 6-5　风速随时间的变化

(六) 风向的变化情况

从图 6-6 可知，一年中的风向变化无常，月平均最低风向出现在 7 月，为 116°；月平均最高风向出现在 10 月，为 165°。从气象站收集记录每天的风向可看出，风向最大值出现在 2009 年 10 月 28 日 13 时，为 359°；最小值出现在 2009 年 7 月 26 日 7 时，为 0°（因为最小风向 0°出现多次，故取风向月平均值最低的最低风向集中的一天）。

(七) 降水量的变化情况

由图 6-7 可知，一年中月平均降水量先上升，到最高值时，又急剧下降，后又趋于稳定。1 月的月平均降水量最低，仅为 0.03 mm；8 月的月平均降水量最高，为 78.86 mm，二者相差 78.83 mm。按四季的情况来看，第四季度的降水量最少，平均不到 1 mm，第一季度和第二季度的降水量一致，且稍高于第四季度，平均为 3 mm；第三季度的降水量最高，平均为 34 mm。从气象站收集记录每天的降水量可知，降水量的最大值出现在 2009 年 8 月 28 日 16 时，为 31.3 mm；最小值出现在 2010 年 1 月 14 日 10 时，为 0（因为最小降水量 0 出现多次，故取降水量月平均值最低的最低降水量集中的

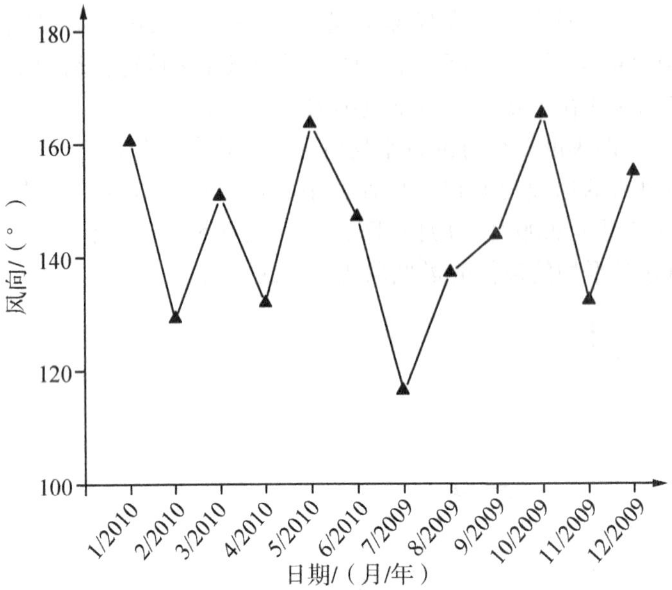

图 6-6　风向随时间的变化

一天）。

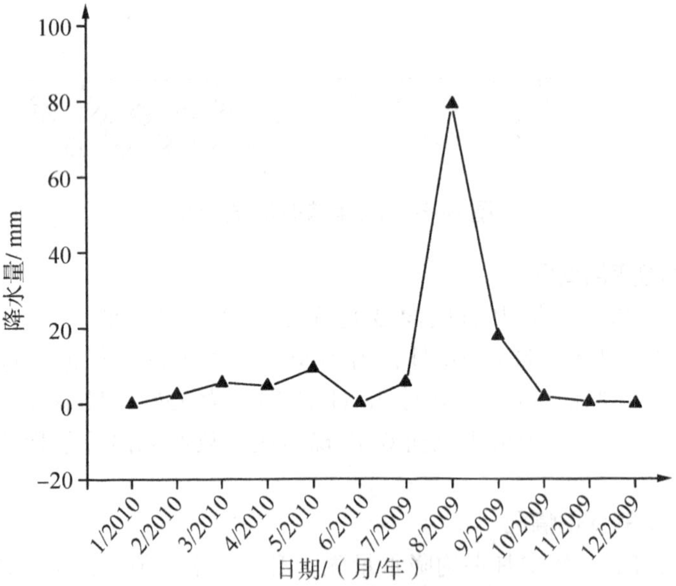

图 6-7　降水量随时间的变化

（八）露点温度的变化情况

露点温度，又称为霜点温度，指空气在水汽含量和气压都不改变的条件下，冷却到饱和时的温度。露点温度小于周围环境的温度，结露的可能性就越小，意味着空气越干燥，露点不受温度影响，但受压力影响。

由图 6-8 可看出，一年中月平均露点温度先上升后下降，1 月的月平均露点温度最高，为-10.41 ℃；7 月的月平均露点温度最高，为 17.08 ℃，二者相差 27.49 ℃。按四季的露点温度情况来看，第一季度和第四季度的露点温度较低，第三季度的露点温度最高。对比露点温度和气压的变化曲线可知，气压高，露点温度低；反之，气压低，露点温度高。从气象站收集记录每天的露点温度可知，露点温度的最大值出现在 2009 年 7 月 20 日 7 时，为 22.57 ℃；最小值出现在 2010 年 1 月 12 日 19 时，为-23.25 ℃。

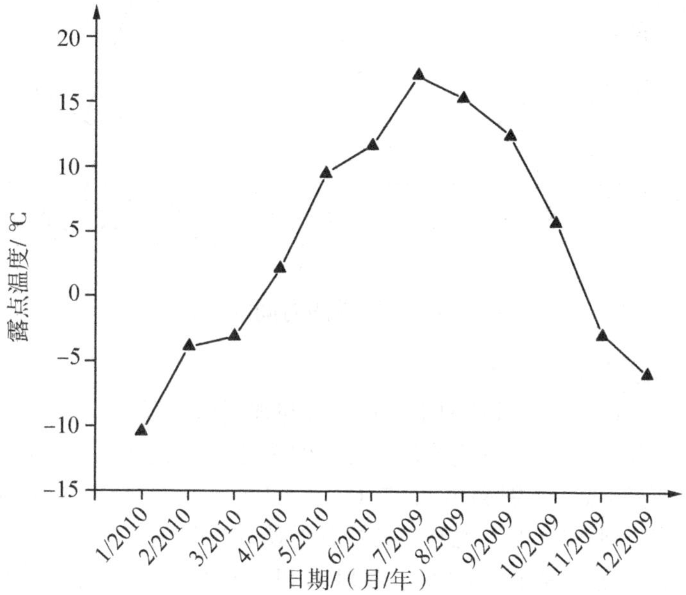

图 6-8 露点温度随时间的变化

（九）蒸发量的变化情况

水由液态或固态转变成气态，逸入大气中的过程称为蒸发。蒸发量是指在一定时段内，水分经蒸发而散布到空中的量，通常用蒸发掉的水层厚度的毫米数表示。一般温度越高、湿度越小、风速越大、气压越低，蒸发量就越大；反之，蒸发量就越小。由图 6-9 可看出，蒸发量呈先升高后下降的趋势，4 月的月平均蒸发量最低，为 0.039 6 mm；7 月的月平均蒸发量最高，为 0.261 mm，二者相差 0.221 4 mm。按四季的情况来看，第三季的空气温度最高、气压最低、风速较大，所以出现第三季度的蒸发量最大，其次为第二季度，第一季度的蒸发量最小。从气象站收集记录每天的蒸发量来看，蒸发量的最大值出现在 2009 年 8 月 13 日 14 时，为 0.785 mm；最小值出现在 2010 年 3 月 5 日 17 时，为-0.016 2 mm。

二、郑州市屋顶气象条件与郑州市气象条件的比较分析

利用河南省郑州市某五层办公楼楼顶 2009 年 7 月至 2010 年 6 月小气候观测站记录的气象数据，与从河南省气象局取得的郑州市对应月份的气象数据进行对比分析，以进一步评价屋顶气象条件。

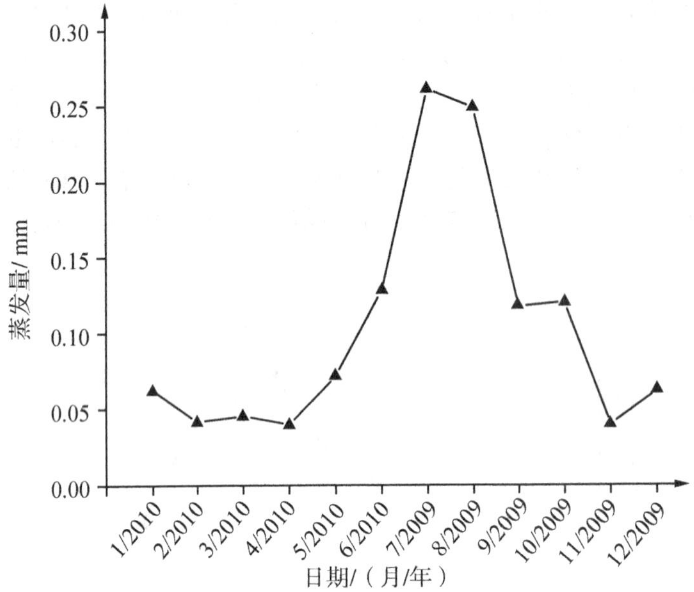

图 6-9　蒸发量随时间的变化

（一）平均气温的比较分析

2009 年 7 月至 2010 年 6 月郑州市平均气温与郑州市屋顶气温的变化情况如图 6-10 所示。可以看出，在一年气候较热的几个月，即 7 月、8 月、9 月、10 月，屋顶平均气温高于郑州市平均气温，分别高出 0.47 ℃、1.67 ℃、1.14 ℃和 3.06 ℃；而在春季，屋顶气温低于郑州市平均气温，尤其是植物开始萌动生长的 3 月、4 月、5 月，屋顶气温又比郑州市平均气温分别低 1.87 ℃、2.14 ℃和 1.88 ℃，这一现象说明屋顶的温度条

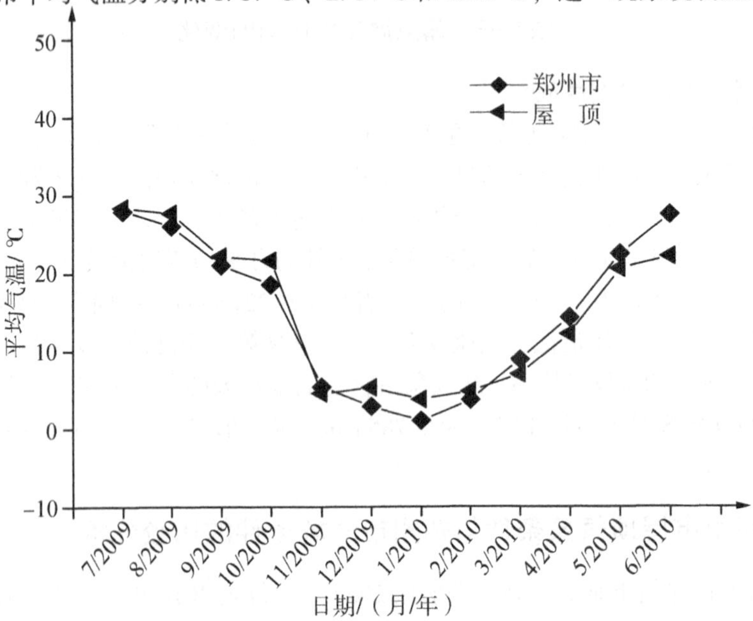

图 6-10　平均气温随时间的变化

件对植物生长是不利的。

（二）5 cm 地温的比较分析

2009 年 7 月至 2010 年 6 月郑州市 5 cm 地温与郑州市屋顶 5 cm 地温的变化情况如图 6-11 所示。可以看出，5 cm 地温的变化情况与气温的变化情况一致，在一年气候较热的几个月，即 7 月、8 月、9 月、10 月，屋顶 5 cm 地温高于郑州市 5 cm 地温，分别高出 1.03 ℃、2.34 ℃、1.48 ℃和 4.93 ℃；而在春季，屋顶 5 cm 地温低于郑州市 5 cm 地温，尤其是植物开始萌动生长的 3 月、4 月、5 月，屋顶 5 cm 地温又比郑州市 5 cm 地温分别低 1.98 ℃、2.81 ℃和 1.84 ℃，这进一步说明屋顶的土壤温度条件对植物生长也是有不利影响的。

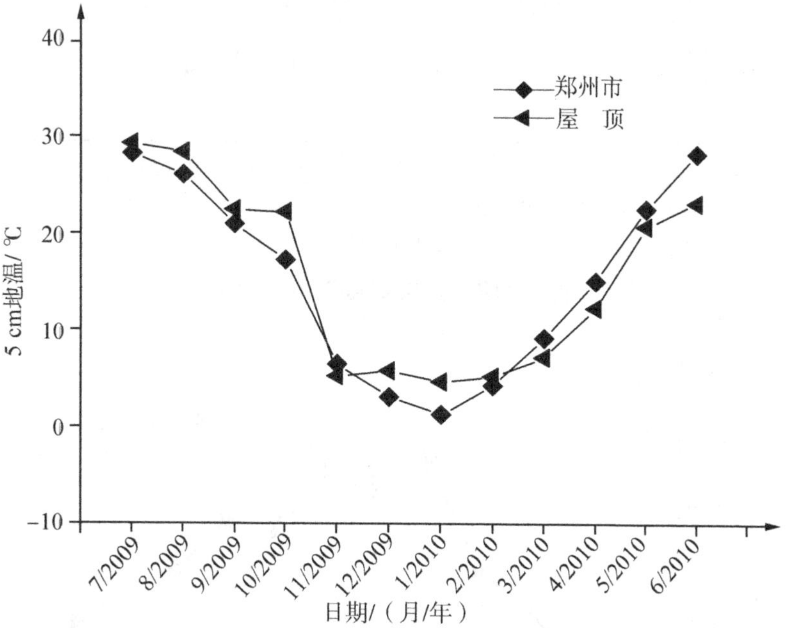

图 6-11　5 cm 地温随时间的变化

（三）蒸发量的比较分析

2009 年 7 月至 2010 年 6 月郑州市平均蒸发量与郑州市屋顶蒸发量的变化情况如图 6-12 所示。可以看出，在一年气候较热的几个月，即 7 月、8 月、9 月、10 月，屋顶蒸发量明显高于郑州市平均蒸发量，屋顶蒸发量分别增加了 59.68%、80.55%、18.77%和 24.20%；而在其他月份，屋顶蒸发量略低于郑州市平均蒸发量，这可能是由于屋顶降水量显著低于郑州市平均降水量，即使在屋顶温度与郑州市平均气温相差不大的情况下，其屋顶的蒸发量也是有限的。

（四）气压的比较分析

2009 年 7 月至 2010 年 6 月郑州市平均气压与郑州市屋顶气压的变化情况如图 6-13 所示。由图可以看出，在被考察的 12 个月中，屋顶气压的变化规律与郑州市的平均气压的变化规律一致，且空间对气压几乎无影响。

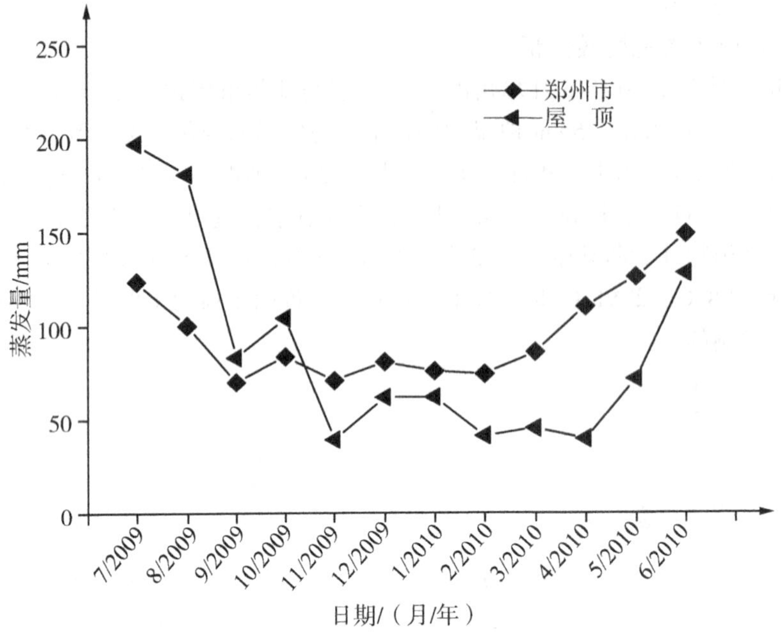

图 6-12 蒸发量随时间的变化

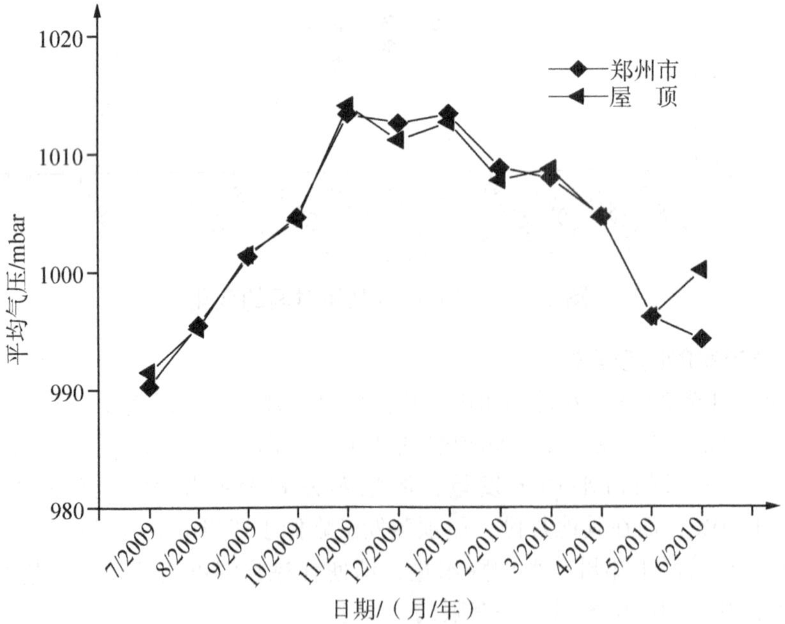

注：1bar=10^5Pa 1mbar=100 Pa

图 6-13 气压随时间的变化

（五）风速的比较分析

2009 年 7 月至 2010 年 6 月郑州市平均风速与郑州市屋顶风速的变化情况如图 6-14 所示。由图可以看出，在被考察的 12 个月中，屋顶平均风速的变化规律与郑州市平均风速的变化规律一致。郑州市的平均风速明显高于屋顶的，这可能是由于被监测的屋顶四周有约 1.5 m 高的围墙，使得该屋顶形成小气候环境，故其风速出现低于郑州市平均风速的情况。

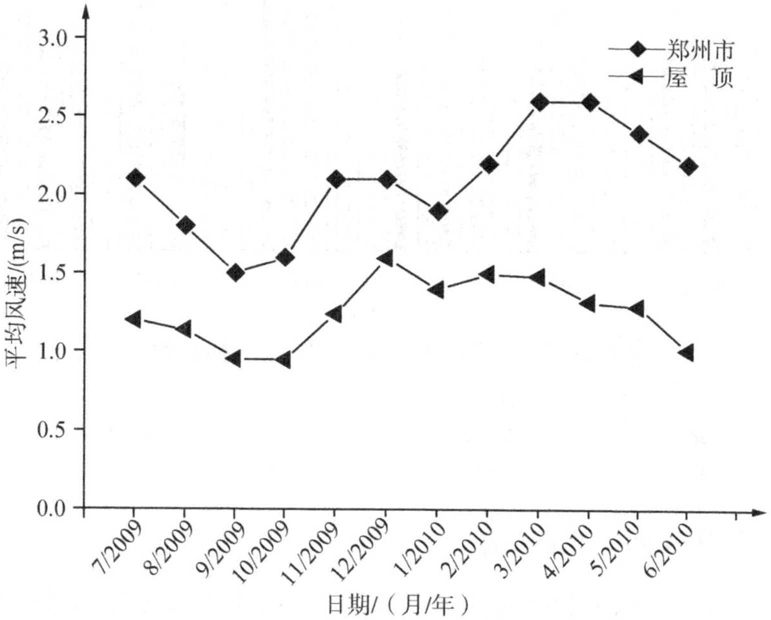

图 6-14 平均风速随时间的变化

三、不同测试点土壤温度的比较分析

以河南省郑州市某五层办公楼楼顶裸露地面和种植植物的花盆及地面草坪的土壤温度为观测对象，利用 2009 年 8 月某日 8 时到 18 时小气候观测站记录的气象数据，进行对比分析，以进一步评价屋顶绿化对屋顶小气候温度条件的影响。

量测不同测试点从早上 8 时到下午 18 时的温度，每隔 2 h 量测 1 次，共量测 6 次。由图 6-15 可以看出，从 8 时到 16 时，五楼直射点和西二楼直射点（覆盖黑色油毡）的温度均高于其他测试点的温度，其中 8 时、12 时、14 时和 16 时五楼直射点的温度最高，分别为 40 ℃、56 ℃、52 ℃和 48 ℃，10 时和 18 时西二楼直射点的温度最高，为 45.5 ℃和 45 ℃。从图中可看出，在整个量测时间范围内，地面草坪土壤温度和地面树荫下土壤温度均低于其他量测点的温度。五楼屋顶不同树冠下土壤温度在不同时刻差异较大，黄连木树冠下 8 时、10 时、12 时和 14 时土壤温度最低，分别为 30.5 ℃、37.8 ℃、40 ℃和 41.2 ℃，16 时臭椿树冠下的土壤温度最低，为 39 ℃，18 时构树树冠下的土壤温度最低，为 34.5 ℃，16 时和 18 时黄连木树冠下的土壤温度为 43 ℃和 40 ℃，稍高于臭椿树冠下的土壤温度和构树树冠下的土壤温度，这一温度不至于对黄连木的生长构成威胁，反而在太阳照射强烈的 12 时至 14 时黄连木树冠下的土壤温度明显低于其他树木树冠下的土壤温度，说明黄连木的遮阳效果好。

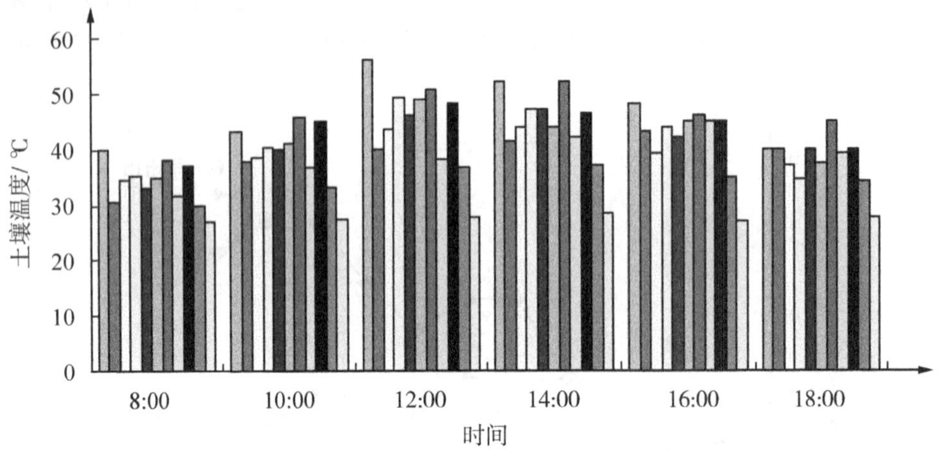

图 6-15　不同量测点不同时刻的温度比较

四、屋顶气象因子调查结果

（1）通过气象站监测到的屋顶2009年7月至2010年6月的气象资料，我们可以清楚地了解屋顶12个月的太阳辐射、气温、相对湿度、气压、风速、风向等气象因子的日变化、月变化和季度变化情况。根据分析，屋顶各气象因子月变化明显，四季分明。其中，太阳辐射、空气温度、相对湿度、降水量、露点温度和蒸发量的四季变化趋势一致，均是第三季最大，第二季次之，第一季和第四季较小；而气压的四季变化趋势刚好与太阳辐射、空气温度、相对湿度、降水量、露点温度和蒸发量的相反，它是第四季最大，第一季次之，第二季和第三季较小；四个季节的平均风速很接近，月平均最大风速出现在12月，月平均最小风速出现在10月；风向在12个月中变化无常，月平均最低风向出现在7月，月平均最高风向出现在10月。并且这些气象因子之间相互影响、相互制约，露点温度受气压的影响，气压高，露点温度低；反之，露点温度高。一般温度越高、湿度越小、风速越大、气压越低，则蒸发量就越大；反之，蒸发量就越小。了解屋顶花园气候特征，可为我们选择屋顶绿化植物提供依据。

（2）在一年气候较热的几个月，即7月、8月、9月、10月，屋顶平均气温和5 cm地温均高于郑州市的平均气温和5 cm地温，屋顶平均气温比郑州市平均气温分别高出0.47 ℃、1.67 ℃、1.14 ℃和3.06 ℃，屋顶5 cm地温比郑州市5 cm地温分别高出1.03 ℃、2.34 ℃、1.48 ℃和4.93 ℃；而在春季，屋顶平均气温和5 cm地温均低于郑州市的平均气温和5 cm地温，尤其是植物开始萌动生长的3月、4月、5月，屋顶气温又比郑州市平均气温分别低1.87 ℃、2.14 ℃和1.88 ℃，屋顶5 cm地温又比郑州市5 cm地温分别低1.98 ℃、2.81 ℃和1.84 ℃。在被考察的12个月中，7月、8月、9月、10月，屋顶蒸发量明显高于郑州市平均蒸发量，屋顶蒸发量分别增加了59.68%、80.55%、18.77%和24.20%；而在其他月，屋顶蒸发量略低于郑州市平均蒸发量。空间对气压几乎无影响，屋顶气压的变化规律与郑州市的平均气压的变化规律一致。

（3）通过在五楼屋顶花盆里种植不同的植物，来考察夏季高温期对土壤的降温效应，试验表明黄连木的遮阳效果好，黄连木树冠下的土壤温度较低。

第七章　屋顶绿化基质选择

第一节　基本要求

一、屋顶绿化栽培基质的基本要求

合成的种植土和大地之间被建筑物隔绝，植物生长的基本要素——水的供应受到限制，不可能利用地下水通过毛细管上升作用供给植物，它将影响屋顶花木的健壮生长，因此基质的选择十分重要。

栽培基质在屋顶绿化中起的作用和其他无土栽培一样，主要是支持固定植物、保持水分、根系通气和提供部分营养。基质不能含有不利于植物生长发育的有害、有毒物质，能为植物根系提供良好的水、气、肥、热、pH 值等条件，充分发挥其不是土壤却胜似土壤的作用。

由于屋顶绿化要尽量减轻荷载，因此，尽量选用密实度、容重小的轻基质。理想的基质容重应该在 0.1~0.8 g/cm^3，最好在 0.5 g/cm^3。但在作为乔灌木栽培基质时，容重又不能过小，否则不能牢固锚定植物，而且在植物根系没有充分展开时容易被风吹走。如稻壳、草炭容重过轻，不宜单独作为乔灌木的栽培基质，但可以作为草皮基质。同时，为保持屋顶排水畅通，基质的排水性和持水性必须很好地协调，即对孔隙度和大小孔隙比有很高的要求。普通黏性土、沙质土不宜直接作为屋顶绿化栽培基质。一般来说大小孔隙比在 1：(1.5~4)，或有 30%~50%的持水孔隙和 15%~20%的通气孔隙，植物生长良好。

基质的粒径大小与孔隙度之间有很大的关联，从屋顶排水方面考虑，基质粒径不能过小，否则细小颗粒在雨水和浇水的冲洗下会阻塞排水层，影响排水。

在化学性质方面，主要是基质的 pH 值要适合所栽培的植物，一般来说 pH 值在 5.5~7.0 都能适合各种植物生长。像醋糟则过于偏酸，而煤渣则偏碱性，应进行调节或混配。电导率不能过高，一般不能超过 3.5 mS/cm，特别是苗期尤其要低。此外，基质还应有高的阳离子交换量和缓冲性能，以利保肥。

由于屋顶绿化（特别是庭院式）还要供人观赏，基质不能有令人难闻的气味和难看的色彩，不易招引昆虫和鸟兽。

二、屋顶绿化基质的选择原则

（一）基质材料的基本性质

选用材料经处理后须适应植物生长的要求，具有良好的理化性质，疏松、通气、排水性能好、性质稳定，为植物生长提供良好的水、肥、气、热等根际环境条件。

（二）材料来源

材料来源充足、价格适中、清洁卫生、无病虫害和有毒物质等特性。

（三）基质的重量和排水问题

屋顶绿化专用基质主要是解决重量和排水问题，由于受屋顶负荷的限制，专用基质首先考虑重量要轻，为防止积水和屋顶渗漏，必须具有排水性好的特点。在材料选择上，主要是以轻质材料为主。干容重小于 0.5 mg/m^3，湿容重不大于 0.8 g/cm^3，非毛管孔隙度大于 20%，pH 值 6.0~7.0。

（四）屋顶绿化应坚持“安全第一”的方针

屋顶花园静荷载中，以种植层的荷重最大，其大小与种植的厚度和混合基质类型有关。在已经建成的楼面进行屋顶绿化施工前，应掌握屋面的承重能力（静荷载），各种荷载之和不得大于屋面承重能力（静荷载）。根据屋面的承重能力（静荷载），决定采用种植层的厚度和混合基质的类型。

（五）种植层厚度的确定

为简化计算，可暂不考虑排水层、防水层、保温层等重量，主要考虑对静荷重影响最大的种植层的厚度和混合基质的类型。屋面承重能力（静荷载）>混合栽培基质湿容重×种植层厚度。

湿容重是指混合栽培基质在降水吸足水分后，单位体积的重量，干容重和湿容重差别很大，为安全考虑应以湿容重为参数进行估算。

（六）原材料的选择

原材料可以选择以下两种以上原料（表 7-1）。

1. 草炭、泥炭　具有富含有机质、腐殖酸，酸性强，容重小，持水能力强等特点。由于产地和分解程度不同，质量差异较大。主要用来作为专用基质配制的辅助材料，草炭的腐殖酸含量应大于 25%，有机物含量大于 65%，pH 值 5.0~6.0。

2. 椰糠　重量轻，保水能力强，疏松通气，颗粒均匀，是一种极好的基质材料，但价格较高，主要作为专用基质配制的辅助材料。

3. 醋渣　醋渣是酿醋后产生的固体废渣，主要成分为稻壳、糯米等，经过高温蒸馏，无病虫害、不含有毒物质、偏酸性、颗粒均匀、重量轻、保水通气性能好，发酵后的醋渣是良好的改土材料，特别适合改良上海土壤偏碱性、质地黏重等不良性状。

4. 稻壳　具有不亲水性，采用表面活性剂增加稻壳的亲水能力，也可与其他材料（醋渣等）混合发酵。

5. 树皮、木屑　树皮要经过粉碎，木屑经过调整碳氮比后发酵，木屑中的松脂、单宁等物质对植物生长产生不利影响，使用比例应适当控制。

6. 枯枝落叶　经过粉碎、发酵处理用作栽培基质。

表 7-1 常见基质材料的基本理化性质

材料	pH 值	电导率/(mS/cm)	干容重/(g/cm^3)	湿容重/(g/cm^3)	总孔隙/%	非毛管孔隙/%	粗有机物/%	全氮/%	全磷/%	全钾/%
菜园土	—	—	1.10	—	66.0	—	25.95	0.16	0.87	1.00
沙子	7.2	0.01	1.49	—	30.5	—	—	—	—	—
椰糠	5.5~6.4	0.8~1.9	0.06	0.72	96.7	31.6	80~85	0.53	0.09	0.52
醋渣	4.5~5.8	0.5~0.6	0.14	0.52	88.8	62.0	70~80	—	—	—
树皮	6.0~7.5	0.6~1.5	0.17	0.71	88.0	35.0	80~90	0.97	0.02	0.09
有机肥	6.5~7.0	7.2~8.6	—	—	—	—	25~30	1.58	1.14	1.62
木屑	6.2~7.6	0.5~2.6	0.18	0.68	77.2	27.9	86~90	0.10	0.01	0.09
草炭	5.0~5.5	0.5~0.9	0.25	0.50	90.5	28.5	69.2	2.01	0.33	0.45
泥炭	5.5~6.0	1.0~1.2	0.97	1.52	61.9	7.3	10~15	1.75	0.34	0.53
珍珠岩	7.0~7.8	0.04	0.11	0.63	74.9	23.6	—	—	—	—
蛭石	7.0~8.0	0.69	0.36	0.76	81.7	15.4	—	—	—	—

7. 动物粪便 主要利用动物园的动物粪便，包括食肉、食草动物，鸟禽等。与一般的畜牧场家禽粪便相比，动物粪便具有成分复杂、植物营养元素齐全等特点。经过生物发酵处理后，可增加速效养分的含量，提高植物吸收的有效性。

8. 珍珠岩、蛭石、沸石等 可直接使用，但珍珠岩、蛭石应注意碱性不能太强，珍珠岩粒径为 2~3 mm，蛭石粒径为 3~5 mm。主要用来作为专用基质配制的辅助材料。

9. 调节剂 包括化学肥料、微量元素、活性剂、硫黄粉、920 下脚废料等，主要用来调节基质 pH 值，平衡养分，增加微量元素，提高活性。

三、屋顶绿化基质的选配

从表 7-1 可以看出，各单一基质的理化性质都不能达到理想点，因此通常选择 2~3 种基质混配使用。无土栽培的生产研究也都证实了混配基质可以取得更好的栽培效果，在屋顶绿化的实践中也都是以混配基质为主。

日本采用人工轻质土，其土壤与轻质骨料（蛭石、珍珠岩、煤渣和泥炭等）的体积比为 3∶1，容重约为 1 400 kg/m^3；美国和英国的人工种植土成分为沙土、腐殖土、人工轻质材料等，容重在 1 000~1 600 kg/m^3；德国采用腐殖质、泥炭、泡沫质屑和有机肥料合成的人工种植土，容重按不同的配合比在700（纯泥炭）~1 500 kg/m³。以土壤为基础的基质，由于土壤黏性大，通常与蛭石、珍珠岩、沸石、泥炭、锯末、椰糠等轻基质或有机基质按照体积比3∶1或5∶3配制，对植物生长和减轻屋顶负荷都十分有利。

不用土壤，改用有机基质与无机基质混配而成也可。如用东北草炭土、腐熟的锯屑等与珍珠岩或蛭石按体积比（4~3）∶1的比例混合。如北京长城饭店以草炭、蛭石和沙土按照7∶2∶1混合，容重为780 kg/m³，取得很好的效果。上海一些工厂屋顶采用城市垃圾堆肥经过严格消毒、筛选和腐熟，混合成具有通气性好、排水性好、有一定保温性的轻质种植土，其容重仅670 kg/m³，也取得很好的效果。

由此可见，基质的选配并不是一成不变的，完全可以根据当地资源合理选配。原则上应按不同轻重、大小进行搭配，混配后的基质容重应小于天然土壤的容重，大小孔隙比控制在1∶（1.5~4），pH值接近中性或微酸性。

第二节 屋顶绿化基质选择实例

以河南省郑州市某五层办公楼楼顶（垂直地面距离17 m）为试验点进行盆栽基质试验，提出屋顶盆栽基质方案2个。

一、实验设计

4月初在无性繁殖的一年生白蜡幼苗中挑选粗细均匀（地径在1.5 cm左右）的，经统一定干60 cm后在6种基质（基质成分及密度见表7-2）中定植。每种基质三次重复。稳定成活后，分别在6月和9月且前15 d无自然降雨状态下，采样测定叶片过氧化氢酶、游离脯氨酸含量、电导率和可溶性蛋白含量。

表7-2 6种基质组成（按体积比混合）及密度

序号 \ 成分	壤土	草炭土	蛭石	珍珠岩	密度/(g/cm³)
1	4	3			0.55
2	4	3	2		0.51
3	3	2	2	1	0.45
4	3	1	2		0.57
5	2	1	2	1	0.38
6（CK）	1				0.81

采用不同基质配比方案，研究白蜡苗木生长初期和生长末期的生理学指标变化，可看出不同的基质配比在同一自然状态下对白蜡苗木生理指标的影响，进而得到保水性能好、抗旱的，适宜屋顶绿化应用的基质配比方案。

二、实验分析

（一）不同基质中白蜡的过氧化氢酶（catalase，CAT）活性

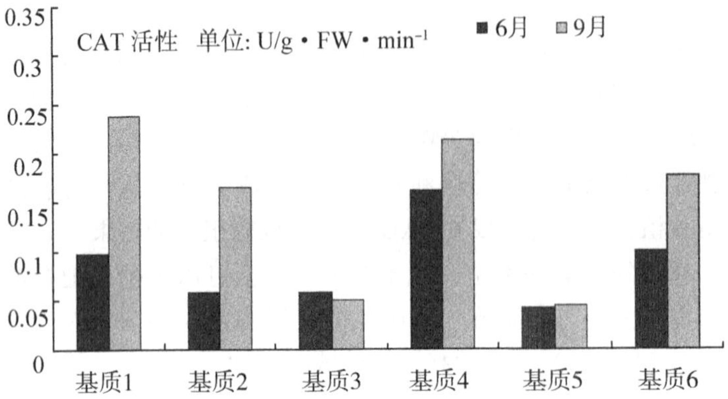

图 7-1 6 种基质中白蜡的 CAT 活性

从图 7-1 可以看出，基质 1、4 和基质 6 的过氧化氢酶活性较高，说明白蜡苗木已受到干旱胁迫，因过氧化氢酶是植物体内清除超氧阴离子和过氧化氢（H_2O_2）的重要保护酶，可以解除苗木因干旱胁迫而增加的超氧阴离子和 H_2O_2 的伤害。即 CAT 的活性与含量跟林木的抗旱性呈正相关。相反基质 3 和基质 5 中苗木的 CAT 活性低，则说明苗木没有受到干旱胁迫，也就是说它们相对应的栽培基质具有一定的保水性。CAT 活性低的树苗所对应的基质没有出现旱情，具有一定的保水性，在 6 月 1~6 号基质中 5 号、3 号、2 号基质表现较好，旱情较轻，旱情从轻到重依次为：5 号>3 号>2 号>1 号>6 号>4 号。在 9 月 1~6 号基质中同样是 5 号、3 号、2 号基质表现较好，旱情较轻，旱情从轻到重依次为：5 号>3 号>2 号>6 号>4 号>1 号。

（二）不同基质中白蜡的脯氨酸（proline，Pro）含量

渗透调节是植物适应水分胁迫的生理机制，植物通过渗透调节可在水分胁迫条件下维持一定的膨压，从而维持气孔开放、细胞生长和光合作用等生理过程的正常进行。植物受到水分胁迫时，渗透调节最重要的途径是在细胞内积累有机渗透调节物质，这些物质不能分解普通的蛋白质，因此可以提高植物细胞液浓度，降低渗透势，以保持细胞内的水分、维持细胞的膨压，避免水分亏缺。

脯氨酸是分布最广的渗透剂，具有较强的水合能力，也是较稳定的氨基酸，作为一种储氨形式可防止游离氨积累对植物造成伤害，作为能源和呼吸底物，参与叶绿素的合成，对植物起到保护作用。渗透调节是植物适应水分胁迫的主要生理机制之一，目前对林木渗透调节物质中研究较多的是脯氨酸、可溶性糖和甜菜碱、无机离子。

脯氨酸能消除植物体内氨积累所造成的毒害。许多学者对干旱胁迫下植物叶片中脯氨酸含量进行了研究。干旱胁迫下，抗旱性强的树种（如板栗、柠条、沙枣、沙冬青和刺槐等）叶片中积累的脯氨酸含量高于抗旱性弱的树种。从图 7-2 中可以看出，在 6 月 1~6 号基质中 5 号、4 号、3 号基质中苗木叶片中脯氨酸含量相对较

少，说明植株生长环境较另外三个基质中苗木相对良好，基质表现较好的保水性，旱情较轻，旱情从轻到重依次为：5 号>4 号>3 号>6 号>2 号>1 号。在 9 月 1~6 号基质中 5 号、1 号、6 号基质表现较好，旱情较轻，旱情从轻到重依次为：6 号>5 号>1 号>2 号>4 号>3 号。

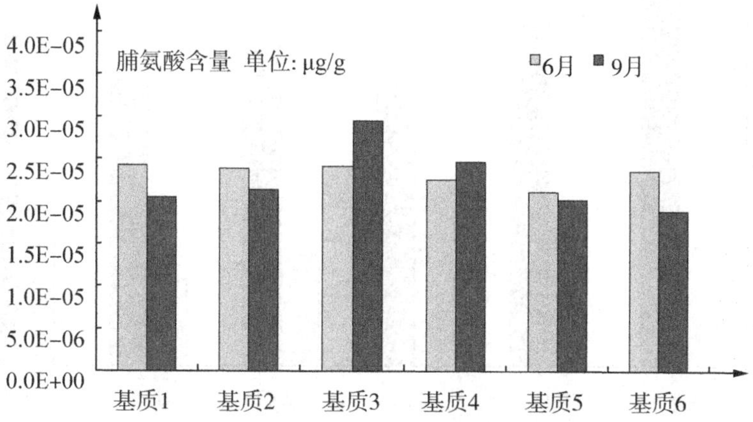

图 7−2　6 种基质中白蜡的脯氨酸含量

（三）不同基质中白蜡的相对电导率（relative conductivity）

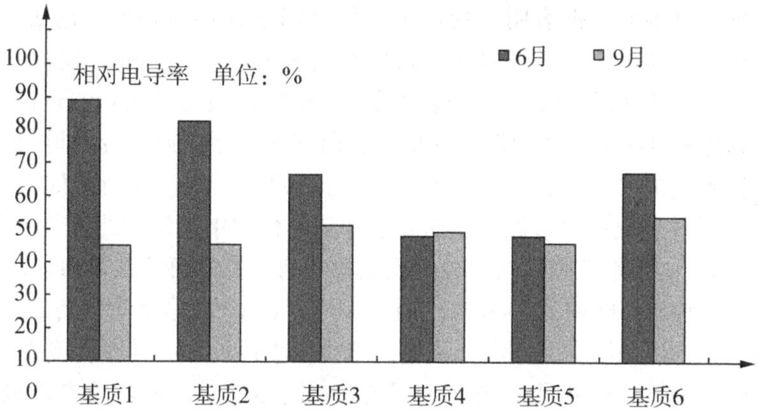

图 7−3　6 种基质中白蜡的相对电导率

植物受到干旱胁迫时，原生质的透性增加，同时萎缩得愈加深刻和持久，透性的增加就愈加强烈，而且抗旱能力较低的植物品种对干旱的反应较强烈，原生质在脱水的时候受到较大的伤害，电解质外渗量大，即相对电导率大，而抗旱性较强的植物品种对脱水的反应较弱，原生质破坏也小，电解质外渗量小即相对电导率小，电导率与抗旱性呈负相关，电导率越小苗木越抗旱。从图 7−3 中可以看出，在 6 月种植白蜡树的 1~6 号基质中 5 号、4 号、3 号基质中的苗木相对电导率小，电解质外渗量小，植株脱水反应小，基质保水性较强，基质旱情较轻，旱情从轻到重具体表现为：5 号>4 号>3 号>6 号>2 号>1 号。在 9 月 1~6 号基质中 1 号、2 号、5 号基质表现较好，旱情较轻，旱情从轻到重依次为：1 号>2 号>5 号>4 号>3 号>6 号。

（四）不同基质中白蜡可溶性蛋白质（soluble protein）含量

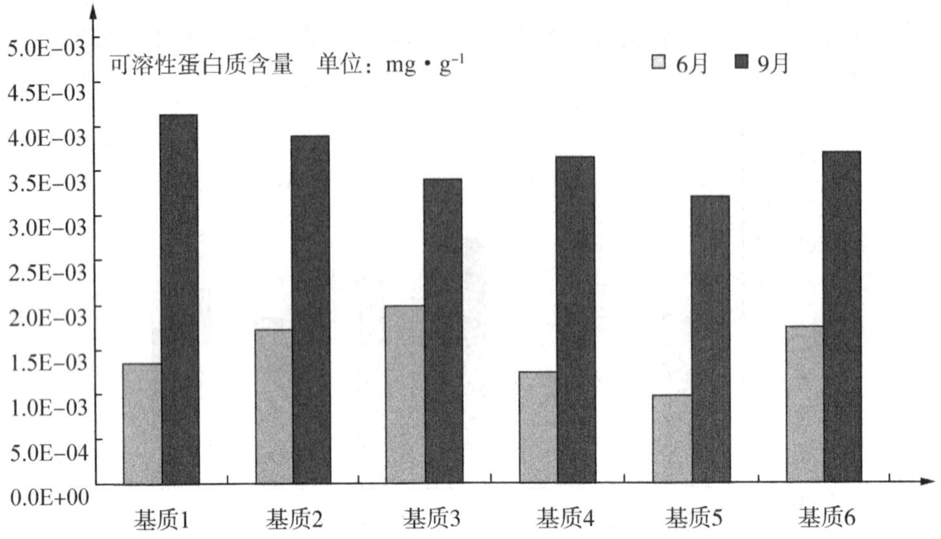

图 7-4　6 种基质中白蜡的可溶性蛋白质含量

蛋白质是植物体生命过程中重要的结构物质和功能物质，其代谢受多种因素的影响和调控，越来越多的证据表明，变化了的环境因子或环境胁迫，包括干旱、涝、盐渍、病虫害和紫外辐射等非正常的环境条件都会影响蛋白质代谢。逆境条件下，植物关闭一些正常表达的基因，启动与逆境相适应的基因，最终合成新的蛋白质，主要有：在水分胁迫耐性和细胞适应性中涉及的功能蛋白（水孔蛋白或水分通道蛋白）、渗透调节物质生物合成的关键酶、LEA 蛋白（晚期胚胎丰富蛋白，late embryogenesis abundant），以及胁迫反应时可能在基因表达和信号传递中起作用的调节蛋白（脯氨酸、甜菜碱和多胺等）。抗旱性强的植物种类或品种含有较高的可溶性蛋白质。从图 7-4 可以看出，在 6 月种植白蜡树的 1~6 号基质中 5 号、4 号、1 号基质栽培的苗木叶片中可溶性蛋白质较少，植株没有受到水分胁迫，基质保水性较好，具体表现为：5 号>4 号>1 号>2 号>6 号>3 号。在 9 月 1~6 号基质中 5 号、3 号、4 号基质表现较好，旱情较轻，旱情从轻到重依次为：5 号>3 号>4 号>6 号>2 号>1 号。

（五）综合评价

四种生理指标数据经指数化处理后，原始数据均转换为无量纲化指标测评值，即各指标值都处于同一个数量级别上。结果如表 7-3。

因为四个生理指标下植物抗旱性能都呈正相关，则与基质保水性呈负相关。在 $\alpha=0.05$ 情况下基质间差异显著，说明不同基质对苗木生长存在显著影响。按出现旱情从轻到重排序：基质 5>基质 4>基质 2>基质 3>基质 6>基质 1，基质 5、基质 4、基质 2 和基质 3 都比作为对照基质的保水性好。

表 7-3　生理指标标准化数据

基质种类	重复	CAT 活性 (U · g^{-1} · FW · min^{-1})	相对电导率 (%)	Pro 含量 (μg · g^{-1})	可溶性蛋白质含量 (mg · g^{-1})
基质 1	1-1	0. 468 8	1	1	0. 369 5
	1-2	1	0	0. 142 1	1
基质 2	2-1	0. 140 3	0. 838	0. 894 8	0. 739 9
	2-2	0. 621 9	0. 030 7	0. 225 4	0. 742 3
基质 3	3-1	0. 031 3	0. 715	1	0. 217 3
	3-2	0. 134 9	0. 451	0. 952	1
基质 4	4-1	0. 869 3	0. 473 1	0. 542	0. 486 5
	4-2	1	0. 004 1	0. 437 1	0. 258 9
基质 5	5-1	0	0	0	0
	5-2	0	0. 097 2	0. 121 6	0
基质 6（CK）	6-1	0. 488	0. 468 3	0. 774 3	0. 752 4
	6-2	0. 681 3	1	0	0. 541 9

（六）实验结果

1. 综合保水性和比重　比重从轻到重排序为：基质 5>基质 3>基质 2>基质 1>基质 4>基质 6，两种因素得出基质 5（壤土：草炭土：蛭石：珍珠岩 = 2：1：2：1）保水性远大于对照基质 6，是白蜡树种最适宜的屋顶绿化基质。

2. 采用同样的方法进行了白榆的基质筛选实验　综合考虑苗高、地径、冠幅、叶面积等株形指标和可溶性蛋白质含量、过氧化物酶等生理指标，以及生物量根系生长指标等因素，并结合重量等因素，认为试验中基质 2（壤土 44. 4%、草炭土 33. 3%、蛭石 22. 2%）较适宜白榆的生长。

第八章　屋顶绿化植物的选择

第一节　屋顶绿化植物选择的原则

一、屋顶环境中的生态因子

由于屋顶的日照、温度、空气成分、风力等生态因子与地面明显不同。不同楼层高度及不同地区、不同条件下生态因子也不同，因此要根据屋顶生态因子的要求选择植物，以便达到预期的效果。

（一）光照

房顶相比地面接收的太阳辐射较多，紫外线强度也较大，因此应选择喜阳性植物，或沙生植物。高层建筑的裙楼房顶因被包围于众多的建筑物之中，很可能常年不受阳光直射，因此可选择各类喜阴植物或藤本植物，如紫藤、地锦等。

（二）温度

房顶位置较高，日照辐射强，钢筋混凝土等房面材料经太阳辐射升温快、反射强，夏季白天温度高出地面 3~5 ℃，夜晚却低于地面 2~3 ℃，房顶温差较大，有利于植物进行光合作用和有机物质的积累。冬季霜冻对植物根系侵害小，据测定，房顶花园的土温比周围地面园林土温至少要高出 5 ℃。

（三）湿度

由于地势高、日照充足、温度较高、风大，因此水分蒸发快，房顶相对湿度比地面低 10%~20%，尤其在夏季，植物生长旺盛，蒸腾作用强且建筑材料温度高，水分蒸发快，故房顶植物对水分的需求比地面植物高。

（四）风力

建筑物顶部因遮挡物较少，因而风力会强于地面风力。而某些建筑群因位置关系会产生强烈的气流效应。因此应尽量选择低矮、抗风能力强的植物。

（五）土壤

种植土由人工合成，土层薄，水分来源受限制，相对于地面来说，房面植物的生态环境差很多，因此，要根据房面具体的生态因子来选择适宜的绿化植物。

二、屋顶绿化植物选择的原则

植物成活与生长的好坏决定于其生长的立地条件的优劣。由于房顶自然条件的限制，用于房面种植的植物材料比地面使用的植物材料要严格。屋顶绿化植物的选择必须从房顶的环境出发，首先考虑满足植物生长的基本要求，然后才能考虑植物配置艺术。

（一）遵循植物多样性和共生性原则

遵循植物多样性和共生性原则，房顶花园应以生长特性和观赏价值相对稳定、滞尘控温能力较强的本地常用和引种成功的植物材料为主。

（二）选择耐旱、抗寒性强的矮灌木和草本植物

由于房顶花园夏季气温高、风大、土层保湿性能差，冬季则保温性差，因而应选择以耐干旱、抗寒性强的植物为主。同时，考虑到房顶的特殊地理环境和承重的要求，应注意多选择矮小的灌木和草本植物，以利于植物的运输、栽种和管理。

（三）选择阳性、耐瘠薄的浅根性植物

房顶花园大部分地方为全日照直射，光照强度大，植物应尽量选用善阳植物；但在某些特定的小环境中，如花架下面或靠墙边的地方，日照时间较短，可适当选用一些耐阴的植物种类。房顶的种植层较薄，为了防止根系对房顶建筑结构的侵蚀，应尽量选择浅根系及耐瘠薄的植物种类。

（四）选择抗风、不易倒伏、耐积水的植物种类

在房顶上空风力一般较地面大，特别是雨季或有台风来临时，风雨交加对植物的生存危害最大，加上房顶种植层薄，土壤的蓄水性能差，一旦下暴雨，易造成短时积水，故应尽可能选择一些抗风、不易倒伏，同时又能耐短时积水的植物。

（五）选择以常绿为主，冬季能露地越冬的植物

营建房顶花园的目的是增加城市的绿化面积，美化“第五立面”，房顶花园的植物应尽可能以常绿为主，宜用叶形和株形秀丽的品种，为了使房顶花园更加绚丽多彩，体现花园的季相变化，还可适当栽植一些色叶树种及布置一些盆栽的时令花卉，使花园四季有花。

（六）尽量选用乡土植物，适当引种绿化新品种

乡土植物对当地的气候有高度的适应性，在环境相对恶劣的房顶花园，选用乡土植物有事半功倍之效；同时考虑到房顶花园的面积一般较小，为将其布置得较为精致，可选用一些观赏价值较高的新品种，以提高房顶花园的档次。

（七）选择能够抵抗空气污染并能吸收污染的品种

在选择屋顶绿化植物时，要优先选择既有绿化效果又能显著改善环境的植物品种。从城市绿化发挥的生态作用角度出发，屋顶绿化应能够抵抗恶劣的生存环境，能够吸收、吸附空气中的污染物。

（八）选择容易移植成活、耐修剪，生长较慢的品种

承重力、土壤等诸多因素均限制着屋顶绿化植物的生长，因此一些必要的人工措施还是极为重要的，只有这样才能对植株的大小进行一定程度的抑制。同时，为了不会对美观造成不良的影响，我们可以选择耐移植、耐修剪的植物种类作为屋顶绿化植物。

（九）较低的养护管理要求

屋顶绿化植物的养护管理难度要比地面绿化植物的大，尤其是许多不上人房顶。

因此，在植物选择时要注意低养护植物在房顶上的应用，选择耐修剪且生长较慢的品种。

第二节　屋顶绿化植物的类型

屋顶绿化植物的选择在全面考虑种植条件、种植土的深度与成分，排水情况，空气污染情况，灌溉条件，养护管理等房面的实际环境，在遵守上述原则的情况下还要同时考虑植物本身的体态、色彩效果、质感、生长速度及屋顶绿化的功能需要。对于观赏性要求较高的屋顶绿化，在考虑房顶气候、植物生长势态的同时，更要注意四季乔、灌木及常绿植物的搭配。屋顶绿化中常使用的植物类型及其形式有以下几种。

一、乔木

房顶花园在植物配置中，适量选用较小植株的观赏乔木为构图重心，作为花园的局部中心景物，赏其树形、树姿、树叶或观赏花和果实。乔木还可以挡风和庇荫。小叶子的树冠能够透射出较为明亮的投影，且叶片在强风中不易受损，通常选择这类树种或名贵奇特的观赏用小乔木。为防止植物根系穿破建筑防水层，优先选择须根发达的树木，不宜选用直根系植物或根系穿刺性较强的树木。

二、花灌木

花灌木是建造房顶花园的植物主体。通指具有美丽芳香的花朵或有艳丽枝叶和果实的灌木或小乔木。它们具有种类繁多、开花繁盛、色彩鲜艳、花色丰富、成景快、寿命长、栽培容易、抗逆性强、养护简单等特点，是屋顶绿化的主要美化材料。许多灌木可以很好地栽在花盆中，对于房顶种植十分有利。

三、地被植物与宿根花卉

地被植物通常指一些植株低矮，枝叶密集，具有较强扩展能力，能迅速覆盖地面且抗污染能力强，易于粗放管理，种植后不需经常更换的植物。用于覆盖除景点之外的大部分面积。草坪和蕨类是地被植物中采用最广泛的品种。矮化龙柏、紫叶小檗及仙人掌科植物也可。此外宿根植物很多是地被覆盖的好品种。地被植物种类繁多，品种丰富，枝、叶、花、果富有变化，色彩万紫千红、季相丰富多样，可以营造多种生态景观。在简式屋顶绿化中常用地被植物进行大面积覆盖。

四、藤本植物

藤本植物是屋顶绿化中用于各种棚架、凉廊、栅栏、女儿墙、拱门山石和垂直墙面等的绿化材料。其有细长的茎蔓可以攀缘或垂挂在各种墙面上。在提高屋顶绿化质量、丰富景色、美化建筑立面等方面具有独到的功能。

五、绿篱植物

绿篱植物是种植区边缘、雕塑喷泉的背景或景点分界处常栽种的植物。它的存在使种植区处于有组织的安全的环境中，同时又可作为独立景点的衬托。但造园或管理时切不可使绿篱植物喧宾夺主。绿篱植物按特点又可分为花篱、果篱、彩叶篱、枝篱、刺篱等。用作绿篱的树种多生长慢，萌芽力强，耐修剪，抗性强。绿篱植物应用广泛，所用植物品种较多。

六、一年生植物

一年内完成其整个生命周期的植物称为一年生植物。一年生花卉管理方便，且整个夏季都能开花，如同一品种成片密植，效果更佳，能使庭园增色不少。多作为其他植物的补充，其花色鲜明，可以活跃周围环境气氛，或作为连接灌木和草本的中间过渡层。一年生植物还可以在花盆、植箱、盒子和悬挂的吊篮中生长，是在一些小空间中绿化极有价值的选择。一年生花卉多种多样，它们的色彩、高度、形态各不相同，所以首先要考虑本人喜欢哪些植物；其次庭园的环境不同，有阴有阳，供水条件有优有劣，管理技术有好有差，根据这些情况可考虑本庭园适合种哪些植物。只有因地制宜，才能有好的绿化效果。

七、抗污染树种

一些污染严重的城市，屋顶绿化需要栽种一些抗污染能力强的植物以帮助净化城市的空气，改善城市的气候。

八、果树和蔬菜

现代生活崇尚绿色食品，许多屋顶绿化被开发成了绿色的菜园，不仅绿化了房顶，也让人们吃到了新鲜的绿色蔬菜，享受到了城市中的“田园生活”。

第三节　屋顶绿化常用植物

由于我国南北地区气候差异较大，在选用屋顶绿化植物之前，首先要了解植物的生态习性及生长速度，以便选定适合地区的植物种类。在江南一带气候温暖、空气湿度较大，所以浅根性，树姿轻盈、秀美，花叶美丽的植物种类都很适宜配植于屋顶花园中。尤其在屋顶铺以草皮，其上再植以花卉和花灌木，效果更佳。在北方营造屋顶花园困难较多，冬天严寒，屋顶瘠薄的土层很易冻透，而早春的旱风在冻土层解冻前易将植物吹干，故宜选用抗旱、耐寒的草种、宿根、球根花卉以及乡土花灌木，也可采用盆栽、桶栽，冬天便于移至室内过冬。北方常见的屋顶花园植物如下。

一、乔木

常作中心景物，可以欣赏树形、枝叶、树姿，或观果的小乔木。

（一）白玉兰（*Michelia alba* DC.）

白玉兰又名木兰、玉兰，为木兰科白兰属落叶乔木，树高一般 2～5 m 或高可达 15 m。叶薄革质，长椭圆形或披针状椭圆形，长 10～27 cm，宽 4～9. 5 cm，先端长渐尖或尾状渐尖，基部楔形，上面无毛，下面疏生微柔毛，干时两面网脉均很明显；叶柄长 1.5~2 cm，疏被微柔毛；托叶痕几达叶柄中部。花白色，大型、芳香，先叶开放，花期 10 d 左右；花被片 10 枚，披针形，长 3~4 cm，宽 3~5 mm；雄蕊的药隔伸出长尖头；雌蕊群被微柔毛，雌蕊群柄长约 4 mm；心皮多数，通常部分不发育，成熟时随着花托的延伸，形成蓇葖疏生的聚合果；蓇葖熟时鲜红色。为中国著名的花木，北方早春重要的观花树木。

适宜生长于温暖湿润气候和肥沃疏松的土壤，喜光；不耐干旱，也不耐水涝，根部受水淹 2~3 d 即枯死；对二氧化硫、氯气等有毒气体比较敏感，抗性差。

（二）京桃（*Amygdalus persica* f. *rubroplena* Schneid.）

京桃又名红花碧桃，蔷薇科桃属小乔木。有主干，分枝点较低，冠形开展，树皮棕褐色，略有光泽，单叶互生，条状披针形，具细齿，先端尖锐，长 8~12 cm，基部宽 2~3 cm；花白色和粉红色，花瓣 5 枚，核果椭圆形，熟后橙褐色，自然脱落。

阳性喜光，耐寒、耐旱，树体萌蘖力极强。

屋顶配置中的应用：京桃是一种优美的观赏树种，是开花较早的乔木树种，春季梢头嫩绿，花团锦簇；夏季绿叶成荫，浓影覆地；秋季果实累累，色相俱佳；冬季白雪红枝，格外醒目，并且到了冬季树皮红色光亮，深受人们的喜爱，被广泛地应用于园林绿化之中。多与常绿树种、柳树相配，营造出花红柳绿的意境。

（三）龙柏［*Sabina chinensis*（L.）Ant. cv. ‘*kaizuca*’］

龙柏又名桧、刺柏、红心柏、珍珠柏，为柏科圆柏属常绿针叶乔木，是圆柏的人工栽培变种。高可达 8 m，树干挺直，树形呈狭圆柱形，小枝扭曲上伸，故而得名。小枝密集，叶密生，全为鳞叶，幼叶淡黄绿色，老后为翠绿色。球果蓝绿色，果面略具白粉。龙柏树形除自然生长成圆锥形外，也有的将其攀揉盘扎成龙、马、狮、象等动物形象，也有的修剪成圆球形、鼓形、半球形，单植或列植、群植于庭园，更有的栽植成绿篱，经整形修剪成平直的圆脊形，可表现其低矮、丰满、细致、精细。龙柏侧枝扭曲螺旋状抱干而生，别具一格，观赏价值很高，中国各地广为栽培。

喜阳，稍耐阴。喜温暖、湿润环境，抗寒。抗干旱，忌积水，排水不良时易产生落叶或生长不良。适生于干燥、肥沃、深厚的土壤，对土壤酸碱度适应性强，较耐盐碱。对二氧化硫和氯气抗性强，但对烟尘的抗性较差。

（四）龙爪槐（*Sophora japonica* Linn. var. *japonica* f. *pendula* Hort.）

龙爪槐为豆科槐属落叶乔木，是国槐的芽变品种。羽状复叶长达 25 cm；叶轴初被疏柔毛，旋即脱净；叶柄基部膨大，包裹着芽；托叶形状多变，有时呈卵形，叶状，有时呈线形或钻状，早落；小叶 4~7 对，对生或近互生，纸质，卵状披针形或卵状长圆形，长 2.5~6 cm，宽 1.5~3 cm，先端渐尖，具小尖头，基部宽楔形或近圆形，稍偏斜，下面灰白色，初被疏短柔毛，旋变无毛；小托叶 2 枚，钻状。圆锥花序顶生，常呈金字塔形，长达 30 cm；花梗比花萼短；小苞片 2 枚，形似小托叶；花萼浅钟状，长约 4 mm，萼齿 5 枚，近等大，圆形或钝三角形，被灰白色短柔毛，萼管近无毛；花冠白色或淡黄色，旗瓣近圆形，长和宽约 11 mm，具短柄，有紫色脉纹，先端微缺，基部浅心形，翼瓣卵状长圆形，长 10 mm，宽 4 mm，先端浑圆，基部斜戟形，无皱褶，龙骨瓣阔卵状长圆形，与翼瓣等长，宽达 6 mm；雄蕊近分离，宿存；子房近无毛。荚果串珠状，长 2.5~5 cm 或稍长，直径约 10 mm；种子间缢缩不明显，种子排列较紧密，具肉质果皮，成熟后不开裂，具种子 1~6 粒；种子卵球形，淡黄绿色，干后黑褐色。花期 7~8 月，果期 8~10 月。常作园林、庭院绿化观赏树种。

喜光，稍耐阴。能适应干冷气候。喜生于土层深厚，湿润肥沃、排水良好的沙质壤土。深根性，根系发达，抗风力强，萌芽力亦强，寿命长。对二氧化硫、氟化氢、氯气等有毒气体及烟尘有一定抗性。

屋顶配置中的应用：龙爪槐观赏价值很高，叶、花供观赏，其姿态优美，树冠如伞，状态优美，枝条构成盘状，上部盘曲如龙，老树奇特苍古，是优良的园林树种。宜孤植、对植、列植。若采用矮干盆栽观赏，使人感觉柔和潇洒，开花季节，米黄花序布满枝头，似黄伞蔽目，则更加美丽可爱。

（五）紫叶李［*Prunus cerasifera* Ehrhar f. *atropurpurea*（Jacq.）Rehd.］

紫叶李又名红叶李、樱桃李，为蔷薇科李属落叶小乔木。高可达 8 m，多分枝，枝条细长，开展，暗灰色，有时有棘刺；小枝暗红色，无毛；冬芽卵圆形，先端急尖，有数枚覆瓦状排列鳞片，紫红色，有时鳞片边缘有稀疏缘毛。叶片椭圆形、卵形或倒卵形，极稀椭圆状披针形，长（2~）3~6 cm，宽 2~3（~4）cm，先端急尖，基部楔形或近圆形，边缘有圆钝锯齿，有时混有重锯齿，上面深绿色，无毛，中脉微下陷，下面颜色较淡，除沿中脉有柔毛或脉腋有髯毛外，其余部分无毛，中脉和侧脉均突起，侧脉 5~8 对；叶柄长 6~12 mm，通常无毛或幼时微被短柔毛，无腺；托叶膜质，披针形，先端渐尖，边有带腺细锯齿，早落。花 1 朵，稀 2 朵；花梗长 1~2.2 cm。无毛或微被短柔毛；花直径 2~2.5 cm；萼筒钟状，萼片长卵形，先端圆钝，边有疏浅锯齿，与萼片近等长，萼筒和萼片外面无毛，萼筒内面有疏生短柔毛；花瓣白色，长圆形或匙形，边缘波状，基部楔形，着生在萼筒边缘；雄蕊 25~30 枚，花丝长短不等，紧密地排成不规则 2 轮，比花瓣稍短；雌蕊 1 枚，心皮被长柔毛；柱头盘状，花柱比雄蕊稍长，基部被稀长柔毛。核果近球形或椭球形，长宽几相等，直径 1~3 cm，黄色、红色或黑色，微被蜡粉，具有浅侧沟，黏核；核椭球形或卵球形，先端急尖，浅褐带白色，表面平滑或粗糙，或有时呈蜂窝状，背缝具沟，腹缝有时扩大具 2 条侧沟。花期 4 月，果期 8 月。叶常年紫红色，著名观叶树种。

喜光、耐旱、较耐寒，生性强健，对土壤要求不严，阳性，稍耐阴。

（六）樱花［*Cerasus serrulata*（lindl.）G. Don ex London］

樱花又称日本樱花、东京樱花，为蔷薇科樱属落叶乔木。高 4~16 m，树皮灰色。小枝淡紫褐色，无毛，嫩枝绿色，被疏柔毛。冬芽卵圆形，无毛。叶片椭圆卵形或倒卵形，长 5~12 cm，宽 2.5~7 cm，先端渐尖或骤尾尖，基部圆形，稀楔形，边有尖锐重锯齿，齿端渐尖，有小腺体，上面深绿色，无毛，下面淡绿色，沿脉被稀疏柔毛，有侧脉 7~10 对；叶柄长 1.3~1.5 cm，密被柔毛，顶端有 1~2 个腺体或有时无腺体；托叶披针形，有羽裂腺齿，被柔毛，早落。花序伞形总状，总梗极短，有花 3~4 朵，先叶开放，花直径 3~3.5 cm；总苞片褐色，椭圆卵形，长 6~7 mm，宽 4~5 mm，两面被疏柔毛；苞片褐色，匙状长圆形，长约 5 mm，宽 2~3 mm，边有腺体；花梗长 2~

2.5 cm，被短柔毛；萼筒管状，长7~8 mm，宽约3 mm，被疏柔毛；萼片三角状长卵形，长约5 mm，先端渐尖，边有腺齿；花瓣白色或粉红色，椭圆卵形，先端下凹，全缘二裂；雄蕊约32枚，短于花瓣；花柱基部有疏柔毛。核果近球形，直径0.7~1 cm，黑色，核表面略具棱纹。花期4月，果期5月。

樱花为温带、亚热带树种，性喜阳光和温暖湿润的气候条件，有一定抗寒能力。对土壤的要求不严，宜在疏松肥沃、排水良好的沙质壤土生长，但不耐盐碱土。根系较浅，忌积水低洼地。有一定的耐寒和耐旱力，但对烟及风抗力弱，因此不宜种植在有台风的沿海地带。屋顶绿化时需要在一定的小气候条件下栽植。

（七）垂枝榆（*Ulmus pumila* L. cv. *Tenue* S. Y. Wang）

垂枝榆别名龙爪榆，为榆科榆属落叶小乔木。单叶对生，椭圆状窄卵形或椭圆状披针形，长2~9 cm，基部偏斜，叶缘具单锯齿，侧脉9~16对，直达齿尖。花春季常先叶开放，多数簇生于往年生枝的叶腋。翅果近圆形。是从我国广泛栽培的榆树中选出的一个栽培品种，特点为枝梢不向上伸展，生出后转向地心生长，因而无直立主干，均高接于乔木型榆树上，枝条下垂后全株呈伞形。

喜光，耐寒，抗旱，喜肥沃、湿润而排水良好的土壤，不耐水湿，但能耐干旱瘠薄和盐碱土壤。主根深，侧根发达，抗风，保土力强，萌芽力强，耐修剪。

（八）山楂（*Crataegus pinnatifida* Bunge）

山楂又名山里果、山里红，蔷薇科山楂属落叶小乔木。高达6 m，树皮粗糙，暗灰色或灰褐色；刺长1~2 cm，有时无刺；小枝圆柱形，当年生枝紫褐色，无毛或近于无毛，疏生皮孔，老枝灰褐色；冬芽三角卵形，先端圆钝，无毛，紫色。阳性，稍耐阴；耐干旱瘠薄。用于观花、观果。叶片宽卵形或三角状卵形，稀菱状卵形，长5~10 cm，宽4~7.5 cm，先端短渐尖，基部截形至宽楔形，通常两侧各有3~5枚羽状深裂片，裂片卵状披针形或带形，先端短渐尖，边缘有尖锐稀疏不规则重锯齿，上面暗绿色有光泽，下面沿叶脉有疏生短柔毛或在脉腋有髯毛，侧脉6~10对，有的达裂片先端，有的达裂片分裂处；叶柄长2~6 cm，无毛；托叶草质，镰形，边缘有锯齿。伞房花序具多花，直径4~6 cm；总花梗和花梗均被柔毛，花后脱落，减少，花梗长4~7 mm；苞片膜质，线状披针形，长6~8 mm，先端渐尖，边缘具腺齿，早落；花直径约1.5 cm；萼筒钟状，长4~5 mm，外面密被灰白色柔毛；萼片三角卵形至披针形，先端渐尖，全缘，约与萼筒等长，内、外两面均无毛，或在内面顶端有髯毛；花瓣倒卵形或近圆形，长7~8 mm，宽5~6 mm，白色；雄蕊20枚，短于花瓣，花药粉红色；花柱3~5个，基部被柔毛，柱头头状。果实近球形或梨形，直径1~1.5 cm，深红色，有浅色斑点；小核3~5枚，外面稍具棱，内面两侧平滑；萼片脱落很迟，先端留一圆形深洼。花期5~6月，果期9~10月。

适应性强，喜凉爽、湿润的环境，既耐寒又耐高温，在-36~43 ℃均能生长。喜光也能耐阴，一般在荒山秃岭、阳坡、半阳坡、山谷均能生长，坡度以15°~25°为好。耐旱，水分过多时，枝叶容易徒长。对土壤要求不严格，但以土层深厚、质地肥沃、疏松、排水良好的微酸性沙壤土生长良好。

（九）构树［*Broussonetia papyrifera*（Linn.）L' Hér. ex Vent.］

构树又名构桃树、楮树、谷浆树、野杨梅子等，为桑科构树属落叶乔木。高10~

20 m，树皮暗灰色，小枝密生柔毛。叶螺旋状排列，广卵形至长椭圆状卵形，长 6~18 cm，宽 5~9 cm，先端渐尖，基部心形，两侧常不相等，边缘具粗锯齿，不分裂或 3~5 裂，小树之叶常有明显分裂，表面粗糙，疏生糙毛，背面密被茸毛，基生叶脉三出，侧脉 6~7 对；叶柄长 2.5~8 cm，密被糙毛；托叶大，卵形，狭渐尖，长 1.5~2 cm，宽 0.8~1 cm。花雌雄异株；雄花序为柔荑花序，粗壮，长 3~8 cm，苞片披针形，被毛，花被 4 裂，裂片三角状卵形，被毛，雄蕊 4 枚，花药近球形，退化雌蕊小；雌花序球形头状，苞片棍棒状，顶端被毛，花被管状，顶端与花柱紧贴，子房卵圆形，柱头线形，被毛。聚花果直径 1.5~3 cm，成熟时橙红色，肉质；瘦果具与等长的柄，表面有小瘤，龙骨双层，外果皮壳质。花期 4~5 月，果期 6~7 月。

喜光，适应性强，耐干旱瘠薄，也能生于水边，多生于石灰岩山地，也能在酸性土及中性土中生长；耐烟尘，抗大气污染力强。

屋顶配置中的应用：构树外貌虽较粗野，但枝叶茂密，且根系浅，对高温、干旱均有极强的适应性，生长快、繁殖容易，是屋顶绿化的适宜树种，宜孤植、片植或点栽。

（十）刺槐（*Robinia pseudoacacia* L.）

刺槐又名洋槐，为豆科刺槐属落叶乔木。高 10~25 m；树皮灰褐色至黑褐色，浅裂至深纵裂，稀光滑。小枝灰褐色，幼时有棱脊，微被毛，后无毛；具托叶刺，长达 2 cm；冬芽小，被毛。羽状复叶长 10~25（~40）cm；叶轴上面具沟槽；小叶 2~12 对，常对生，椭圆形、长椭圆形或卵形，长 2~5 cm，宽 1.5~2.2 cm，先端圆，微凹，具小尖头，基部圆至阔楔形，全缘，上面绿色，下面灰绿色，幼时被短柔毛，后变无毛；小叶柄长 1~3 mm；小托叶针芒状。总状花序腋生，长 10~20 cm，下垂，花多数，芳香；苞片早落；花梗长 7~8 mm；花萼斜钟状，长 7~9 mm，萼齿 5 枚，三角形至卵状三角形，密被柔毛；花冠白色，各瓣均具瓣柄，旗瓣近圆形，长 16 mm，宽约 19 mm，先端凹缺，基部圆，反折，内有黄斑，翼瓣斜倒卵形，与旗瓣几等长，长约 16 mm；基部一侧具圆耳，龙骨瓣镰状，三角形，与翼瓣等长或稍短，前缘合生，先端钝尖；雄蕊二体，对旗瓣的 1 枚分离；子房线形，长约 1.2 cm，无毛，柄长 2~3 mm，花柱钻形，长约 8 mm，上弯，顶端具毛，柱头顶生。荚果褐色，或具红褐色斑纹，线状长圆形，长 5~12 cm，宽 1~1.3（~1.7）cm，扁平，先端上弯，具尖头，果颈短，沿腹缝线具狭翅；花萼宿存，有种子 2~15 粒；种子褐色至黑褐色，微具光泽，有时具斑纹，近肾形，长 5~6 mm，宽约 3 mm，种脐圆形，偏于一端。花期 4~6 月，果期 8~9 月。

在年平均气温 8~14 ℃、年降水量 500~900 mm 的地方生长良好；特别是在空气湿度较大的沿海地区，其生长快，干形通直圆满。抗风性差，在冲风口栽植的刺槐易出现风折、风倒、倾斜或偏冠的现象。有一定的抗旱能力。喜土层深厚、肥沃、疏松、湿润的壤土、沙质壤土、沙土或黏壤土，在中性土、酸性土、含盐量在 0.3%以下的盐碱性土上都可以正常生长，在积水、通气不良的黏土上生长不良，甚至死亡。喜光，不耐庇荫。萌芽力和根蘖性都很强。

（十一）火炬树（*Rhus typhina* Nutt）

火炬树又名鹿角漆、火炬漆、加拿大盐肤木，为漆树科盐肤木属落叶小乔木。高达 12 m。柄下生芽。小枝密生灰色茸毛。奇数羽状复叶，小叶（11~）19~23（~31）枚，长椭圆状至披针形，长 5~13 cm，缘有锯齿，先端长渐尖，基部圆形或宽楔形，上面深绿色，下面苍白色，两面有茸毛，老时脱落，叶轴无翅。圆锥花序顶生、密生茸毛，花淡绿色；雌花花柱有红色刺毛。核果深红色，密生茸毛；花柱宿存，密集成火炬形。花期 6~7 月，果期 8~9 月。

喜光，耐寒，对土壤适应性强，耐干旱瘠薄，耐水湿，耐盐碱。根系发达，萌蘖性强，四年内可萌发 30~50 个萌蘖株。浅根性，生长快，寿命短。

（十二）枣树（*Ziziphus jujuba* Mill.）

枣树为鼠李科枣属，落叶小乔木，稀灌木，高达10 m以上；树皮褐色或灰褐色；有长枝，短枝和无芽小枝（即新枝）比长枝光滑，紫红色或灰褐色，呈“之”字形曲折，具 2 枚托叶刺，长刺可长达 3 cm，粗直，短刺下弯，长 4~6 mm；短枝短粗，矩状，自老枝发出；当年生小枝绿色，下垂，单生或 2~7 枚簇生于短枝上。叶纸质，卵形，卵状椭圆形，或卵状矩圆形；长 3~7 cm，宽 1.5~4 cm，顶端钝或圆形，稀锐尖，具小尖头，基部稍不对称，近圆形，边缘具圆齿状锯齿，上面深绿色，无毛，下面浅绿色，无毛或仅沿脉多少被疏微毛，基生三出脉；叶柄长 1~6 mm，或在长枝上的可达 1 cm，无毛或有疏微毛；托叶刺纤细，后期常脱落。花黄绿色，两性，5 基数，无毛，具短总花梗，单生或 2~8 个密集成腋生聚伞花序；花梗长2~3 mm；萼片卵状三角形；花瓣倒卵圆形，基部有爪，与雄蕊等长；花盘厚，肉质，圆形，5 裂；子房下部藏于花盘内，与花盘合生，2 室，每室有 1 胚珠，花柱 2 半裂。核果矩圆形或长卵圆形，长 2~3.5 cm，直径 1.5~2 cm，成熟时红色，后变红紫色，中果皮肉质，厚，味甜，核顶端锐尖，基部锐尖或钝，2 室，具 1 或 2 粒种子，果梗长2~5 mm；种子扁椭圆形，长约 1 cm，宽 8 mm。花期 5~7 月，果期 8~9 月。

喜光，适应性强，喜干冷气候，也耐湿热，对土壤要求不严，耐干旱瘠薄，也耐低湿。生长于海拔 1 700 m 以下的山区、丘陵或平原。

（十三）柽柳（*Tamarix chinensis* Lour.）

柽柳别名垂丝柳、西河柳、西湖柳、红柳、阴柳，为柽柳科柽柳属落叶小乔木或灌木，高 3~6（~8）m；老枝直立，暗褐红色，光亮，幼枝稠密细弱，常开展而下垂，红紫色或暗紫红色，有光泽；嫩枝繁密纤细，悬垂。叶鲜绿色，从木质化生长枝上生出的绿色营养枝上的叶长圆状披针形或长卵形，长 1.5~1.8 mm，稍开展，先端尖，基部背面有龙骨状隆起，常呈薄膜质；上部绿色营养枝上的叶钻形或卵状披针形，半贴生，先端渐尖而内弯，基部变窄，长 1~3 mm，背面有龙骨状突起。每年开花两三次。每年春季开花，总状花序侧生在木质化的小枝上，长 3~6 cm，宽 5~7 mm，花大而少，较稀疏而纤弱点垂，小枝亦下倾；有短总花梗，或近无梗，梗生有少数苞叶或无；苞片线状长圆形，或长圆形，渐尖，与花梗等长或稍长；花梗纤细，较萼短；花 5 出；萼片 5 枚，狭长卵形，具短尖头，略全缘，外面 2 枚，背面具隆脊，长 0.75~1.25 mm，较花瓣略短；花瓣 5 枚，粉红色，通常卵状椭圆形或椭圆状倒卵形，稀倒卵形，长约 2 mm，较花萼微长，果时宿存；花盘 5 裂，裂片先端圆或微凹，紫红色，肉质；雄蕊 5 枚，长于或略长于花瓣，花丝着生在花盘裂片间，自其下方近边缘处生出；子房圆锥状瓶形，花柱 3 个，棍棒状，长约为子房之半。蒴果圆锥形。夏、秋季开花；总状花序长 35 cm，较春生者细，生于当年生幼枝顶端，组成顶生大圆锥花序，疏松而通常下弯；花 5 出，较春季者略小，密生；苞片绿色，草质，较春季花的苞片狭细，较花梗长，线形至线状锥形或狭三角形，渐尖，向下变狭，基部背面有隆起，全缘；花萼三角状卵形；花瓣粉红色，直而略外斜，远比花萼长；花盘 5 裂，或每一裂片再 2 裂成 10 裂片状；雄蕊 5 枚，长等于花瓣或为其 2 倍，花药钝，花丝着生在花盘主裂片间，自其边缘和略下方生出；花柱棍棒状，其长等于子房的 2/5~3/4。花期 4~9 月。

耐高温和严寒；为喜光树种，不耐遮阴。能耐烈日暴晒，耐干又耐水湿，抗风又耐碱土，能在含盐量 1%的重盐碱地上生长。深根性，主侧根都极发达，主根往往伸到地下水层，最深可达 10 m，萌芽力强，耐修剪和刈割；生长较快，年生长量 50~80 cm，4~5 年高达 2.5~3.0 m，大量开花结实，树龄可达百年以上。

（十四）山杏［*Armeniaca sibirica*（L.）Lam.］

山杏别名杏子、野杏，为蔷薇科杏属灌木或小乔木，高 2~5 m；树皮暗灰色；小枝无毛，稀幼时疏生短柔毛，灰褐色或淡红褐色。叶片卵形或近圆形，长 5~10 cm，宽 4~7 cm，先端长渐尖至尾尖，基部圆形至近心形，叶缘有细钝锯齿，两面无毛，稀下面脉腋间具短柔毛；叶柄长 2~3.5 cm，无毛，有或无小腺体。花单生，直径 1.5~2 cm，先于叶开放；花梗长 1~2 mm；花萼紫红色；萼筒钟形，基部微被短柔毛或无毛；萼片长圆状椭圆形，先端尖，花后反折；花瓣近圆形或倒卵形，白色或粉红色；雄蕊几与花瓣近等长；子房被短柔毛。果实扁球形，直径 1.5~2.5 cm，黄色或橘红色，有时具红晕，被短柔毛；果肉较薄而干燥，成熟时开裂，味酸涩不可食，成熟时沿腹缝线开裂；核扁球形，易与果肉分离，两侧扁，顶端圆形，基部一侧偏斜，不对称，表面较平滑，腹面宽而锐利，种仁味苦。花期 3~4 月，果期 6~7 月。

适应性强，喜光，根系发达，深入地下，具有耐寒、耐旱、耐瘠薄的特点。在 -40~-30 ℃的低温下能安全越冬生长，在 7~8 月干旱季节，当土壤含水率仅达 3%~5%时，山杏却叶色浓绿，生长正常。在深厚的黄土或冲积土上生长良好；在低温和盐渍化土壤上生长不良。定植 4~5 年开始结果，10~15 年进入盛果期，寿命较长。花期遇霜冻或阴雨易减产，产量不稳定。常生于干燥向阳山坡上、丘陵草原或与落叶乔灌木混生，海拔 700~2 000 m。

（十五）小叶杨（*Populus simonii* Carr.）

小叶杨别名南京白杨、河南杨、明杨、青杨，为杨柳科杨属落叶乔木，高达 20 m，胸径 50 cm 以上。树皮幼时灰绿色，老时暗灰色，沟裂；树冠近圆形。幼树小枝及萌枝有明显棱脊，常为红褐色，后变黄褐色，老树小枝圆形，细长而密，无毛。芽细长，先端长渐尖，褐色，有黏质。叶菱状卵形、菱状椭圆形或菱状倒卵形，长 3~12 cm，宽 2~8 cm，中部以上较宽，先端突急尖或渐尖，基部楔形、宽楔形或窄圆形，边缘平整，细锯齿，无毛，上面淡绿色，下面灰绿或微白，无毛；叶柄圆筒形，长 0.5~4 cm，黄绿色或带红色。雄花序长 2~7 cm，花序轴无毛，苞片细条裂，雄蕊 8~9（~25）枚；雌花序长 2.5~6 cm；苞片淡绿色，裂片褐色，无毛，柱头 2 裂。果序长达 15 cm；蒴果小，2（3）瓣裂，无毛。花期 3~5 月，果期 4~6 月。

喜光树种，不耐荫庇，适应性强，对气候和土壤要求不严，耐旱，抗寒，耐瘠薄或弱碱性土壤，在沙、荒和黄土沟谷也能生长，但在湿润、肥沃土壤的河岸、山沟和平原上生长最好；栗钙土上生长不好，在沙壤土、黄土、冲积土、灰钙土上均能生长。山沟、河边、阶地、梁峁上都有分布。在长期积水的低洼地上不能生长。在干旱瘠薄、沙荒茅草地上常形成“小老树”。根系发达，固土抗风能力强。

（十六）白蜡树（*Fraxinus chinensis* Roxb.）

白蜡树别名中国蜡、虫蜡、川蜡、黄蜡、蜂蜡、青榔木、白荆树，为木犀科梣属落叶乔木，高10~12 m；树皮灰褐色，纵裂。芽阔卵形或圆锥形，被棕色柔毛或腺毛。小枝黄褐色，粗糙，无毛或疏被长柔毛，旋即秃净，皮孔小，不明显。羽状复叶长15~25 cm；叶柄长4~6 cm，基部不增厚；叶轴挺直，上面具浅沟，初时疏被柔毛，旋即秃净；小叶5~7枚，硬纸质，卵形、倒卵状长圆形至披针形，长3~10 cm，宽2~4 cm，顶生小叶与侧生小叶近等大或稍大，先端锐尖至渐尖，基部钝圆或楔形，叶缘具整齐锯齿，上面无毛，下面无毛或有时沿中脉两侧被白色长柔毛，中脉在上面平坦，侧脉8~10对，下面凸起，细脉在两面凸起，明显网结；小叶柄长3~5 mm。圆锥花序顶生或腋生枝梢，长8~10 cm；花序梗长2~4 cm，无毛或被细柔毛，光滑，无皮孔；花雌雄异株；雄花密集，花萼小，钟状，长约1 mm，无花冠，花药与花丝近等长；雌花疏离，花萼大，桶状，长2~3 mm，4浅裂，花柱细长，柱头2裂。翅果匙形，长3~4 cm，宽4~6 mm，上中部最宽，先端锐尖，常呈犁头状，基部渐狭，翅平展，下延至坚果中部，坚果圆柱形，长约1.5 cm；宿存萼紧贴于坚果基部，常在一侧开口深裂。花期4~5月，果期7~9月。

属于喜光树种，对霜冻较敏感。喜深厚较肥沃湿润的土壤，常见于平原或河谷地带，较耐轻盐碱性土。

（十七）臭椿［*Ailanthus altissima*（Mill.）Swingle］

臭椿又名椿树、木砻树，为苦木科臭椿属落叶乔木，高可达20 m以上，树皮平滑而有直纹；嫩枝有髓，幼时被黄色或黄褐色柔毛，后脱落。叶为奇数羽状复叶，长40~60 cm，叶柄长7~13 cm，有小叶13~27枚；小叶对生或近对生，纸质，卵状披针形，长7~13 cm，宽2.5~4 cm，先端长渐尖，基部偏斜，截形或稍圆，两侧各具1或2个粗锯齿，齿背有腺体1个，叶面深绿色，背面灰绿色，揉碎后具臭味。圆锥花序长10~30 cm；花淡绿色，花梗长1~2.5 mm；萼片5枚，覆瓦状排列，裂片长0.5~1 mm；花瓣5枚，长2~2.5 mm，基部两侧被硬粗毛；雄蕊10枚，花丝基部密被硬粗毛，雄花中的花丝长于花瓣，雌花中的花丝短于花瓣；花药长圆形，长约1 mm；心皮5枚，花柱黏合，柱头5裂。翅果长椭圆形，长3~4.5 cm，宽1~1.2 cm；种子位于翅的中间，扁圆形。花期4~5月，果期8~10月。

喜光，不耐阴。适应性强，除黏土外，各种土壤和中性、酸性及钙质土都能生长，适生于深厚、肥沃、湿润的沙质土壤。耐寒，耐旱，不耐水湿，长期积水会烂根死亡。耐微碱，pH值的适宜范围为5.5~8.2。对中性或石灰性土层深厚的壤土或沙壤土适宜，对氯气抗性中等，对氟化氢及二氧化硫抗性强。生长快，根系深，萌芽力强。

（十八）梓树（*Catalpa ovata* G. Don.）

梓树又名梓、楸、花楸、水桐、河楸、臭梧桐、黄花楸、水桐楸、木角豆，为紫葳科梓属落叶乔木，一般高 6 m，最高可达 15 m。树冠伞形，主干通直平滑，呈暗灰色或者灰褐色，嫩枝具稀疏柔毛。圆锥花序顶生，长 10 ~ 18 cm，花序梗，微被疏毛，长 12 ~ 28 cm；花梗长 3 ~ 8 mm，疏生毛；花萼圆球形，2 唇开裂，长 6 ~ 8 mm；花萼 2 裂，裂片广卵形，顶端锐尖；花冠钟状，浅黄色，长约 2 cm，二唇形，上唇 2 裂，长约 5 mm，下唇 3 裂，中裂片长约 9 mm，侧裂片长约 6 mm，边缘波状，筒部内有 2 条黄色条带及暗紫色斑点，长约 2. 5 cm，直径约 2 cm；蒴果线形，下垂，深褐色，长 20 ~ 30 cm，粗 5 ~ 7 mm，冬季不落；叶对生或近于对生，有时轮生，叶阔卵形，长宽相近，长约 25 cm，顶端渐尖，基部心形，全缘或浅波状，常 3 浅裂，叶片上面及下面均粗糙，微被柔毛或近于无毛，侧脉 4 ~ 6 对，基部掌状脉 5 ~ 7 条；叶柄长 6 ~ 18 cm。种子长椭圆形，两端密生长柔毛，连毛长约 3 cm，宽约 3 mm，背部略隆起。能育雄蕊 2 枚，花丝插生于花冠筒上，花药叉开；退化雄蕊 3 枚。子房上位，棒状。花柱丝形，柱头 2 裂。花期 6 ~ 7 月，果期 8 ~ 10 月。

适应性较强，喜温暖，也能耐寒。土壤以深厚、湿润、肥沃的夹沙土较好。不耐干旱瘠薄。抗污染能力强，生长较快。

（十九）石榴（*Punica granatum* L.）

石榴为石榴科石榴属落叶小乔木或灌木，树冠丛状自然圆头形。树根黄褐色。生长强健，根际易生根蘖。树高可达 5 ~ 7 m，一般 3 ~ 4 m，但矮生石榴仅高约 1 m 或更矮。树干呈灰褐色，上有瘤状突起，干多向左方扭转。树冠内分枝多，嫩枝有棱，多呈方形。小枝柔韧，不易折断。一次枝在生长旺盛的小枝上交错对生，具小刺。刺的长短与品种和生长情况有关。旺树多刺，老树少刺。芽色随季节变化，有紫、绿、橙三色。叶对生或簇生，呈长披针形至长圆形，或椭圆状披针形，长 2 ~ 8 cm，宽 1 ~ 2 cm，顶端尖，表面有光泽，背面中脉凸起；有短叶柄。花两性，依子房发达与否，有钟状花和筒状花之别，前者子房发达，善于受精结果，后者常凋落不实；一般 1 朵至数朵着生在当年新梢顶端及顶端以下的叶腋间；萼片硬，肉质，管状，5 ~ 7 裂，与子屋连生，宿存；花瓣倒卵形，与萼片同数而互生，覆瓦状排列。花有单瓣、重瓣之分。重瓣品种雌、雄蕊多瓣花而不孕，花瓣多达数十枚；花多红色，也有白色和黄、粉红、玛瑙等色。雄蕊多数，花丝无毛；雌蕊具花柱 1 个，长度超过雄蕊，心皮 4 ~ 8 枚，子房下位。成熟后变成大型而多室、多子的浆果，每室内有多数籽粒；外种皮肉质，呈鲜红、淡红或白色，多汁，甜而带酸，即为可食用的部分；内种皮为角质，也有退化变软的，即软籽石榴。果石榴花期 5 ~ 6 月，榴花似火，果期 9 ~ 10 月。花石榴花期 5 ~ 10 月。

生于海拔 300 ~ 1 000 m 的山上。喜温暖向阳的环境，耐旱、耐寒，也耐瘠薄，不耐涝和荫庇。对土壤要求不严，但以排水良好的夹沙土栽培为宜。

（二十）桂花［*Osmanthus fragrans*（Thunb.）Lour.］

桂花为木犀科木犀属常绿灌木或小乔木。高 3 ~ 5 m，树冠圆头形、半圆形、椭圆形，树皮灰褐色，小枝黄褐色，无毛；单叶对生，革质光亮，椭圆形、长椭圆形或椭圆状披针形，无毛；聚伞花序簇生于叶腋，花形小而有浓香，花色因品种而异；果歪斜，椭圆形，呈紫黑色，花期 9 ~ 10 月上旬，果期翌年 3 月。

桂花喜温暖，也较耐寒，抗逆性强，在全光照下其枝叶生长茂盛，开花繁密，有一定的耐干旱能力，对土壤的要求不太严，对氯气、二氧化硫、氟化氢等有害气体都有一定的抗性，还有较强的吸滞粉尘的能力。

屋顶配置中的应用：桂花终年常绿，枝繁叶茂，叶形优美，秋季开花，芳香浓郁，对有害气体二氧化硫、氟化氢有一定的抗性，在园林中应用普遍，常作园景树。可孤植、对植或点栽于屋顶景观，也可成丛、成林栽种，美化环境；花开时节，芳香袭人，为屋顶配置增色不少。

（二十一）山胡椒［*Lindera glauca*（Sieb. et Zucc.）Bl.］

山胡椒别名牛筋树、假死柴、野胡椒，樟科山胡椒属落叶灌木或小乔木。树皮灰白色，嫩枝带红色，单叶互生，伞形花序腋生，花黄色，核果球形，成熟时黑色。为阳性树种，喜光照，耐干旱瘠薄，对土壤适应性广，也稍耐阴湿，抗寒力强。

屋顶配置中的应用：干皮灰白平滑，叶表深绿光亮，冬叶经久不落，花黄果黑，微有香气，可用作点缀树种配植于草坪、花坛和假山隙缝，亦可作绿篱、林缘或墙垣的装饰。

（二十二）枫香（*Liquidambar formosana* Hance）

枫香又名枫香树，为金缕梅科枫香树属落叶乔木。树皮灰褐色，方块状剥落，叶薄革质，阔卵形，掌状 3 裂，上面绿色，干后灰绿色，不发亮；雄性短穗状花序常多个排成总状，雌性头状花序，头状果序圆球形，木质。喜温暖湿润气候，性喜光，耐干旱瘠薄土壤，不耐水涝，抗风力强。

屋顶配置中的应用：枫香树干通直，树体雄伟，秋叶红艳，孤植、丛植、群植均相宜。屋顶配置中可以枫香为上木，下植常绿灌木，间植槭类，入秋则层林尽染，亦可孤植或丛植于草坪、圹地，并配以银杏、无患子等秋叶变黄树种，使秋景更为丰富灿烂。

（二十三）碧桃（*Prunus persica* L. var. *persica* f. *duplex* Rehd.）

碧桃又名千叶桃花，是桃树的一个变种，蔷薇科李属植物，落叶小乔木。树冠宽广而平展；树皮暗红褐色，老时粗糙呈鳞片状；小枝细长，无毛，有光泽，绿色，向阳处转变成红色，具大量小皮孔；叶片披针形，上面无毛，下面在脉腋间具少数短柔毛，叶边具细锯齿或粗锯齿；花单生，先于叶开放，粉红色；果实形状和大小均有变异，卵形、宽椭圆形或扁圆形，常在向阳面具红晕，外面密被短柔毛，腹缝明显。

碧桃性喜阳光，耐旱，不耐潮湿的环境。喜欢气候温暖的环境，耐寒性好。

碧桃具有很高的观赏价值，春季先叶开放，花朵丰腴，色彩鲜艳丰富，花型多，观赏期 15 d 之久，在园林中应用较广，栽植当年即有极好的观赏效果。可孤植点缀于草坪中，亦可与贴梗海棠等花灌木配植，形成百花齐放的景象。还常用于盆栽观赏、切花和制作盆景。碧桃还是园林绿化中常用的彩色苗木之一，和紫叶李、紫叶矮樱等苗木通常一起配植。

（二十四）盐肤木（*Rhus chinensis* Mill.）

盐肤木又称盐肤子，为漆树科盐肤木属落叶小乔木。树冠圆球形，奇数羽状复叶；果序直立，核果，球形，被腺毛和具节柔毛，成熟后红色。花小，乳白色。果扁圆形，橘红色。花期7~8月，果期10~11月。

喜温暖湿润气候，也能耐一定寒冷和干旱。对土壤要求不严，耐瘠薄，不耐水湿。根系发达，有很强的萌蘖性。

屋顶配置中的应用：花洁白美丽，秋叶变为鲜红，果实成熟时也呈橘红色，颇为美观，可为秋景增色。在屋顶绿化中，可作为观叶、观果的树种，宜孤植或与其他灌木配置。

（二十五）君迁子（*Diospyros lotus* L.）

君迁子又叫牛奶柿、檽枣，柿树科柿属落叶乔木，树高有几米。树皮暗褐色，深裂或成不规则厚块状剥落，叶椭圆形至长圆形，花淡黄色或红色，果实近球形，直径1~2 cm，熟时蓝黑色，花期5~6月，果熟期10~11月。

性强健，喜光，耐半阴，耐寒及耐旱性均比柿树强，很耐湿。对二氧化硫抗性强。

屋顶配置中的应用：树形潇洒优美，入秋橙黄色果实悬挂满树，透过绿叶闪闪发亮，又较耐阴，因而是屋顶绿化中良好的观果树种及优良的下木。

（二十六）夹竹桃（*Nerium indicum* Mill.）

夹竹桃又名洋夹竹桃或欧洲夹竹桃，是一种夹竹桃科的常绿灌木或小乔木。枝条灰绿色，叶面深绿，无毛，叶背浅绿色。聚伞花序顶生，着花数朵；花芳香，花冠深红色或粉红色，栽培演变有白色或黄色，其花冠筒圆筒形，上部扩大呈钟形，花冠为重瓣，15~18枚，花期几乎全年，夏秋为最盛；果期一般在冬、春季，栽培很少结果。喜光，喜温暖、湿润的气候，不耐寒，耐旱力强，对土壤要求不严，在碱性土上也能生长。

屋顶配置中的应用：夹竹桃夏、秋盛开红、白色花朵，具有竹叶常绿和桃花娇艳的特点，有特殊香气，是有名的观赏花卉。在屋顶配置中作为绿地、路旁草坪边缘配置，也可盆栽和切花观赏。

（二十七）黄连木（*Pistacia chinensis* Bunge）

黄连木别名楷木、黄楝树、石连、黄木连、木蓼树、鸡冠木等，为漆树科漆树属落叶木本树种。树冠开阔，枝叶繁茂，叶互生，偶数羽状复叶，小叶卵状披针形，花单性，雌雄异株，花期3~4月，果实9~10月成熟，铜绿色为实种，红色为空粒种。黄连木冬芽红色，各部分都有特殊气味。

原产于我国，分布很广，喜光，幼时稍耐阴；喜温暖，畏严寒；耐干旱瘠薄，对土壤要求不严，抗风力强；萌芽力强，对二氧化硫、氯化氢和煤烟的抗性较强。

屋顶配置中的应用：黄连木树冠浑圆，枝叶繁茂而秀丽，早春嫩叶红色，入秋叶又变成深红或橙黄色，红色的雌花序也极美观。在屋顶绿化中植于草坪或山石、亭阁旁配植皆相宜，若要构成大片秋色红叶林，可与槭类、枫香等混植，效果更好。

（二十八）月季石榴（*Punica granatum* L. var. *nana* Pers.）

月季石榴又名四季石榴，是石榴科石榴属中一个非常稀有的珍贵品种，落叶小乔木。树冠常不整齐，植株矮小，叶椭圆状披针形，叶色浓绿，油亮光泽。花朵小，朱红色，重瓣，花期长。果较小，古铜红色，挂果期长。

喜阳光充足和干燥环境，耐干旱，不耐水涝，不耐阴，对土壤要求不严，以肥沃、疏松的沙壤土最好。

屋顶配置中的应用：月季石榴枝繁叶茂，花色艳丽，果实繁多。每朵花从出现红色花蕾到果实成熟，自春经夏到秋几个月，一直挂在树上不落，具有独特的观赏价值。月季石榴果实成熟，果味浓郁，酸甜可口。它主要用于观花，但也可用于观果。在屋顶配置中，可以盆栽用于点缀、摆景，亦可用于绿化配置。

（二十九）油松（*Pinus tabuliformis* Carr.）

油松别名短叶松、短叶马尾松、红皮松、东北黑松等，松科松属针叶常绿乔木。树皮下部灰褐色，裂成不规则鳞块，大枝平展或斜向上，老树平顶，小枝粗壮；雄球花柱形，聚生于新枝下部呈穗状；球果卵形或卵圆形。花期 5 月，球果翌年 10 月上中旬成熟。

阳性树种，浅根性，喜光、喜干冷气候，抗瘠薄、抗风。

屋顶配置中的应用：松树树干挺拔苍劲，分枝弯曲多姿，四季常青，不畏风雪严寒。在屋顶配置中适于孤植、丛植、纯林群植，可作为配景、背景、框景等用。

（三十）白皮松（*Pinus bungeana* Zucc. ex Endl.）

白皮松为常绿乔木。幼树树皮灰绿色，老树树皮灰褐色或灰白色，裂片脱落后露出粉色内皮，叶为 3 针 1 束，球果长 5~7 cm，翌年 10~11 月成熟。

喜光树种，耐瘠薄土壤及较干冷的气候。

屋顶配置中的应用：其树姿优美，干皮斑驳美观，针叶短粗亮丽，适应范围广泛，是一个优良的观干、观叶、观果常绿针叶绿化树种。孤植、对植、列植均具高度观赏价值。

（三十一）银杏（*Ginkgo biloba* L.）

银杏又名白果树，为银杏科银杏属落叶乔木。树皮灰褐色，不规则纵裂，粗糙；叶互生，扇形，两面淡绿色，无毛，秋季落叶前变为黄色。球花雌雄异株，单性，雄球花柔荑花序状，下垂，4 月开花，10 月成熟；种子具长梗，下垂，卵圆形或近圆球形，外种皮肉质，熟时黄色或橙黄色，外被白粉。

适应性强，银杏对气候、土壤要求都很宽泛。

屋顶配置中的应用：银杏树高大挺拔，树干光洁，叶形古雅，春夏翠绿，深秋金黄，结果率高，无病虫害，是理想的屋顶绿化观叶、观果树种。可孤植、对植或片植，亦可在路旁或通道栽植。同时银杏树是著名的长寿树种，生命力强，叶形奇特，夏天遒劲葱绿，秋季金黄可掬，给人以峻峭雄奇、华贵高雅之感，易于嫁接繁殖和整形修剪，是制作盆景的优质材料，具有很高的观赏价值。

（三十二）丝棉木（*Euonymus maackii* Rupr.）

丝棉木又名白杜、明开夜合。卫矛科卫矛属落叶小乔木。树皮灰褐色，小枝绿色，近四棱形。叶对生，宽卵形或卵状椭圆形，边缘有细锯齿。聚伞花序腋生，有花 3~7 朵，淡绿色。蒴果 4 裂，红白色或带黄色；花期 5~6 月，果期 9~10 月。

阳性树，稍耐阴，耐寒，耐干旱，也耐潮湿。在一般土壤中均能生长良好。根系发达，萌蘖力强。对风和烟尘有很强的抗力。

屋顶配置中的应用：丝棉木枝叶娟秀细致，树冠饱满形美，秋季果实挂满枝梢，开裂后露出橘红色的假种皮，引人注目；叶片经霜转红，鲜艳可爱。可孤植、对植用以点缀，也可成行栽植。

（三十三）接骨木（*Sambucus williamsii* Hance）

接骨木又名舒筋树、续骨树等，为忍冬科接骨木属落叶小乔木或灌木，高达 4 m。老枝有皮孔，光滑无毛，茎无棱，多分枝，灰褐色，无毛。叶对生，奇数羽状复叶，椭圆状披针形，长 5~12 cm，端尖至渐尖，基部阔楔形，常不对称，缘具锯齿，两面光滑无毛，圆锥状聚伞花序顶生，花冠辐射状，白色至淡黄色。浆果状核果近球形，黑紫色或红色。花期 4~5 月，果熟期 9~10 月。

适应性较强，对气候要求不严；喜光，亦耐阴，较耐寒，又耐旱，根系发达，萌蘖性强。

屋顶配置中的应用：接骨木枝叶繁茂，春季白花满树，夏季树姿婆娑，秋季红果累累，且经久不落，抗污染性强，可配置于园路、草坪等处。因萌蘖性强，生长旺盛，也可用作花果篱。

（三十四）中华金叶榆（*Ulmus pumila* cv. *jinye*）

中华金叶榆为榆科榆属，系白榆变种。叶片金黄色，有自然光泽，叶卵圆形，叶缘具锯齿，叶尖渐尖，互生于枝条上，枝条萌生力很强，枝条比普通白榆更密集，树冠更丰满，造型更丰富。

中华金叶榆对寒冷、干旱气候具有极强的适应性，抗逆性强，同时有很强的抗盐碱性。

屋顶配置中的应用：初春时期，中华金叶榆便绽放出娇黄的叶芽似无数朵蜡梅花绽放枝头，娇嫩可爱，早早给人们带来春天的信息；至夏初，叶片变得金黄艳丽，格外醒目，盛夏后至落叶前，树冠中下部的叶片渐变为浅绿色，枝条中上部的叶片仍为金黄色，黄绿相衬，在炎热中给人带来清新的感觉。可孤植或对植草坪等处用以点缀，也可成行栽植。

二、花灌木

许多用于北方露地绿化的花灌木都可以用于屋顶绿化。

（一）贴梗海棠［*Chaenomeles speciosa*（Sweet）Nakai］

贴梗海棠又称皱皮木瓜、铁脚海棠、铁角海棠，蔷薇科木瓜属落叶丛生状灌木，株高 1~2 m。枝直立而开展，有刺无毛；单叶互生，长卵形至椭圆形，叶缘有尖锯齿，托叶很大，肾形或半圆形，无叶柄，似抱茎。花单生或数朵簇生于二年生枝条的内部，花梗极短似无，贴枝而生，花猩红、粉红间乳白色，先于叶或与叶同时开放，萼片直立。果实卵圆形或长圆形，多纵剖为两瓣，长 4~9 cm，宽 2~5 cm，厚 1~2.5 cm。外表面紫红色或红棕色，有不规则的深皱纹；剖面边缘向内卷曲，果肉红棕色，中心部分凹陷，棕黄色。紧贴在枝条上生长而看不到果梗，有芳香。花期 3~4 月，10 月果实成熟。梨果球形或长圆形，长约 8 cm，干后果皮皱缩。有“花贵妃”“花尊贵”之美称，是园林中优美的观赏植物。

适应性较强，比较耐寒，华北地区都能露地过冬。对土壤要求不严，但不耐水涝，忌湿耐旱。土壤水分过多，往往植株瘦弱，枝叶生长细薄，抗逆性明显降低。为阳性树种，要求光照充足，然而在稍有荫蔽处仍能良好生长，正常开花。

屋顶配置中的应用：贴梗海棠早春先花后叶，花果繁茂，花色多样，清香四溢，春季观花，夏秋赏果，淡雅俏秀，多姿多彩，花瓣光洁剔透，枝密多刺，可作绿篱。枝干黝黑，弯曲如铁丝，是制作传统式盆景的上好材料。盆景可置于花台、门廊角隅、休闲场地，可与建筑合理搭配，使景观倍添风采，被点缀得更加幽雅清秀。作为独特孤植观赏树或三五成丛地点缀于园林小品或园林绿地中，也可培育成独干或多干的乔灌木作片林或点缀。

（二）紫薇（*Lagerstroemia indica* L.）

紫薇别名百日红、满堂红、痒痒树，为千屈菜科紫薇属双子叶植物。高可达 7 m，树皮平滑，灰色或灰褐色；枝干多扭曲，小枝纤细；叶互生或有时对生，纸质，椭圆形、阔矩圆形或倒卵形；圆锥花序着生于当年生枝条的顶端，花序甚大，长 30~50 cm，上面有花数十朵或更多，花直径约 3 cm，白色、堇色、红色和紫色；蒴果椭圆状球形或阔椭圆形，幼时绿色至黄色，成熟时或干燥时呈紫黑色，室背开裂；种子有翅，长约 8 mm。花期 6~9 月，果期 9~12 月。

紫薇对环境条件的适应较强。耐干旱和寒冷。对土壤要求不严，喜光，生长和开花都需充足的阳光。

屋顶配置中的应用：紫薇树形优美，树干光滑洁净；顶生圆锥花序，花色艳丽，开花时正值夏季少花季节，每花序可开放 50 d 左右，全株花期长达 4 个月之久，是非常好的园林观花绿化树种。因其树姿舒展，干枝飘逸，花枝繁茂，可孤植或点栽于屋顶景观。紫薇亦是良好的树桩盆景种类之一，可以将各种桩景造型配置于适宜的环境当中，以达到一种遒劲、古朴、高雅、点睛的功效。

（三）卫矛［*Euonymus alatus*（Thunb.）Sieb.］

卫矛别名鬼箭羽、鬼箭、六月凌、四面锋、蓖箕柴、四棱树、山鸡条子，为卫矛科卫矛属常绿、半常绿或落叶灌木或小乔木，或倾斜、披散以至藤本。叶对生，极少为互生或 3 枚叶轮生。花为 3 出至多次分枝的聚伞圆锥花序；花两性，较小，直径一般 5~12 mm；花部 4~5 数，花萼绿色，多为宽短半圆形；花瓣较花萼长大，多为白绿色或黄绿色，偶为紫红色；花盘发达，一般肥厚扁平，圆或方，有时 4~5 浅裂；雄蕊着生花盘上面，多在靠近边缘处，少在靠近子房处，花药呈“个”字着生或基着，2 室或 1 室，药隔发达，托于半药之下，常使花粉囊呈皿状，花丝细长或短或仅呈突起状；子房半沉于花盘内，4~5 室，胚珠每室 2~12 枚，轴生或室顶角垂生，花柱单一，明显或极短，柱头细小或小圆头状。蒴果近球状、倒锥状，不分裂或上部 4~5 浅凹，或 4~5 深裂至近基部，果皮平滑或被刺突或瘤突，心皮背部有时延长外伸呈扁翅状，成熟时胞间开裂，果皮完全裂开或内层果皮不裂而与外层分离在果内突起呈假轴状；种子每室多为 1~2 粒成熟，稀多至 6 粒以上，种子外被红色或黄色肉质假种皮；假种皮包围种子的全部，或仅包围一部而呈杯状、舟状或盔状。

常生长于路旁林中，水边岩石峭壁上。

（四）紫叶小檗（*Berberis thunbergii* DC. var. *atropurpurea* Chenault）

紫叶小檗别名红叶小檗，为小檗科小檗属落叶灌木。幼枝淡红带绿色，无毛，老枝暗红色具条棱；节间长1~1.5 cm。叶菱状卵形，长5~20（~35）mm，宽3~15 mm，先端钝，基部下延成短柄，全缘，表面黄绿色，背面带灰白色，具细乳突，两面均无毛。花2~5朵成具短总梗并近簇生的伞形花序，或无总梗而呈簇生状，花梗长5~15 mm，花被黄色；小苞片带红色，长约2 mm，急尖；外轮萼片卵形，长4~5 mm，宽约2.5 mm，先端近钝，内轮萼片稍大于外轮萼片；花瓣长圆状倒卵形，长5.5~6 mm，宽约3.5 mm，先端微缺，基部以上腺体靠近；雄蕊长3~3.5 mm，花药先端截形。浆果红色，椭球形，长约10 mm，稍具光泽，含种子1~2颗。

喜凉爽湿润环境，适应性强，耐寒也耐旱，不耐水涝，喜阳也能耐阴，萌蘖性强，耐修剪，对各种土壤都能适应，在肥沃深厚、排水良好的土壤中生长更佳。

园林常用与常绿树种作块面色彩布置，可用来布置花坛、花境，是园林绿化中色块组合的重要树种。

屋顶配置中的应用：分枝密，姿态圆整，春开黄花，秋结红果，深秋叶色紫红，果实经冬不落，是花、果、叶俱佳的观赏花木。宜孤植、丛植于草坪、池畔、岩石旁、墙隔、树下，可观果、观花、观叶，亦可栽作刺篱，是植花篱、点缀山石的好材料。或在大型花坛镶边或剪成球形对称状配植，也可制作盆景，果枝可插瓶。

（五）连翘［*Forsythia suspensa*（Thunb.）Vahl］

连翘又名黄花条、连壳、青翘、落翘、黄奇丹，为木犀科连翘属落叶灌木。枝开展或下垂，棕色、棕褐色或淡黄褐色，小枝土黄色或灰褐色，略呈四棱形，疏生皮孔，节间中空，节部具实心髓。叶通常为单叶，或3裂至三出复叶，叶片卵形、宽卵形或椭圆状卵形至椭圆形，长2~10 cm，宽1.5~5 cm，先端锐尖，基部圆形、宽楔形至楔形，叶缘除基部外具锐锯齿或粗锯齿，上面深绿色，下面淡黄绿色，两面无毛；叶柄长0.8~1.5 cm，无毛。花通常单生或2朵至数朵着生于叶腋，先于叶开放；花梗长5~6 mm；花萼绿色，裂片长圆形或长圆状椭圆形，长（5~）6~7 mm，先端钝或锐尖，边缘具睫毛，与花冠管近等长；花冠黄色，裂片倒卵状长圆形或长圆形，长1.2~2 cm，宽6~10 mm；在雌蕊长5~7 mm的花中，雄蕊长3~5 mm，在雄蕊长6~7 mm的花中，雌蕊长约3 mm。果卵球形、卵状椭圆形或长椭圆形，长1.2~2.5 cm，宽0.6~1.2 cm，先端喙状渐尖，表面疏生皮孔；果梗长0.7~1.5 cm。花期3~4月，果期7~9月。

耐寒、耐旱、耐瘠，对气候、土质要求不高，适生范围广。在干旱阳坡或有土的石缝，甚至在基岩或紫色沙页岩的风化母质上都能生长。连翘萌发力强、发丛快，可很快扩大其分布面。因此，连翘的生命力和适应性都非常强。早春先叶开花，满枝金黄，艳丽可爱，是早春优良观花灌木。

屋顶配置中的应用：连翘早春先叶开花，花开香气淡雅，满枝金黄，艳丽可爱，是早春优良观花灌木。适宜于亭阶、墙隅、篱下与路边配置，因根系发达，也可用作花篱。

（六）榆叶梅［*Amygdalus triloba*（Lindl.）Ricker］

榆叶梅又叫小桃红，为蔷薇科桃属落叶灌木、稀小乔木。高2~3 m，短枝上的叶常簇生，一年生枝上的叶互生；叶片宽椭圆形至倒卵形，长2~6 cm，宽1.5~3（~4）cm，先端短渐尖，常3裂，基部宽楔形，上面具疏柔毛或无毛，下面被短柔毛，叶边具粗锯齿或重锯齿；叶柄长5~10 mm，被短柔毛。花1~2朵，先于叶开放，直径2~3 cm；花梗长4~8 mm；萼筒宽钟形，长3~5 mm，无毛或幼时微具毛；萼片卵形或卵状披针形，无毛，近先端疏生小锯齿；花瓣近圆形或宽倒卵形，长6~10 mm，先端圆钝，有时微凹，粉红色；雄蕊25~30枚，短于花瓣；子房密被短柔毛，花柱稍长于雄蕊。果实近球形，直径1~1.8 cm，顶端具短小尖头，红色，外被短柔毛；果梗长5~10 mm；果肉薄，成熟时开裂；核近球形，具厚硬壳，直径1~1.6 cm，两侧几不压扁，顶端圆钝，表面具不整齐的网纹。花期4~5月，果期5~7月。

喜光，稍耐阴，耐寒，能在-35 ℃下越冬；对土壤要求不严，以中性至微碱性而肥沃土壤为佳；根系发达，耐旱力强；不耐涝；抗病力强。

屋顶配置中的应用：榆叶梅是北方园林中重要的早春观花树种，它生性强健，易于栽培。与柳树间植或配植山石间，更显春色盎然。宜与苍松翠柏丛植，或与连翘配植，孤植、丛植或列植为花篱，景观极佳，也可盆栽或做切花。

（七）迎春花（*Jasminum nudiflorum* Lindl.）

迎春花别名迎春、黄素馨、金腰带，为木犀科素馨属落叶丛生灌木。直立或匍匐，高0.3~5 m，枝条下垂。枝稍扭曲，光滑无毛，小枝四棱形，棱上多少具狭翼。叶对生，三出复叶，小枝基部常具单叶；叶轴具狭翼，叶柄长3~10 mm，无毛；叶片和小叶片幼时两面稍被毛，老时仅叶缘具睫毛；小叶片卵形、长卵形或椭圆形，狭椭圆形，稀倒卵形，先端锐尖或钝，具短尖头，基部楔形，叶缘反卷，中脉在上面微凹入，下面凸起，侧脉不明显；顶生小叶片较大，长1~3 cm，宽0.3~1.1 cm，无柄或基部延伸成短柄，侧生小叶片长0.6~2.3 cm，宽0.2~1.1 cm，无柄；单叶为卵形或椭圆形，有时近圆形，长0.7~2.2 cm，宽0.4~1.3 cm。花单生于上年生小枝的叶腋，稀生于小枝顶端；苞片小叶状，披针形、卵形或椭圆形，长3~8 mm，宽1.5~4 mm；花梗长2~3 mm；花萼绿色，裂片5~6枚，窄披针形，长4~6 mm，宽1.5~2.5 mm，先端锐尖；花冠黄色，直径2~2.5 cm，花冠管长0.8~2 cm，基部直径1.5~2 mm，向上渐扩大，裂片5~6枚，长圆形或椭圆形，长0.8~1.3 cm，宽3~6 mm，先端锐尖或圆钝。花期2~4月。

喜光，稍耐阴，略耐寒，怕涝，在华北地区和鄢陵均可露地越冬，要求温暖而湿润的气候，疏松肥沃和排水良好的沙质土，在酸性土中生长旺盛，碱性土中生长不良。根部萌发力强。枝条着地部分极易生根。

迎春花与梅花、水仙和山茶花统称为“雪中四友”，是中国常见的花卉之一。

（八）金银木［*Lonicera maackii*（Rupr.）Maxim.］

金银木又叫金银忍冬、胯杷果，忍冬科忍冬属落叶灌木。高达6 m，茎干直径达10 cm；凡幼枝、叶两面脉上、叶柄、苞片、小苞片及萼檐外面都被短柔毛和微腺毛。冬芽小，卵圆形，有5~6对或更多鳞片。叶纸质，形状变化较大，通常卵状椭圆形至卵状披针形，稀矩圆状披针形或倒卵状矩圆形，更少菱状矩圆形或圆卵形，长5~8 cm，顶端渐尖或长渐尖，基部宽楔形至圆形；叶柄长2~5（~8）mm。花芳香，生于幼枝叶腋，总花梗长1~2 mm，短于叶柄；苞片条形，有时条状倒披针形而呈叶状，长3~6 mm；小苞片多少联合成对，长为萼筒的1/2至几相等，顶端截形；相邻两萼筒分离，长约2 mm，无毛或疏生微腺毛，萼檐钟状，为萼筒长的2/3至相等，干膜质，萼齿宽三角形或披针形，不相等，顶尖，裂隙约达萼檐之半；花冠先白色后变黄色，长1~2 cm，外被短伏毛或无毛，唇形，筒长约为唇瓣的1/2，内被柔毛；雄蕊与花柱长约达花冠的2/3，花丝中部以下和花柱均有向上的柔毛。果实暗红色，圆形，直径5~6 mm；种子具蜂窝状微小浅凹点。花期5~6月，果熟期8~10月。

喜强光，每天接受日光直射不宜少于4 h，稍耐旱，但在微潮偏干的环境中生长良好。金银木喜温暖的环境，亦较耐寒，在中国北方绝大多数地区可露地越冬。金银木花果并美，是优良的观花赏果树木。

屋顶配置中的应用：金银木是园林绿化中最常见的树种之一，春末夏初繁花满树，金银相映，远望整个植株如同一个美丽的大花球，芳香四溢；秋后红果满枝头，晶莹剔透，鲜艳夺目，而且挂果期长，经冬不凋，可与瑞雪相辉映，是一种叶、花、果俱美的花木。适合丛植于草坪、路边或点缀于建筑周围，观花赏果两相宜。

（九）黄栌（*Cotinus coggygria* Scop.）

黄栌别名红叶、红叶黄栌、黄道栌、黄溜子、黄龙头、黄栌材、黄栌柴、黄栌会等，为漆树科黄栌属落叶灌木或小乔木。树冠圆形，高可达3~5 m，木质部黄色，树汁有异味；单叶互生，叶片全缘或具齿，叶柄细，无托叶，叶倒卵形或卵圆形。圆锥花序疏松、顶生，花小、杂性，仅少数发育；不育花的花梗花后伸长，被羽状长柔毛，宿存；苞片披针形，早落；花萼5裂，宿存，裂片披针形，花瓣5枚，长卵圆形或卵状披针形，长度为花萼大小的2倍；雄蕊5枚，着生于环状花盘的下部，花药卵形，与花丝等长，花盘5裂，紫褐色；子房近球形，偏斜，1室1胚珠；花柱3个，分离，侧生而短，柱头小而退化。核果小，干燥，肾形扁平，绿色，侧面中部具残存花柱；外果皮薄，具脉纹，不开裂；内果皮角质；种子肾形，无胚乳。花期5~6月，果期7~8月。

喜光，也耐半阴；耐寒，耐干旱瘠薄和碱性土壤，不耐水湿，宜植于土层深厚、肥沃而排水良好的沙质壤土中。生长快，根系发达，萌蘖性强。对二氧化硫有较强抗性。

深秋满树通红，艳丽无比，是北方秋季重要的观叶树种。

（十）紫叶矮樱（*Prunus* × *Cistena*）

紫叶矮樱为蔷薇科李属落叶灌木或小乔木，为紫叶李和矮樱杂交种。高达2.5 m左右，冠幅1.5~2.8 m。枝条幼时紫褐色，通常无毛，老枝有皮孔，分布整个枝条。叶长卵形或卵状长椭圆形，长4~8 cm，先端渐尖，叶基部广楔形，叶缘有不整齐的细钝齿；叶面红色或紫色，背面色彩更红，新叶顶端鲜紫红色。当年生枝条木质部红色，花单生，中等偏小，淡粉红色，花瓣5枚，微香；雄蕊多数，单雌蕊，花期4~5月。

喜光树种，但也耐寒、耐阴；对土壤要求不严格，但在肥沃深厚、排水良好的中性或者微酸性沙壤土中生长最好，轻黏土亦可；喜湿润环境，忌涝，应种植于高燥之处。宜保持土壤湿润而不积水为好。

（十一）红瑞木（*Swida alba* Opiz）

红瑞木又名凉子木、红瑞山茱萸，为山茱萸科梾木属落叶灌木。高达 3 m；树皮紫红色；幼枝有淡白色短柔毛，后即秃净而被蜡状白粉，老枝红白色，散生灰白色圆形皮孔及略为突起的环形叶痕。冬芽卵状披针形，长 3~6 mm，被灰白色或淡褐色短柔毛。叶对生，纸质，椭圆形，稀卵圆形，长 5~8. 5 cm，宽 1. 8~5. 5 cm，先端突尖，基部楔形或阔楔形，边缘全缘或波状反卷，上面暗绿色，有极少的白色平贴短柔毛，下面粉绿色，被白色贴生短柔毛，有时脉腋有浅褐色髯毛，中脉在上面微凹陷，下面凸起，侧脉（4~）5~6 对，弓形内弯，在上面微凹下，下面凸出，细脉在两面微明显。伞屋状聚伞花序顶生，较密，宽 3 cm，被白色短柔毛；总花梗圆柱形，长 1. 1~2. 2 cm，被淡白色短柔毛；花小，白色或淡黄白色，长 5~6 mm，直径 6~8. 2 mm；花萼裂片 4 枚，尖三角形，长 0. 1~0. 2 mm，短于花盘，外侧有疏生短柔毛；花瓣 4 枚，卵状椭圆形，长 3~3. 8 mm，宽 1. 1~1. 8 mm，先端急尖或短渐尖，上面无毛，下面疏生贴生短柔毛；雄蕊 4 枚，长 5~5. 5 mm，着生于花盘外侧，花丝线形，微扁，长 4~4. 3 mm，无毛，花药淡黄色，2 室，卵状椭圆形，长 1. 1~1. 3 mm，“丁”字形着生；花盘垫状，高0. 2~0. 25 mm；花柱圆柱形，长 2. 1~2. 5 mm，近于无毛，柱头盘状，宽于花柱，子房下位，花托倒卵形，长 1. 2 mm，直径 1 mm，被贴生灰白色短柔毛；花梗纤细，长 2~6. 5 mm，被淡白色短柔毛，与子屋交接处有关节。核果长圆形，微扁，长约 8 mm，直径 5. 5~6 mm，成熟时乳白色或蓝白色，花柱宿存；核棱形，侧扁，两端稍尖呈喙状，长 5 mm，宽 3 mm，每侧有脉纹 3 条；果梗细圆柱形，长 3~6 mm，有疏生短柔毛。花期6~7 月，果期 8~10 月。

喜潮湿温暖的生长环境，适宜的生长温度是 22~30 ℃，光照充足；喜肥，在排水通畅，养分充足的环境，生长速度非常快；夏季注意排水，冬季在北方有些地区容易冻害。

（十二）月季（*Rosa chinensis* Jacq.）

月季别名月月红、月月花、长春花、四季花、胜春，为蔷薇科蔷薇属低矮落叶灌木。高 1~2 m。小枝粗壮，圆柱形，近无毛，有短粗的钩状皮刺。小叶 3~5 枚，稀 7 枚，连叶柄长 5~11 cm，小叶片宽卵形至卵状长圆形，长 2. 5~6 cm，宽 1~3 cm，先端长渐尖或渐尖，基部近圆形或宽楔形，边缘有锐锯齿，两面近无毛，上面暗绿色，常带光泽，下面颜色较浅，顶生小叶片有柄，侧生小叶片近无柄，总叶柄较长，有散生皮刺和腺毛；托叶大部贴生于叶柄，仅顶端分离，部分成耳状，边缘常有腺毛。花几朵集生，稀单生，直径 4~5 cm；花梗长 2. 5~6 cm，近无毛或有腺毛，萼片卵形，先端尾状渐尖，有时呈叶状，边缘常有羽状裂片，稀全缘，外面无毛，内面密被长柔毛；花瓣重瓣至半重瓣，红色、粉红色至白色，倒卵形，先端有凹缺，基部楔形；花柱离生，伸出萼筒口外，约与雄蕊等长。果卵球形或梨形，长 1~2 cm，红色，萼片脱落。花期 4~9 月，果期 6~11 月。

月季对气候、土壤要求虽不严格，但以疏松、肥沃、富含有机质、微酸性、排水良好的壤土较为适宜。性喜温暖、日照充足、空气流通的环境。它被称为“花中皇后”，是北方广泛应用的观花植物。

屋顶配置中的应用：月季花是春季主要的观赏花卉，其花期长，观赏价值高，价格低廉，不仅能净化空气，美化环境，还能大大降低周围地区的噪声污染，缓解火热夏季城市的温室效应。因其攀缘生长的特性，可用于垂直绿化，构成赏心悦目的通道和花柱，可以做成延绵不断的花篱、花屏、花墙。

（十三）锦带花［*Weigela florida*（Bunge）A. DC.］

锦带花别名锦带、五色海棠、山脂麻、海仙花，为忍冬科锦带花属落叶灌木。高达1~3 m。幼枝稍四方形，有2列短柔毛；树皮灰色。芽顶端尖，具3~4对鳞片，常光滑。叶矩圆形、椭圆形至倒卵状椭圆形，长5~10 cm，顶端渐尖，基部阔楔形至圆形，边缘有锯齿，上面疏生短柔毛，脉上毛较密，下面密生短柔毛或茸毛，具短柄至无柄。花单生或成聚伞花序生于侧生短枝的叶腋或枝顶；萼筒长圆柱形，疏被柔毛，萼齿长约1 cm，不等，深达萼檐中部；花冠紫红色或玫瑰红色，长3~4 cm，直径2 cm，外面疏生短柔毛，裂片不整齐，开展，内面浅红色；花丝短于花冠，花药黄色；子房上部的腺体黄绿色，花柱细长，柱头2裂。果实长1.5~2.5 cm，顶有短柄状喙，疏生柔毛；种子无翅。花期4~6月。

喜光，耐阴，耐寒；对土壤要求不严，能耐瘠薄土壤，但以深厚、湿润而腐殖质丰富的土壤生长最好，怕水涝。萌芽力强，生长迅速。

锦带花以花开多色、灿烂似锦而得名，是一种美丽的观赏植物。

（十四）木槿（*Hibiscus syriacus* Linn.）

木槿又名木棉、荆条、木槿花等，为锦葵科木槿属落叶灌木或小乔木。高3~4 m，小枝密被黄色星状茸毛。叶菱形至三角状卵形，长3~10 cm，宽2~4 cm，具深浅不同的3裂或不裂，先端钝，基部楔形，边缘具不整齐齿缺，下面沿叶脉微被毛或近无毛；叶柄长5~25 mm，上面被星状柔毛；托叶线形，长约6 mm，疏被柔毛。花单生于枝端叶腋间，花梗长4~14 mm，被星状短茸毛；小苞片6~8枚，线形，长6~15 mm，宽1~2 mm，密被星状疏茸毛；花萼钟形，长14~20 mm，密被星状短茸毛，裂片5枚，三角形；花钟形，淡紫色，直径5~6 cm，花瓣倒卵形，长3.5~4.5 cm，外面疏被纤毛和星状长柔毛；雄蕊柱长约3 cm；花柱枝无毛。蒴果卵圆形，直径约12 mm，密被黄色星状茸毛；种子肾形，背部被黄白色长柔毛。花期7~10月。

木槿喜光而稍耐阴，喜温暖、湿润气候，较耐寒，但在北方地区栽培需保护越冬，好水湿而又耐旱，对土壤要求不严，在重黏土中也能生长；萌蘖性强，耐修剪。

屋顶配置中的应用：木槿是夏、秋季的重要观花灌木，开花时满树花朵，花期特长，且有很多花色、花型的变种和品种，是优良的园林观花树种。可作花篱、绿篱，通道绿化及基础种植材料。用木槿做绿篱，是开花的篱障，别具风格。也可与其他花木搭配栽植或丛植于草坪、路边，因其枝条柔软、耐修剪，可造型制作桩景或盆栽。同时还具有很强的滞尘功能。

（十五）黄刺玫（*Rosa xanthina* Lindl.）

黄刺玫为蔷薇科蔷薇属落叶灌木。高2~3 m。枝粗壮，密集，披散；小枝无毛，有散生皮刺，无针刺。小叶7~13枚，连叶柄长3~5 cm；小叶片宽卵形或近圆形，稀椭圆形，先端圆钝，基部宽楔形或近圆形，边缘有圆钝锯齿，上面无毛，幼嫩时下面有稀疏柔毛，逐渐脱落；叶轴、叶柄有稀疏柔毛和小皮刺；托叶带状披针形，大部贴生于叶柄，离生部分呈耳状，边缘有锯齿和腺。花单生于叶腋，重瓣或半重瓣，黄色，无苞片；花梗长 1~1.5 cm，无毛，无腺；花直径 3~4（~5）cm；萼筒、萼片外面无毛，萼片披针形，全缘，先端渐尖，内面有稀疏柔毛，边缘较密；花瓣黄色，宽倒卵形，先端微凹，基部宽楔形；花柱离生，被长柔毛，稍伸出萼筒口外部，比雄蕊短很多。果近球形或倒卵圆形，紫褐色或黑褐色，直径 8~10 mm，无毛，花后萼片反折。花期 4~6 月，果期 7~8 月。

喜光，稍耐阴，耐寒力强。对土壤要求不严，耐干旱和瘠薄，在盐碱土中也能生长，以疏松、肥沃土地为佳；不耐水涝；少病虫害。

（十六）杠柳（*Periploca sepium* Bunge）

杠柳又叫羊奶条、北五加皮、羊角桃、羊桃等，为萝藦科杠柳属落叶蔓性灌木。长可达 1.5 m，主根圆柱状，外皮灰棕色，内皮浅黄色。具乳汁，除花外，全株无毛；茎皮灰褐色；小枝通常对生，有细条纹，具皮孔。叶卵状长圆形，长 5~9 cm，宽 1.5~2.5 cm，顶端渐尖，基部楔形，叶面深绿色，叶背淡绿色；中脉在叶面扁平，在叶背微凸起，侧脉纤细，两面扁平，每边 20~25 条；叶柄长约 3 mm。聚伞花序腋生，着花数朵；花序梗和花梗柔弱；花萼裂片卵圆形，长 3 mm，宽 2 mm，顶端钝，花萼内面基部有 10 个小腺体；花冠紫红色，辐状，张开直径 1.5 cm，花冠筒短，约长 3 mm，裂片长圆状披针形，长 8 mm，宽 4 mm，中间加厚呈纺锤形，反折，内面被长柔毛，外面无毛；副花冠环状，10 裂，其中 5 裂延伸丝状被短柔毛，顶端向内弯；雄蕊着生在副花冠内面，并与其合生，花药彼此粘连并包围着柱头，背面被长柔毛；心皮离生，无毛，每心皮有胚珠多个，柱头盘状凸起；花粉器匙形，四合花粉藏在载粉器内，粘盘粘连在柱头上。蓇葖 2 个，圆柱状，长 7~12 cm，直径约 5 mm，无毛，具有纵条纹；种子长圆形，长约 7 mm，宽约 1 mm，黑褐色，顶端具白色绢质种毛；种毛长 3 cm。花期 5~6月，果期 7~9 月。

杠柳性喜阳性，喜光，耐寒，耐旱，耐瘠薄，耐阴。对土壤适应性强，具有较强的抗风蚀、抗沙埋的能力。

（十七）火棘［*Pyracantha fortuneana*（Maxim.）Li］

火棘别称火把果、救军粮、红子刺，为蔷薇科火棘属常绿灌木。高达 3 m；侧枝短，先端成刺状，嫩枝外被锈色短柔毛，老枝暗褐色，无毛；芽小，外被短柔毛。叶片倒卵形或倒卵状长圆形，长 1.5~6 cm，宽 0.5~2 cm，先端圆钝或微凹，有时具短尖头，基部楔形，下延连于叶柄，边缘有钝锯齿，齿尖向内弯，近基部全缘，两面皆无毛；叶柄短，无毛或嫩时有柔毛。花集成复伞屋花序，直径 3~4 cm，花梗和总花梗近于无毛，花梗长约 1 cm；花直径约 1 cm；萼筒钟状，无毛；萼片三角卵形，先端钝；花瓣白色，近圆形，长约 4 mm，宽约 3 mm；雄蕊 20 枚，花丝长 3~4 mm，花药黄色；花柱 5 个，离生，与雄蕊等长，子房上部密生白色柔毛。果实近球形，直径约 5 mm，橘红色或深红色。花期 3~5 月，果期 8~11 月。

喜强光，耐贫瘠，抗干旱，不耐寒；对土壤要求不严，而以排水良好、湿润、疏松的中性或微酸性壤土为好。

屋顶配置中的应用：火棘果近球形，橘红色至深红色，甚受人们喜爱，9月底开始变红，一直可保持到春节，是一种极好的春季看花、冬季观果植物，同时也是一种可药用和食用的多用途花果植物。在屋顶配置中，适于中小盆栽培，或丛植、孤植草地边缘。作为球形布置可以采取拼栽、截枝、放枝及修剪整形的手法，错落有致地栽植于草坪之上，点缀于布景深处，红彤彤的火棘果使人在寒冷的冬天里有一种温暖的感觉。火棘球规则式地布置在道路两旁或中间绿化带，还能起到绿化和醒目的作用。

（十八）蜡梅［*Chimonanthus praecox*（L.）Link］

蜡梅别称金梅、蜡花、蜡梅花、蜡木、麻木紫、石凉茶、唐梅、香梅，为蜡梅科蜡梅属落叶灌木。高达4 m；幼枝四方形，老枝近圆柱形，灰褐色，无毛或被疏微毛，有皮孔；鳞芽通常着生于第二年生的枝条叶腋内，芽鳞片近圆形，覆瓦状排列，外面被短柔毛。叶纸质至近革质，卵圆形、椭圆形、宽椭圆形至卵状椭圆形，有时长圆状披针形，长5~25 cm，宽2~8 cm，顶端急尖至渐尖，有时具尾尖，基部急尖至圆形，除叶背脉上被疏微毛外无毛。花着生于第二年生枝条叶腋内，先花后叶，芳香，直径2~4 cm；花被片圆形、长圆形、倒卵形、椭圆形或匙形，长5~20 mm，宽5~15 mm，无毛，内部花被片比外部花被片短，基部有爪；雄蕊长4 mm，花丝比花药长或等长，花药向内弯，无毛，药隔顶端短尖，退化雄蕊长3 mm；心皮基部被疏硬毛，花柱长达子房的3倍，基部被毛。果托近木质化，坛状或倒卵状椭圆形，长2~5 cm，直径1~2.5 cm，口部收缩，并具有钻状披针形的被毛附生物。花期11月至翌年3月，果期4~11月。

蜡梅性喜阳光，能耐阴、耐寒、耐旱，忌渍水。

屋顶配置中的应用：蜡梅花在霜雪寒天中傲然开放，花黄似蜡，浓香扑鼻，是冬季观赏的主要花木，是我国特有的珍贵观赏花木。一般以孤植、对植、丛植、群植等配置于园林的入口处两侧和墙隅及草坪、路旁等处，作为盆花桩景和瓶花亦具特色。我国传统上喜欢配植南天竹，冬天时红果、黄花、绿叶交相辉映，可谓色、香、形三者相得益彰，更具中国园林的特色。

（十九）胡枝子（*Lespedeza bicolor* Turcz.）

胡枝子为豆科胡枝子属中生性落叶灌木。多分枝，小枝黄色或暗褐色；羽状复叶小叶质薄，卵形、倒卵形或卵状长圆形。总状花序腋生，比叶长，常构成大型、较疏松的圆锥花序；黄褐色，花冠紫红色，极稀白色荚果斜倒卵形，花期7~9月，果期9~10月。

耐阴、耐寒、耐干旱、耐瘠薄。根系发达，适应性强，对土壤要求不严格。

屋顶配置中的应用：胡枝子花色浓紫或紫红，花朵细小繁密，缤纷盛放在柔软枝茎上，姿态优美，宜丛植于草坪边缘、假山旁。

（二十）紫穗槐（*Amorpha fruticosa* Linn.）

紫穗槐为豆科紫穗槐属落叶灌木。丛生，高1~4 m。小枝灰褐色，叶互生，奇数羽状复叶，小叶卵形或椭圆形，穗状花序常1至数个顶生和枝端腋生，紫色；荚果下垂。花、果期5~10月。

对气候和土壤的适应性强，喜光，耐寒、耐旱、耐湿、耐盐碱、抗风沙、抗逆性极强，对城市中二氧化硫有一定的抗性。

屋顶配置中的应用：成年的植株茎蔓蜿蜒屈曲，开花繁多，串串花序悬挂于绿叶藤蔓之间。在屋顶配置中一般用其攀缘棚架，制成花廊，春季紫花烂漫，别有情趣，或用其攀缘枯木，有枯木逢生之意。还可做成姿态优美的悬挂式盆景，繁花满树，老桩横斜，花穗、荚果在翠羽般的绿叶的衬托下相映成趣。

（二十一）南天竹（*Nandina domestica* Thunb.）

南天竹别名南天竺、红杷子、天烛子、红枸子、钻石黄、天竹，小檗科南天竹属常绿小灌木。茎常丛生而少分枝，幼枝常为红色，老后呈灰色，叶互生，集生于茎的上部，三回羽状复叶；小叶薄革质，椭圆形或椭圆状披针形，上面深绿色，冬季变红色，圆锥花序，花小，白色，具芳香。浆果球形，直径5~8 mm，熟时鲜红色，稀橙红色，花期3~6月，果期5~11月。

喜光，耐阴，强光下叶色变红，较耐寒，能耐微碱性土壤。

屋顶配置中的应用：因其形态优越清雅，茎干丛生，枝叶扶疏，秋冬叶色变红，红果经久不落，是赏叶观果的佳品。主要用作植物配置，作为花灌木，可以观其鲜艳的花果。也可用作盆栽，或者观果切花。

（二十二）栀子花（*Gardenia jasminoides* Ellis）

栀子花又名栀子、黄栀子，为茜草科栀子属的常绿灌木。小枝绿色；叶对生，革质呈长椭圆形，有光泽。花腋生，有短梗，肉质，5~7月开花。果实卵状至长椭圆状。

喜温暖湿润和阳光充足环境，较耐寒，耐半阴，怕积水，要求疏松、肥沃和酸性的沙壤土。

屋顶配置中的应用：栀子花枝叶繁茂，叶色四季常绿，花芳香素雅，白花格外清丽可爱，为屋顶绿化优良的美化材料。适用于阶前和路旁配置，也可用作花篱、盆栽和盆景观赏花。

（二十三）八仙花［*Hydrangea macrophylla*（Thunb.）Ser.］

八仙花又名绣球、粉团花，为虎耳草科八仙花属植物，低矮丛生灌木花卉。茎常于基部发出多数放射枝而形成一圆形灌丛，枝圆柱形，粗壮，无毛，具少数长形皮孔；小枝粗壮，皮孔明显。叶大而稍厚，对生，倒卵形，边缘有粗锯齿，叶面鲜绿色，叶背黄绿色。花大型，由许多不孕花组成顶生伞房花序；花色多变，初时白色，渐转蓝色或粉红色。花期6~8月。

喜温暖、湿润和半阴环境。

屋顶配置中的应用：八仙花花洁白丰满，大而美丽，其花色能红能蓝，令人悦目怡神，是常见的盆栽观赏花木。可配置于稀疏的树荫下及林荫道旁，可片植、对植、列植、丛植于布景一角，更适于植为花篱。

（二十四）玫瑰（*Rosa rugosa* Thunb.）

玫瑰又被称为刺玫花、徘徊花、刺客、穿心玫瑰，为蔷薇科蔷薇属落叶灌木。枝杆多针刺；奇数羽状复叶，小叶椭圆形，有边刺。花冠鲜艳，紫红色、白色，芳香，花期5~6月。果扁球形，熟时红色，果期8~9月。

喜阳光，耐旱，耐涝，也能耐寒冷，适宜生长在较肥沃的沙质土壤中，花梗有茸毛和腺体。

屋顶配置中的应用：玫瑰是屋顶绿化和园林的理想花木，花期玫瑰可分泌植物杀菌素，杀死空气中大量的病原菌，有益于人们身体健康。适用于花篱，也是花境、花坛及百花园材料，修剪造型后用于点缀或成片栽植花丛。

（二十五）六月雪［*Serissa japonica*（Thunb.）Thunb.］

六月雪又名满天星、碎叶冬青、白马骨、悉茗，茜草科白马骨属，常绿或半常绿丛生小灌木。植株低矮，株高不足 1 m，枝条纤细，成株分枝浓密；叶极小，卵圆形，全绿；花小而密，花白色带红晕或淡粉紫色，单生或多朵簇生；小核果近球形。花期 6~7 月。

性喜阳光，也较耐阴，耐旱力强，对土壤要求不严。

屋顶配置中的应用：六月雪树形美观秀丽，开花洁白如雪，花叶纤小，姿态别致。花盛时节满树银色，宛若白雪压顶，由此而得名，为常见的观赏花木。适宜用作花坛、路边及花篱种植。又因叶小枝密，干老枝虬，根系发达，侧根多，常自然纵曲，盘根错节，适宜于作悬根处理，加之适应性强，耐修剪，易于加工，绑扎成型快，因此常用它来制作盆景。尤其在烈日炎炎的盛夏，四季常青，悬根露爪，盘枝错节，苍古素雅，不但给人以自然美和艺术美的享受，而且会使人觉得凉爽舒适，心旷神怡，是极好的盆景盆栽材料。

（二十六）枸骨（*Ilex cornuta* Lindl. et Paxt.）

枸骨又名猫儿刺、老虎刺等，为常绿灌木或小乔木。树皮灰白色；叶片厚革质，叶面深绿色，具光泽，背淡绿色；花淡黄色；果球形，成熟时鲜红色。花期 4~5 月，果期 10~12 月。

喜阳光，也能耐阴，耐干旱，较耐寒。

屋顶配置中的应用：枸骨枝叶稠密，叶形奇特，碧绿光亮，四季常青，入秋后红果满枝，经冬不凋，艳丽可爱，是优良的观叶、观果树种。宜作基础种植，也可孤植、对植，或丛植于草坪边缘。同时又是很好的绿篱（兼有果篱、刺篱的效果）及盆栽材料，选其老桩制作盆景亦饶有风趣。

（二十七）红花檵木（*Loropetalum chinense* var. *rubrum* Yieh）

红花檵木又名红继木、红梽木、红桎木、红檵花、红梽花、红桎花、红花继木，为金缕梅科檵木属檵木的变种，常绿灌木或小乔木。树皮暗灰或浅灰褐色，嫩枝红褐色；叶革质互生，卵圆形或椭圆形，暗红色；花紫红色，线形；蒴果褐色，近卵形。花期 4~5 月，花期长，30~40 d；果期 8 月。

喜光，稍耐阴，但阴时叶色容易变绿。适应性强，耐旱。喜温暖，耐寒冷。萌芽力和发枝力强，耐修剪，耐瘠薄。

屋顶配置中的应用：红花檵木枝繁叶茂，姿态优美，花开时节，满树红花，极为壮观，耐修剪，耐蟠扎，可用于孤植、丛植、群植，广泛用于色篱、灌木球、彩叶小乔木、桩景造型、盆景等绿化美化。

（二十八）牡丹（*Paeonia suffruticosa* Andr.）

牡丹又名富贵花、洛阳花，是毛莨科芍药属植物，为多年生落叶小灌木。生长缓慢，株形小，株高多在0.5~2 m；枝干直立而脆，圆形，从根茎处丛生数枝而成灌木状。叶互生，叶上面深绿色或黄绿色，下面为灰绿色。花单生于当年枝顶，两性，花大色艳，形美多姿，花径10~30 cm；花的颜色有白、黄、粉、红、紫红、紫、墨紫（黑）、雪青（粉蓝）、绿、复色十大色。花期4~5月。

性喜温暖、凉爽、干燥、阳光充足的环境。喜阳光，也耐半阴，耐寒，耐干旱。

屋顶配置中的应用：牡丹是我国特有的木本名贵花卉，长期以来被人们当作富贵吉祥、繁荣兴旺的象征。花色泽艳丽，风流潇洒，富丽堂皇，素有“国色天香”“花中之王”的美称，在绿化中常供重点美化区应用，又可植于花台、花池观赏。而自然式孤植或丛植于岩坡草地边缘等处点缀，常又获得良好的观赏效果。此外，还可盆栽作室内观赏和切花瓶插等用。

（二十九）珊瑚树（*Viburnum odoratissinum* ker-Gawl.）

珊瑚树又名高栌树、旱禾树、法国冬青、珊瑚枝，忍冬科荚蒾属常绿灌木或小乔木。高2~10 m，树皮灰褐色或灰色，枝灰色或灰褐色；叶革质，狭倒卵状长圆形至长卵形，表面深绿色，有光泽；花芳香，花冠白色，后变黄白色，有时微红，辐状；果实先红色后变黑色，卵圆形。花期4~5月（有时不定期开花），果熟期7~9月。

珊瑚树喜温暖干燥和阳光充足环境，耐半阴和耐干旱。萌芽力强，易整形，耐修剪，耐移植，生长较快。

屋顶配置中的应用：珊瑚树植株不高，茎生长细而密集，形似绿色的珊瑚，青翠浓郁，果叶俱美，对多种有毒气体具有抗性，是屋顶绿化难得的观赏植物。盆栽点缀环境，清新自然，一年四季枝繁叶茂，遮蔽效果好，又耐修剪，因此是制作绿篱的上佳材料。常整形修剪为绿墙、绿门或绿廊。沿园界墙中遍植，以其自然生态体形代替装饰砖、石、土等构筑起来的呆滞背景，可产生“园墙隐约于萝间”之效，不但在观赏上显得自然活泼，而且扩大了空间感。

（三十）雀舌黄杨（*Buxus bodinieri* Levl.）

雀舌黄杨又名匙叶黄杨，黄杨科黄杨属常绿矮小灌木。树皮灰褐色，有深纵裂纹。分枝多而密集，成丛。叶形较长，叶倒披针形、长圆状倒披针形或倒卵状匙形，长2~4 cm。花密集成球状；果卵圆形。

喜温暖湿润和阳光充足环境，耐干旱和半阴，浅根性，耐修剪，较耐寒，抗污染。

屋顶配置中的应用：雀舌黄杨枝叶繁茂，叶形别致，四季常青，且耐修剪，是优良的矮绿篱材料，常用作模纹图案或布置花坛边缘，也可以用来点缀草地、山石，或者做成盆栽、制成盆景用来观赏。

（三十一）金丝桃（*Hypericum monogynum* L.）

金丝桃又叫狗胡花、金线蝴蝶、过路黄、金丝海棠、金丝莲、土连翘，为藤黄科金丝桃属植物，半常绿小乔木或灌木。地上生长季末枯萎，地下为多年生。小枝纤细且多分枝；叶纸质，无柄，对生，长椭圆形。聚伞花序，花色金黄，其呈束状纤细的雄蕊花丝也灿若金丝，花期6~7月。蒴果宽卵珠形至近球形，种子深红褐色，圆柱形，果期8~9月。

喜光照，喜温暖，不太耐寒，稍耐阴，耐干燥，忌积水，对土壤要求不严。

屋顶配置中的应用：金丝桃花叶秀丽，花冠如桃花，雄蕊金黄色，细长如金丝绚丽可爱。可植于假山旁及路旁，或点缀草坪，亦可盆栽观赏或做切花材料。配植于玉兰、桃花、海棠、丁香等春花树下，可延长景观；若种植于假山旁边，则柔条袅娜，亚枝旁出，花开烂漫，别饶奇趣；也常作花径两侧的丛植，花时一片金黄，鲜明夺目，妍丽异常。

（三十二）紫荆（*Cercis chinensis* Bunge）

紫荆又叫满条红、紫株、乌桑、箩筐树，为豆科紫荆属落叶灌木或小乔木，紫荆树干直立丛生，高 3~10 m，树皮灰色，老树皮有纵裂；单叶互生，全缘，叶脉掌状，有叶柄，托叶小，早落。花于老干上簇生或成总状花序，荚果扁平，狭长椭圆形，沿腹缝线处有狭翅；花 4~10 朵簇生于老枝上，花冠蝶形，呈紫红色，花期 3~4 月，先叶开放。荚果扁平，10 月成熟。

喜光，稍耐阴，较耐寒，喜肥沃、排水良好的土壤，不耐湿。萌芽力强，耐修剪。

屋顶配置中的应用：树干挺直丛生，早春季节先于叶开花，花形似蝶，盛开时花朵繁多，成团簇状，紧贴枝干，满树都是花，不仅枝条上能着花，而且老干上也能开花，满枝紫红艳丽，给人以繁花似锦的感觉；到了夏、秋季节则绿叶婆娑，满目苍翠；冬季落叶后则枝干筋骨毕露，苍劲虬曲之感跃然眼前，是观花、叶、干俱佳的园林花木，是春季的主要观赏花卉之一，可与绿树配植，或孤植、丛植于草坪等处，也可成行栽植用于通道绿化，观赏效果均极佳。也可盆栽观赏或制作盆景。

（三十三）猬实（*Kolkwitzia amabilis* Graebn.）

猬实又称千层皮，忍冬科猬实属落叶灌木。高达 3 m，树皮薄片状剥裂，小枝疏生柔毛；叶对生，卵形至卵状披针形，长 3~7 cm，顶端渐尖，基部圆形，全缘稀有浅锯齿，两面疏生柔毛。顶生聚伞花序，每柄小花梗具 2 朵花，萼筒下部合生，外面被长刺毛，顶端 5 裂；花冠钟形，5 裂，粉红色呈紫色；雄蕊 2 长 2 短。2 枚瘦果状核果，落叶。

喜光，有一定的耐阴性，耐寒，喜排水良好、湿润肥沃的沙质壤土，较耐干旱瘠薄。

屋顶配置中的应用：猬实是珍贵的观花、观果植物，花密色艳，开花期正值初夏百花凋谢之时，更感可贵，夏、秋全树挂满形如刺猬的小果，甚为别致，可于草坪、角坪、角隅、山石旁、园路交叉口、亭廊附近列植或丛植，也可盆栽欣赏或做切花。

（三十四）小叶女贞（*Ligustrum quihoui* Carr.）

小叶女贞为木犀科女贞属的小灌木，高 1~3 m。小枝淡棕色，圆柱形，密被微柔毛，后脱落；叶片薄革质，叶缘反卷，上面深绿色，下面淡绿色，花白色，香，无梗。花冠筒和花冠裂片等长，花药超出花冠裂片。核果宽椭圆形，呈紫黑色。花期 5~7 月，果期 8~11 月。

喜光照，稍耐阴，较耐寒，华北地区可露地栽培；对二氧化硫、氯气等毒气有较好的抗性。性强健，耐修剪，萌发力强。

屋顶配置中的应用：小叶女贞枝叶紧密、圆整，主要用作绿篱栽植，亦可丛植观赏；抗多种有毒气体，是优良的抗污染树种。小叶女贞叶小、常绿，且耐修剪，生长迅速，是制作盆景的优良树种。盆栽可制成大、中、小型盆景。老桩移栽，极易成活，树条柔嫩易扎定型，一般三五年就能成型，极富自然野趣。

（三十五）金森女贞（*Ligustrum japonicum* ‘Howardii’）

金森女贞又名哈娃蒂女贞，木犀科女贞属大型常绿灌木。高 3~5 m，无毛。枝叶稠密；叶对生，单叶卵形，革质、厚实、有肉感，春季新叶鲜黄色。至冬季转为金黄色，花期 6~7 月，圆锥状花序，花白色，果实 10~11 月成熟，呈黑紫色，椭圆形。

喜光，又耐半阴，耐旱、耐寒，对土壤要求不严格，耐热性强，生长迅速，根系发达，耐修剪，萌芽力强。

屋顶配置中的应用：金森女贞叶片宽大，叶色金黄，株形美观，长势强健，萌发力强；底部枝条与内部枝条不易凋落，对病虫害、火灾、煤烟、风雪等有较强的抗性，是非常好的自然式绿篱材料，每到春季都会开出一串串银铃般的小花，散发出阵阵清香，秋、冬季节蓝黑色的果实挂满枝头，果实几乎可以欣赏整整一个冬天，观叶、观花和观果兼具，既可作界定空间、遮挡视线的园林外围绿篱，也可植于墙边等半阴处，遮挡建筑基础，丰富林缘景观的层次。金森女贞叶片的色彩属于明度较高的金黄色，与红叶石楠搭配，便可以营造出相当出人意料的效果。在园林中可配置于稀疏的树荫下及林荫道旁，片植于荫处、对植入口处、沿墙界列植一排、丛植于一角，均为理想树种，更适于植为花篱、花境。

（三十六）珍珠梅［*Sorbaria sorbifolia*（L.）A. Br.］

珍珠梅为蔷薇科珍珠梅属植物，落叶阔叶灌木类。高达 2 m，枝条开展；小枝圆柱形，稍屈曲。羽状复叶，小叶片 11~17 枚；顶生大型密集圆锥花序，花瓣长圆形或倒卵形，白色；蓇葖果长圆形，有顶生弯曲花柱。花期 7~8 月，果期 9 月。

性喜阳光并具有很强的耐阴性，耐寒、耐湿又耐旱。对土壤要求不严，在一般土壤中即能正常生长，生长较快，萌蘖力强，耐修剪。

屋顶配置中的应用：珍珠梅是良好的夏季观花植物。珍珠梅的花叶清丽，每年七八月花盛开，花期很长又值夏季少花季节，清香袭人，在园林应用上是十分受欢迎的观赏树种。因其株丛丰满，枝叶清秀，尤贵在缺花的盛夏开出清雅的白花而且花期很长，故多单株栽植，独傲群芳，成为人们生活中一道亮丽的风景，效果极佳，列植、丛植也效果甚佳。

（三十七）花椒（*Zanthoxylum bungeanum* Maxim.）

花椒别名檓、大椒、秦椒、蜀椒、川椒或山椒，为芸香科花椒属落叶灌木或小乔木。高 2~4 m。茎上通常有增大的皮刺，略向上生，基部扁而阔，长 5~16 mm。单数羽状复叶，互生，叶轴具狭翅，背面常着生向上的小皮刺；小叶 5~9 枚，对生，卵形或卵状长圆形。聚伞状圆锥花序顶生，雌雄同株。果球形，红色至紫红色，密生呈疣状突起的腺体。种子圆形，黑色，有光泽。花期 6~7 月，果期 9~10 月。

喜光，萌蘖性强，耐寒，耐旱，抗病能力强，隐芽寿命长，故耐强修剪。不耐涝。

屋顶配置中的应用：花椒不仅集观叶、观花与赏果于一体，而且其气味芳香，可起到净化空气、驱虫防病等功效。花椒地上部枝繁叶密，姿态优美，叶绿、花黄、果先绿后红，硕果累累，果实成熟时火红艳丽，芳香宜人，挂果期长，有较高的观赏价值。在屋顶绿化中宜孤植或点栽，又可作防护刺篱，尤其是果实成熟时，果实缀满枝头，一串串熟透的椒果鲜红欲滴，清香扑鼻，别有情趣。花椒极耐修剪，利用矮化技术可制作花椒盆景。

（三十八）酸枣［*Ziziphus jujuba* Mill. var. *spinosa*（Bunge）Hu ex H. F. Chow］

酸枣又名棘、棘子、野枣、山枣、葛针等，鼠李科枣属植物，常为灌木，也有的为小乔木。树势较强。高 1~4 m，托刺发达，小枝呈"之"字形弯曲，紫褐色。叶小而密生，叶片椭圆形至卵状披针形，边缘有细锯齿。花黄绿色，2~3 朵簇生于叶腋。核果小，近球形或短矩圆形，果皮厚、光滑，紫红或紫褐色，味酸。花期 6~7 月，果期 8~9 月。

其适应性极强，喜温暖干燥气候，耐旱，耐寒，耐碱。

屋顶配置中的应用：酸枣作为北方的一种野生树种，在屋顶绿化中优势非常明显，由于其抗逆性强，能够快速适应环境的变化，可以借助自身的生长机制形成较为稳定的生态系统。酸枣叶小而密生，开花时小黄花若有若无，结果时又一树红果，让人品味到乍现眼前的惊喜，可以孤植，利用酸枣的野生形态，营造较为自然的景观，如在较为高大的植物旁边，采用酸枣孤植的形式，使之与高大的树种形成对比，使景观在空间上营造了一种相依。也可以采用酸枣群植，使之形成酸枣自然群落，形成一道观赏景观，展现出其殊凡的风姿。还可以用酸枣作刺篱或盆景。

三、地被植物及宿根花卉

地被植物多为草本植物或蕨类植物，草本和蕨类是地被植物中采用最广泛的品种。此外宿根植物很多是地被覆盖的好品种。常用的草坪草有早熟禾、高羊茅、野牛草、匍匐翦股颖、中华结缕草、大羊胡子草、小羊胡子草、黑麦草等。其他北方屋顶花园广泛使用的地被植物有以下几种。

（一）垂盆草（*Sedum sarmentosum* Bunge）

垂盆草别名卧景天、石头菜，为景天科景天属多年生草本植物。不育枝及花茎细，匍匐而节上生根，直到花序之下，长 10~25 cm。3 枚叶轮生，叶倒披针形至长圆形，长 15~28 mm，宽 3~7 mm；先端近急尖，基部急狭，有距。聚伞花序，有 3~5 分枝，花少，宽 5~6 cm；花无梗；萼片 5 枚，披针形至长圆形，长 3.5~5 mm，先端钝，基部无距；花瓣 5 枚，黄色，披针形至长圆形，长 5~8 mm，先端有稍长的短尖；雄蕊 10 枚，较花瓣短；鳞片 10 枚，楔状四方形，长 0.5 mm，先端稍有微缺；心皮 5 枚，长圆形，长 5~6 mm，略叉开，有长花柱。种子卵形，长 0.5 mm。花期 5~7 月，果期 8 月。

适应性强，较耐旱、耐寒。不择土壤，在疏松的沙质壤土中生长较佳。对光线要求不严，一船适宜在中等光线条件下生长，亦耐弱光。

（二）佛甲草（*Sedum lineare* Thunb.）

佛甲草又名万年草、佛指甲、半支连等，为景天科景天属多年生草本植物，无毛，茎高 10~20 cm。3 枚叶轮生，少有 4 枚叶轮或对生的；叶线形，长 20~25 mm，宽约 2 mm，先端钝尖，基部无柄，有短距。花序聚伞状，顶生，疏生花，宽 4~8 cm，中央有一朵有短梗的花，另有 2~3 分枝，分枝常再 2 分枝，着生花无梗；萼片 5 枚，线状披针形，长 1.5~7 mm，不等长，不具距，有时有短距，先端钝；花瓣 5 枚，黄色，披针形，长4~6 mm，先端急尖，基部稍狭；雄蕊10枚，较花瓣短；鳞片5枚，宽楔形至近四方形，长0.5 mm，宽0.5~0.6 mm。蓇葖略叉开，长4~5 mm，花柱短；种子小。花期4~5月，果期6~7月。

适应性强，耐寒、耐旱、耐盐碱、耐瘠，抗病虫害，容易栽培。

（三）麦冬（*Ophiopogon japonicus*（Linn. f.）ker-Gawl.）

麦冬又名沿阶草、书带草、麦门冬、寸冬，为百合科沿阶草属多年生常绿草本植物。成丛生长，高30 cm左右。根状茎短粗，具细长匍匐茎，有膜质鳞片。须根端或中部膨大成纺锤形肉质块根。叶基生成密丛、线形，略坚挺外弯，长10~50 cm，宽2~4 mm，边缘粗糙有细齿，主脉不隆起。花被6枚，基部短，披针形，浅紫色或青蓝色，形小。花柄极短，花期7~8月。浆果球形、碧蓝色，直径4~6 mm，果熟期11月。

喜温暖和湿润气候。宜土质疏松、肥沃、排水良好的壤土和沙质壤土，过沙和过黏的土壤，均不适于栽培麦冬。

（四）鸢尾（*Iris tectorum* Maxim.）

鸢尾又名蓝蝴蝶、紫蝴蝶、扁竹花等，为鸢尾科鸢尾属多年生草本。根状茎粗壮，二歧分枝，直径约1 cm，斜伸；须根较细而短。叶基生，黄绿色，稍弯曲，中部略宽，宽剑形，长15~50 cm，宽1.5~3.5 cm，顶端渐尖或短渐尖，基部鞘状，有数条不明显的纵脉。花茎光滑，高20~40 cm，顶部常有1~2个短侧枝，中下部有1~2枚茎生叶；苞片2~3枚，绿色，草质，边缘膜质，色淡，披针形或长卵圆形，长5~7.5 cm，宽2~2.5 cm，顶端渐尖或长渐尖，内包含有1~2朵花；花蓝紫色，直径约10 cm；花梗甚短；花被管细长，长约3 cm，上端膨大成喇叭形，外花被裂片圆形或宽卵形，长5~6 cm，宽约4 cm，顶端微凹，爪部狭楔形，中脉上有不规则的鸡冠状附属物，成不整齐的缝状裂，内花被裂片椭圆形，长4.5~5 cm，宽约3 cm，花盛开时向外平展，爪部突然变细；雄蕊长约2.5 cm，花药鲜黄色，花丝细长，白色；花柱分枝扁平，淡蓝色，长约3.5 cm，顶端裂片近四方形，有疏齿，子房纺锤状圆柱形，长1.8~2 cm。蒴果长椭圆形或倒卵形，长4.5~6 cm，直径2~2.5 cm，有6条明显的肋，成熟时自上而下3瓣裂；种子黑褐色，梨形，无附属物。花期4~5月，果期6~8月。

喜阳光充足、气候凉爽，耐寒力强，亦耐半阴环境。

（五）葱兰［*Zephyranthes candida*（Lindl.）Herb.］

葱兰别称葱莲、玉帘、白花菖蒲莲、韭菜莲、肝风草，为石蒜科葱莲属多年生草本。鳞茎卵形，直径约2.5 cm，具有明显的颈部，颈长2.5~5 cm。叶狭线形，肥厚，亮绿色，长20~30 cm，宽2~4 mm。花茎中空；花单生于花茎顶端，下有带褐红色的佛焰苞状总苞，总苞片顶端2裂；花梗长约1 cm；花白色，外面常带淡红色；几无花被管，花被6片，长3~5 cm，顶端钝或具短尖头，宽约1 cm，近喉部常有很小的鳞片；雄蕊6枚，长约为花被的1/2；花柱细长，柱头不明显3裂。蒴果近球形，直径约1.2 cm，3瓣开裂；种子黑色，扁平。

葱兰的习性有点特殊，虽然喜光，但却耐半阴；如在高大的树荫下或者在高墙的阴面种植较好；同时它还喜温暖，但也有较强的耐寒性；喜湿润，耐低湿；喜排水良好、肥沃而略黏质的土壤。

（六）金银花（*Lonicera japonica* Thunb.）

金银花又名忍冬，为忍冬科忍冬属多年生半常绿缠绕及匍匐茎的灌木。小枝细长，中空，藤为褐色至赤褐色。卵形叶对生，枝叶均密生柔毛和腺毛。夏季开花，苞片叶状，唇形花有淡香，外面有柔毛和腺毛；雄蕊和花柱均伸出花冠；花成对生于叶腋，花色初为白色，渐变为黄色，黄白相映。球形浆果，熟时黑色。花期 4~6 月（秋季亦常开花），果熟期 10~11 月。

适应性很强，喜阳、耐阴，耐寒性强，也耐干旱和水湿，对土壤要求不严，但以湿润、肥沃的深厚沙质壤土生长最佳，每年春、夏两次发梢；根系繁密发达，萌蘖性强，茎蔓着地即能生根。

屋顶配置中的应用：根系繁密发达，萌蘖性强，茎蔓着地即能生根，蔓生长量大，管理粗放，金银花由于匍匐生长能力比攀缘生长能力强，故更适合于做地被栽培；还可以作为绿化矮墙；亦可以利用其缠绕能力制作花廊、花架、花栏、花柱以及缠绕假山石等。

（七）玉簪［*Hosta plantaginea*（Lam.）Aschers］

玉簪又名白萼、白鹤仙，为百合科玉簪属多年生宿根草本花卉。根状茎粗厚，粗 1.5~3 cm。叶卵状心形、卵形或卵圆形，长 14~24 cm，宽 8~16 cm，先端近渐尖，基部心形，具 6~10 对侧脉；叶柄长 20~40 cm。花葶高 40~80 cm，具几朵至十几朵花；花的外苞片卵形或披针形，长 2.5~7 cm，宽 1~1.5 cm；内苞片很小；花单生或 2~3 朵簇生，长 10~13 cm，白色，芬芳；花梗长约 1 cm；雄蕊与花被近等长或略短，基部 15~20 mm 贴生于花被管上。蒴果圆柱状，有三棱，长约 6 cm，直径约 1 cm。花果期 8~10 月。

玉簪性强健，耐寒冷，性喜阴湿环境，不耐强烈日光照射，要求土层深厚、排水良好且肥沃的沙质壤土。

（八）酢浆草（*Oxalis corniculata* L.）

酢浆草为酢浆草科酢浆草属多年生草本，高 10~35 cm，全株被柔毛。根茎稍肥厚。茎细弱，多分枝，直立或匍匐，匍匐茎节上生根。叶基生或茎上互生；托叶小，长圆形或卵形，边缘被密长柔毛，基部与叶柄合生，或同一植株下部托叶明显而上部托叶不明显；叶柄长 1~13 cm，基部具关节；小叶 3 枚，无柄，倒心形，长 4~16 mm，宽 4~22 mm，先端凹入，基部宽楔形，两面被柔毛或表面无毛，沿脉被毛较密，边缘具贴伏缘毛。花单生或数朵集为伞形花序状，腋生，总花梗淡红色，与叶近等长；花梗长4~15 mm，果后延伸；小苞片 2 片，披针形，长 2.5~4 mm，膜质；萼片 5 片，披针形或长圆状披针形，长 3~5 mm，背面和边缘被柔毛，宿存；花瓣 5 片，黄色，长圆状倒卵形，长 6~8 mm，宽 4~5 mm；雄蕊 10 枚，花丝白色半透明，有时被疏短柔毛，基部合生，长短互间，长者花药较大且早熟；子房长圆形，5 室，被短伏毛，花柱 5 个，柱头头状。蒴果长圆柱形，长 1~2.5 cm，5 棱。种子长卵形，长 1~1.5 mm，褐色或红棕色，具横向肋状网纹。花果期 2~9 月。

性喜荫庇、湿润的环境，不耐寒；喜光，在露地全光下和树荫下均能生长，但全光下生长健壮，植株丰满，花多而繁；在湿润的环境条件下生长良好，干旱缺水时生长不良，可耐短期积水。

（九）蛇莓［*Duchesnea indica*（Andr.）Focke］

蛇莓别名鸡冠果、野杨梅、蛇藨、地莓、蚕莓、蛇婆、三爪凤、龙吐珠，为蔷薇科蛇莓属多年生草本。根茎短，粗壮；匍匐茎多数，长 30~100 cm，有柔毛。小叶片倒卵形至菱状长圆形，长 2~3.5（~5）cm，宽 1~3 cm，先端圆钝，边缘有钝锯齿，两面皆有柔毛，或上面无毛，具小叶柄；叶柄长 1~5 cm，有柔毛；托叶窄卵形至宽披针形，长 5~8 mm。花单生于叶腋，直径 1.5~2.5 cm；花梗长 3~6 cm，有柔毛；萼片卵形，长 4~6 mm，先端锐尖，外面有散生柔毛；副萼片倒卵形，长 5~8 mm，比萼片长，先端常具 3~5 枚锯齿；花瓣倒卵形，长 5~10 mm，黄色，先端圆钝；雄蕊 20~30 枚；心皮多数，离生；花托在果期膨大，海绵质，鲜红色，有光泽，直径 10~20 mm，外面有长柔毛。瘦果卵形，长约 1.5 mm，光滑或具不明显突起，鲜时有光泽。花期 6~8 月，果期 8~10 月。

喜阴凉、耐寒，在华北地区可露地越冬，适生温度 15~25 ℃。喜温暖湿润，不耐旱、不耐水渍。对土壤要求不严，田园土、沙壤土、中性土均能生长良好，宜于疏松、湿润的沙壤土生长。

蛇莓是优良的花卉，春季赏花、夏季观果。

四、一年生草花

（一）万寿菊（*Tagetes erecta* L.）

万寿菊别名臭芙蓉、万寿灯、蜂窝菊、臭菊花、蝎子菊、金菊花，为菊科万寿菊属一年生草本植物。高 20~90 cm；茎直立，粗壮，具纵细条棱，分枝向上平展；叶羽状分裂，长 5~10 cm，宽 4~8 cm，裂片长椭圆形或披针形，边缘具锐锯齿，上部叶裂片的齿端有长细芒；沿叶缘有少数腺体。头状花序单生，直径 5~8 cm，花序梗顶端棍棒状膨大；总苞长 1.8~2 cm，宽 1~1.5 cm，杯状，顶端具齿尖；舌状花黄色或暗橙色；长 2.9 cm，舌片倒卵形，长 1.4 cm，宽 1.2 cm，基部收缩成长爪，顶端微弯缺；管状花花冠黄色，长约 9 mm，顶端具 5 齿裂。瘦果线形，基部缩小，黑色或褐色，长 8~11 mm，被短微毛；冠毛有 1~2 个长芒和 2~3 个短而钝的鳞片。花期 6~10 月。

喜温暖、向阳，但稍能耐早霜，耐半阴，抗性强，对土壤要求不严，耐移植，生长迅速，栽培容易，病虫害较少。

（二）太阳花（*Portulaca grandiflora* Hook.）

太阳花又名大花马齿苋松叶牡丹、龙须牡丹、洋马齿苋、太阳花、午时花，为马齿苋科马齿苋属一年生或多年生肉质草本（市面常见植株为多年生，种子繁殖多为一年生），株高 15~20 cm。茎细而圆，茎叶肉质，平卧或斜生，节上有丛毛。叶散生或略集生，圆柱形，长 1~2.5 cm。花顶生，直径 2.5~5.5 cm，基部有叶状苞片，花瓣颜色鲜艳，有白、黄、红、紫等色。蒴果成熟时盖裂，种子小巧玲珑，银灰色。园艺品种很多，有单瓣、半重瓣、重瓣之分。

极耐瘠薄，一般土壤都能适应，而以排水良好的沙质土最适宜。

（三）鸡冠花（*Celosia cristata* L.）

鸡冠花别名鸡髻花、老来红、芦花鸡冠、笔鸡冠、小头鸡冠、凤尾鸡冠、大鸡公花、鸡角根、红鸡冠，为苋科青葙属一年生草本。株高 40~100 cm，茎直立粗壮。叶互生，长卵形或卵状披针形。肉穗状花序顶生，呈扇形、肾形、扁球形等。自然花期夏、秋至霜降。

生长期喜高温，全光照且空气干燥的环境，较耐旱不耐寒，繁殖能力强。

（四）一串红（*Salvia splendens* Ker-Gawl.）

一串红又名爆仗红、象牙红，为唇形科鼠尾草属亚灌木状草本。高可达 90 cm。茎钝四棱形，具浅槽，无毛。叶卵圆形或三角状卵圆形，长 2.5~7 cm，宽 2~4.5 cm，先端渐尖，基部截形或圆形，稀钝，边缘具锯齿，上面绿色，下面较淡，两面无毛，下面具腺点；茎生叶叶柄长 3~4.5 cm，无毛。轮伞花序 2~6 朵花，组成顶生总状花序，花序长达 20 cm 或以上；苞片卵圆形，红色，大，在花开前包裹着花蕾，先端尾状渐尖；花梗长 4~7 mm，密被染红的具腺柔毛，花序轴被微柔毛。花萼钟形，红色，开花时长约 1.6 cm，花后增大达 2 cm，外面沿脉上被染红的具腺柔毛，内面在上半部被微硬伏毛，二唇形，唇裂达花萼长 1/3，上唇三角状卵圆形，长 5~6 mm，宽 10 mm，先端具小尖头，下唇比上唇略长，深 2 裂，裂片三角形，先端渐尖。花冠红色，长 4~4.2 cm，外被微柔毛，内面无毛，冠筒筒状，直伸，在喉部略增大，冠檐二唇形，上唇直伸，略内弯，长圆形，长 8~9 mm，宽约 4 mm，先端微缺，下唇比上唇短，3 裂，中裂片半圆形，侧裂片长卵圆形，比中裂片长；能育雄蕊 2 枚，近外伸，花丝长约 5 mm，药隔长约 1.3 cm，近伸直，上下臂近等长，上臂药室发育，下臂药室不育，下臂粗大，不联合。退化雄蕊短小；花柱与花冠近相等，先端不相等 2 裂，前裂片较长。花盘等大。小坚果椭圆形，长约 3.5 mm，暗褐色，顶端具不规则极少数的皱折突起，边缘或棱具狭翅，光滑。

喜阳，也耐半阴，要求疏松、肥沃和排水良好的沙质壤土；适宜在 pH 值 5.5~6.0 的土壤中生长。

（五）三色堇（*Viola tricolor* L.）

三色堇别名三色堇菜、猫儿脸、蝴蝶花、人面花、猫脸花、阳蝶花、鬼脸花，为堇菜科堇菜属草本植物。茎高 10~40 cm，全株光滑。地上茎较粗，直立或稍倾斜，有棱，单一或多分枝。基生叶叶片长卵形或披针形，具长柄；茎生叶叶片卵形、长圆状卵形或长圆状披针形，先端圆或钝，基部圆，边缘具稀疏的圆齿或钝锯齿，上部叶叶柄较长，下部叶叶柄较短；托叶大型，叶状，羽状深裂，长 1~4 cm。花大，直径 3.5~6 cm，每个茎上有 3~10 朵，通常每朵花有紫、白、黄三色；花梗稍粗，单生叶腋，上部具 2 枚对生的小苞片；小苞片极小，卵状三角形；萼片绿色，长圆状披针形，长 1.2~2.2 cm，宽 3~5 mm，先端尖，边缘狭膜质，基部附属物发达，长 3~6 mm，边缘不整齐；上方花瓣深紫堇色，侧方及下方花瓣均为三色，有紫色条纹，侧方花瓣里面基部密被须毛，下方花瓣距较细，长 5~8 mm；子房无毛，花柱短，基部明显膝曲，柱头膨大，呈球状，前方具较大的柱头孔。蒴果椭圆形，长 8~12 mm。

较耐寒，喜凉爽，喜阳光，在昼温 15~25 ℃、夜温 3~5 ℃的条件下发育良好，忌高温和积水。

（六）矮牵牛（*Petunia hybrida* Vilm.）

矮牵牛别名碧冬茄、杂种撞羽朝颜、灵芝牡丹、毽子花、矮喇叭、番薯花、撞羽朝颜，为茄科碧冬茄属草本植物。株高 40~60 cm，全株有腺毛。叶互生，上部叶近对生，卵形，全缘，近无柄。花冠漏斗状，直径 5~18 cm，檐部 5 钝裂，或有皱褶、卷边、重瓣等型；花色极为丰富，如白、红、紫、蓝、黄及嵌纹、镶边等。花期 4 月至霜降，冬暖地区可持续开花。

喜温暖和阳光充足的环境；不耐霜冻，怕雨涝。

五、藤本植物

（一）爬山虎［*Parthenocissus tricuspidata*（Sieb. et Zucc.）Planch.］

爬山虎别名捆石龙、枫藤、小虫儿卧草、红丝草、红葛、趴山虎、红葡萄藤、巴山虎，为葡萄科爬山虎属多年生大型落叶木质藤本植物。在暖温带以南冬季也可以保持半常绿或常绿状态。老枝灰褐色，幼枝紫红色，髓白色，茎蔓粗壮，其上具有皮孔，分枝力强。卷须与叶对生，顶端有吸盘。掌状复叶，有长柄，上有三浅裂，裂片先端尖，基部楔形；小叶肥厚，卵状长椭圆形至倒长卵形，叶缘具粗锯齿，表面暗绿色，无毛，背面具有白粉，叶背叶脉处有柔毛。花多为两性，雌雄同株，聚伞花序着生在短枝上叶与叶之间，花期夏季。浆果小，球形，蓝黑色，10 月成熟。

喜阴，耐旱，耐寒，耐贫瘠，对土壤及气候适应能力强，栽培管理简单，生长快，短期内就能收到良好的绿化、美化效果。

屋顶配置中的应用：爬山虎是垂直绿化的优选植物。生长旺季，吸附攀缘能力强，常攀缘在墙壁甚至屋顶平台等，夏季苍翠，覆盖表面，具有降温、增湿的作用，是室外垂直绿化美化的优良材料。适于配植墙壁、围墙、庭园入口处、廊柱等处。可用于绿化房屋墙壁、山石，既可美化环境，又能降温、调节空气、减少噪声。

（二）五叶地锦［*Parthenocissus quinguefolia*（L.）Planch.］

五叶地锦又名五叶爬山虎，葡萄科爬山虎属。落叶大藤本，具分枝卷须，卷须顶端有吸盘。一二年即满布墙上，既可绿化又避炎暑。叶变异很大，通常宽卵形，先端多三裂，基部心形，边缘有粗锯齿。聚伞花序，常生于短枝顶端两叶之间。花小，黄绿色。浆果球形，蓝黑色，被白粉。花期 6 月，果期 10 月。分布于中国东北至华南各省区。朝鲜、日本也有分布。

喜光，稍耐阴，耐寒，对土壤和气候适应性强，但在肥沃的沙质壤土上生长更好。蔓茎纵横，密布气根，翠叶遮盖如屏，秋后入冬，叶色变红或黄色，十分艳丽，是垂直绿化主要树种之一。适于配植宅院墙壁、围墙、庭园入口处、桥头等处。

（三）常春藤［*Hedera nepalensis* K. Koch var. *sinensis*（Tobl.）Rehd.］

常春藤为五加科常春藤属多年生常绿攀缘灌木。长 3~20 m。茎灰棕色或黑棕色，光滑，有气生根；幼枝被鳞片状柔毛，鳞片通常有 10~20 条辐射脉。单叶互生；叶柄长 2~9 cm，有鳞片；无托叶；叶二型；不育枝上的叶为三角状卵形或戟形，长 5~12 cm，宽 3~10 cm，全缘或三裂；花枝上的叶椭圆状披针形至椭圆状卵形，稀卵形或圆卵形，全缘；先端长尖或渐尖，基部楔形、宽圆形、心形；叶上表面深绿色，有光泽，下面淡绿色或淡黄绿色，无毛或疏生鳞片；侧脉和网脉两面均明显。伞形花序单个顶生或 2~7 个总状排列，伞屋状排列成圆锥花序，直径 1.5~2.5 cm，有花 5~40 朵；花萼密生棕色鳞片，长约 2 mm，边缘近全缘；花瓣 5 枚，三角状卵形，长 3~3.5 mm，淡黄白色或淡绿白色，外面有鳞片；雄蕊 5 枚，花丝长 2~3 mm，花药紫色；子房下位，5 室，花柱全部合生成柱状；花盘隆起，黄色。果实圆球形，直径 7~13 mm，红色或黄色，宿存花柱长 1~1.5 mm。花期 9~11 月，果期翌年 3~5 月。

阴性藤本植物，也能生长在全光照的环境中，在温暖湿润的气候条件下生长良好，不耐寒。对土壤要求不严，喜湿润、疏松、肥沃的土壤，不耐盐碱。

屋顶配置中的应用：常春藤枝叶稠密，叶形美丽，四季常青，耐修剪，适于做造型，常作垂直绿化使用，多栽植于假山旁、墙根，让其自然附着垂直或覆盖生长，起到装饰美化环境的作用。它不仅可达到绿化、美化效果，同时也发挥着增氧、降温、减尘、减少噪声等作用，是藤本类绿化植物中用得最多的材料之一。

（四）美国凌霄［*Campsis radicans*（L.）Seem.］

美国凌霄别名美洲凌霄、洋凌霄，为紫葳科凌霄属落叶木质藤本植物。茎长 5~6 m，藤长可达 10 m 或更长。奇数羽状复叶对生，小叶椭圆形，长 3~5 cm，先端尖，约 9~13 枚，边缘具疏锯齿；叶背脉间有毛。聚伞花序着生枝顶，花序繁茂紧密，花冠较小，花萼浅裂，仅在上部 1/3 处裂开，花冠细长，呈漏斗形，筒部很长，为萼长的 3 倍。花筒橘红色，裂片及边缘鲜红色，径约 4 cm。果实圆筒状长椭圆形，长 8~12 cm。

喜温暖，好阳光，具很多簇生的气生根，攀缘能力强，可攀附树木、墙壁向上生长。比较耐寒，对土壤要求不严，在湿润、肥沃土壤中可旺盛生长。

屋顶配置中的应用：凌霄干枝虬曲多姿，翠叶团团如盖，花大色艳，花期甚长，管理粗放、适应性强，可观叶观花，是理想的屋顶垂直绿化材料。用作装饰棚架、花门，攀缘墙垣，均极适宜；点缀于假山间隙，繁花艳彩，经修剪、整枝等栽培措施，可成灌木状栽培观赏。

（五）南蛇藤（*Celastrus orbiculatus* Thunb.）

南蛇藤为卫矛科南蛇藤属落叶藤本。小枝光滑无毛，灰棕色或棕褐色，具稀而不明显的皮孔；腋芽小，卵状至卵圆状，长 1~3 mm。叶通常阔倒卵形，近圆形或长方椭圆形，长 5~13 cm，宽 3~9 cm，先端圆阔，具有小尖头或短渐尖，基部阔楔形到近钝圆形，边缘具锯齿，两面光滑无毛或叶背脉上具稀疏短柔毛，侧脉 3~5 对；叶柄细，长 1~2 cm。聚伞花序腋生，间有顶生，花序长 1~3 cm，小花 1~3 朵，偶仅 1~2 朵，小花梗关节在中部以下或近基部；雄花萼片钝三角形；花瓣倒卵椭圆形或长方形，长 3~4 cm，宽 2~2.5 mm；花盘浅杯状，裂片浅，顶端圆钝；雄蕊长 2~3 mm，退化雌蕊不发达；雌花花冠较雄花窄小，花盘稍深厚，肉质，退化雄蕊极短小；子房近球状，花柱长约 1.5 mm，柱头三深裂，裂端再二浅裂。蒴果近球状，直径 8~10 mm；种子椭圆状，稍扁，长 4~5 mm，直径 2.5~3 mm，赤褐色。花期 5~6 月，果期 7~10 月。

喜阳耐阴，抗寒耐旱，对土壤要求不严；栽植于背风向阳、湿润而排水好的肥沃、沙质壤土中生长最好，若栽于半阴处，也能生长。

（六）紫藤［*Wisteria sinensis*（Sims）Sweet］

紫藤别名藤萝、朱藤、黄环，为豆科紫藤属，为一种落叶攀缘缠绕性大藤本植物。茎右旋，枝较粗壮，嫩枝被白色柔毛，后秃净；冬芽卵形。奇数羽状复叶长 15~25 cm；

托叶线形，早落；小叶 3~6 对，纸质，卵状椭圆形至卵状披针形，上部小叶较大，基部 1 对最小，长 5~8 cm，宽 2~4 cm，先端渐尖至尾尖，基部钝圆或楔形，或歪斜，嫩叶两面被平伏毛，后秃净；小叶柄长 3~4 mm，被柔毛；小托叶刺毛状，长 4~5 mm，宿存。总状花序发自种植一年短枝的腋芽或顶芽，长 15~30 cm，直径 8~10 cm，花序轴被白色柔毛；苞片披针形，早落；花长 2~2.5 cm，芳香；花梗细，长 2~3 cm；花萼杯状，长 5~6 mm，宽 7~8 mm，密被细绢毛，上方 2 枚齿甚钝，下方 3 枚齿卵状三角形；花冠细绢毛，上方 2 枚齿甚钝，下方 3 枚齿卵状三角形；花冠紫色，旗瓣圆形，先端略凹陷，花开后反折，基部有 2 胼胝体，翼瓣长圆形，基部圆，龙骨瓣较翼瓣短，阔镰形，子房线形，密被茸毛，花柱无毛，上弯，胚珠 6~8 粒。荚果倒披针形，长 10~15 cm，宽 1.5~2 cm，密被茸毛，悬垂枝上不脱落，有种子 1~3 粒；种子褐色，具光泽，圆形，宽 1.5 cm，扁平。花期 4 月中旬至 5 月上旬，果期 5~8 月。

紫藤为热带及温带植物，对气候和土壤的适应性强，耐热、较耐寒，能耐水湿及瘠薄土壤，喜光，较耐阴。以土层深厚，排水良好，向阳避风的地方栽培最适宜。主根深，侧根浅，不耐移栽。生长较快，寿命很长。缠绕能力强，它对其他植物有绞杀作用。

屋顶配置中的应用：紫藤是优良的观花藤本植物，一般应用于园林棚架。先叶开花，春季紫花烂漫，紫穗满垂缀以稀疏嫩叶，十分优美。成年植株茎蔓蜿蜒屈曲，开花繁多，串串花序悬挂于绿叶藤蔓之间，瘦长的荚果迎风摇曳，用其攀缘棚架，制成花廊，或用其攀缘枯木，有枯木逢生之意。还可做成姿态优美的悬崖式盆景，繁花满树，老桩横斜，别有韵致。

（七）油麻藤（*Mucuna sempervirens* Hemsl.）

油麻藤又称牛马藤、常绿油麻藤、大血藤，豆科油麻藤属常绿木质左旋大藤本。茎长 30 m 以上，三出羽状复叶，互生，革质，顶生小叶卵状椭圆形，侧生小叶斜卵形，花大、蝶形，深紫色，称禾雀花，又叫雀儿花。

喜温暖、湿润环境。喜光、稍耐阴。性强健，抗性强，寿命长，耐干旱，宜生长于排水良好的腐殖质土中。

屋顶配置中的应用：生长迅速、蔓茎粗壮，叶繁荫浓，花序悬挂于盘曲老茎，形如小鸟，奇丽美观，是棚架和垂直绿化的优良藤本植物。适用于大型棚架、绿廊、墙垣等攀缘绿化，也可整形成不同形状的景观灌木。

（八）茑萝松［*Quamoclit pennata*（Desr.）Boj.］

茑萝松又名茑萝，为旋花科茑萝属的植物。单叶互生，叶的裂片细长如丝。花从叶腋下生出，花梗长寸余，上着数朵五角星状小花，颜色深红鲜艳，除红色外，还有白色的。花期从 7 月上旬至 9 月下旬，每天开放一批，晨开午后即蔫。茑萝细长光滑的蔓生茎，长可达 4~5 m，柔软，极富攀缘性，是理想的绿篱植物。喜光，不耐寒，抗逆性强。

屋顶配置中的应用：茑萝蔓叶纤细秀丽，当绿叶满架时，翠羽层层，娇嫩轻盈，随风拂动，倩影翩翩。花开时节，其花形虽小，但星星点点散布在绿叶丛中，活泼动人，是屋顶绿化中优良的观叶、观花植物。可搭架攀缘，整成各种形状，是优良的花架、篱垣、棚架绿化材料，还可作地被植物，不设支架，随其爬覆地面，或进行盆栽观赏，开花时极纤秀美丽。

（九）葛藤［*Argyreia seguinii*（Levl.）Van. ex Levl.］

葛藤又名白花银背藤、白背藤、旋花藤、藤续断、黄藤，为旋花科银背藤属藤本。藤蔓茎节落地生根，形成新植株，伏地蔓延或缠绕他物；全株有黄色长硬毛，茎长十余米，常铺于地面或缠于他物而向上生长。花蓝紫色或紫色，荚果。花期5~10月，果期7~10月。

葛藤系喜阳植物，适应性强。生长速度极快，不择土质，地上部经霜死亡，地下部能安全越冬，翌年能再生。必须有支架或灌木等支持，才能开花结实。

屋顶配置中的应用：葛藤是良好的覆被植物，蔓叶繁茂，藤条重叠，交错穿插，叶幕浓密而且花朵秀美。利用葛藤进行垂直绿化，既增添了绿意，使之富有生机，又可以有效地遮挡夏季阳光的辐射，降低建筑物温度，在屋顶绿化中可用于墙体、柱、廊、门、亭及棚架绿化等。同时葛藤分枝力强，生长旺盛，垂直、水平根系都很发达，纵横交错在土壤中，可以很好地降低地表径流。有防止雨水冲刷和表土流失能力，因此在屋顶绿化中也是良好的地被植物。

（十）扶芳藤［*Euonymus fortunei*（Turcz.）Hand. -Mazz.］

扶芳藤别名爬行卫矛，卫矛科卫矛属常绿或半常绿灌木，匍匐或攀缘，高约1.5 m。茎长可达5 m以上。枝叶繁密，小枝近四棱形。枝上通常生长细根并具小瘤状突起。叶对生，亮绿色，质厚或稍带革质。聚伞花序腋生，绿白色，近圆形。蒴果球形，淡橙色，种子外被橘红色假种皮。花期6~7月，果期9~10月。

喜温暖湿润的气候，喜光但也耐阴，根系发达，抗逆性极强，耐干旱、耐贫瘠、耐高温而且耐严寒。

屋顶配置中的应用：扶芳藤生长旺盛，终年常绿，其叶入秋变红，特别是它的彩叶变异品种，有较高的观赏价值。夏季黄绿相容，到了秋、冬季，则叶色艳红，扶芳藤有很强的攀缘能力，点缀墙角、山石、老树等，都极为出色。常用于掩盖墙面、山石，或攀缘在花格之上，形成一个垂直绿色屏障；垂直绿化配置树种时，可与爬山虎隔株栽种，使两种植物同时攀缘在墙壁上，到了冬天，爬山虎落叶休眠，扶芳藤叶片郁郁葱葱，显得格外优美。

六、绿篱

绿篱因其隔离作用和装饰美化作用，被广泛应用于公共绿地和庭院绿化中。北方常用的绿篱树种如下：

（一）小叶黄杨（*Buxus sinica* var. *parvifolia* M. Cheng）

小叶黄杨别名瓜子黄杨，为黄杨科黄杨属常绿灌木，高2 m。茎枝四棱，光滑，密集，小枝节间长3~5 mm。叶小，对生，革质，椭圆形或倒卵形，长1~2 cm，先端圆钝，有时微凹，基部楔形，最宽处在中部或中部以上；有短柄，表面暗绿色，背面黄绿，表面有柔毛，背面无毛，两面均光亮。花多在枝顶簇生；雄花具与萼片等长的退化雄蕊，花淡黄绿色，没有花瓣，有香气。枝叶茂密，叶片春季嫩绿，夏、秋深绿，冬季红褐色，经冬不落。生长慢，萌芽力强，耐修剪，抗性强，是园林绿化的主要树种和优良的绿篱树种。

喜肥沃、湿润土壤，忌酸性土壤。抗逆性强，耐水肥，抗污染，能吸收空气中的二氧化硫等有毒气体，有耐寒、耐盐碱、抗病虫害等许多特性。

屋顶配置中的应用：小叶黄杨树姿优美，叶小如豆瓣，质厚而有光泽，四季常青，春季嫩叶初发，满树嫩绿，十分悦目，可终年观赏。常用作绿篱、大型花坛镶边，修剪成球形或其他整形栽培，可制作盆景。

（二）大叶黄杨（*Buxus megistophylla* Thunb.）

大叶黄杨又名冬青、正木、扶芳树、四季青、七里香、日本卫矛，卫矛科卫矛属常绿灌木或小乔木。高 0.6~2.2 m，胸径 5 cm；小枝四棱形（或在末梢的小枝亚圆柱形，具钝棱和纵沟），光滑、无毛。叶革质或薄革质，卵形、椭圆状或长圆状披针形至披针形，长 4~8 cm，宽 1.5~3 cm（稀披针形，长达 9 cm，或菱状卵形，宽达 4 cm），先端渐尖，顶钝或锐，基部楔形或急尖，边缘下曲，叶面光亮，中脉在两面均凸出，侧脉多条，与中脉成 40°~50°角，通常两面均明显，仅叶面中脉基部及叶柄被微细毛，其余均无毛；叶柄长 2~3 mm。花序腋生，花序轴长 5~7 mm，有短柔毛或近无毛；苞片阔卵形，先端急尖，背面基部被毛，边缘狭干膜质；雄花 8~10 朵，花梗长约 0.8 mm，外萼片阔卵形，长约 2 mm，内萼片圆形，长2~2.5 mm，背面均无毛；雄蕊连花药长约 6 mm，不育雌蕊高约 1 mm，雌花萼片卵状椭圆形，长约 3 mm，无毛；子房长 2~2.5 mm，花柱直立，长约 2.5 mm，先端微弯曲，柱头倒心形，下延达花柱的 1/3 处。蒴果近球形，长 6~7 mm，宿存花柱长约 5 mm，斜向挺出。花期 3~4 月，果期 6~7 月。

喜光，稍耐阴，有一定的耐寒力；对土壤要求不严，在微酸、微碱土壤中均能生长，在肥沃和排水良好的土壤中生长迅速，分枝也多。

屋顶配置中的应用：冬青四季常青，树形优美，枝繁叶茂，枝叶碧绿青翠，是篱笆绿化首选苗木，且移栽成活率高，恢复速度快，是优良观赏树种，因此也是屋顶绿化中使用最多的灌木。宜在草坪上孤植，墙边、道路两侧列植，或散植于布景之中，葱郁可爱。采取老桩或抑生长使其矮化，可制作盆景。

（三）金叶女贞（*Ligustrum* × *Vicaryi* Hort.）

金叶女贞为木犀科女贞属半常绿小灌木。高 1~2 m，冠幅 1.5~2 m。单叶对生，椭圆形或卵状椭圆形，长 2~5 cm。总状花序，小花白色。核果阔椭圆形，紫黑色。金叶女贞叶色金黄，尤其在春、秋两季色泽更加璀璨亮丽。

适应性强，对土壤要求不严格；喜光，稍耐阴，耐寒能力较强，不耐高温高湿。在京津地区，小气候好的楼前避风处，冬季可以保持不落叶；抗病力强。

（四）石楠（*Photinia serrulata* Lindl.）

石楠别名红树叶、石岩树叶、水红树、千年红、扇骨木，蔷薇科石楠属木本植物，常绿乔木类。枝褐灰色，全体无毛。叶片革质，长椭圆形、长倒卵形或倒卵状椭圆形。花期 6~7 月，复伞房花序顶生，花瓣白色，近圆形，直径 3~4 mm，果 10~11 月成熟，果实球形，直径 5~6 mm，红色，后呈褐紫色。

喜光稍耐阴，对土壤要求不严，能耐短期-15 ℃的低温，萌芽力强，耐修剪，对烟尘和有毒气体有一定的抗性。

屋顶配置中的应用：石楠枝繁叶茂，枝条能自然发展成圆形树冠，终年常绿。其叶片翠绿色，具光泽，早春幼枝嫩叶为紫红色，枝叶浓密，老叶经过秋季后部分出现赤红色，夏季密生白色花朵，秋后鲜红果实缀满枝头，鲜艳夺目，是一个观赏价值极高的常绿阔叶乔木。根据屋顶绿化布局需要，可修剪成球形或圆锥形等不同的造型，孤植或基础栽植均可，丛栽使其形成低矮的灌木丛，可与金叶女贞、红叶小檗、扶芳藤、俏黄芦等组成美丽的图案，获得赏心悦目的效果。

（五）蔷薇（*Rosa multiflora* Thunb.）

蔷薇别名多花蔷薇、野蔷薇，为蔷薇科蔷薇属，直立、蔓延或攀缘灌木。多数被有皮刺、针刺或刺毛，叶互生，奇数羽状复叶边缘有锯齿；花单生成伞房状，花瓣开展，覆瓦状排列，花白色或略带红晕，有芳香，花单瓣、半重瓣或重瓣。果红色，近球形。花期6~7月，果期10~11月。

喜光，耐半阴，耐寒，耐旱，忌水涝。对土壤适应性强。

屋顶配置中的应用：蔷薇作为一种蔓性植物，枝繁叶茂，流条纤枝，初夏开花，花色白而含清香，花团锦簇，芳香清雅，花期持久，花后红果累累，叶入冬亦成红色，其花、叶、枝、干都有很高的观赏价值，繁花锦簇的观赏特性深受人们喜爱。可用花架、花格、绿门、绿廊，灯柱攀附装饰，或片植于山岩石壁和池边陡坡点缀，亦可作盆景。布于溪畔、路旁及园边、地角等处，往往密集丛生，满枝灿烂，微雨或朝露后，花瓣红晕湿透，景色颇佳。

七、抗污染树种

在屋顶绿化设计中要优先选用桑、合欢、广玉兰、无花果、石榴、棕榈等抗污染力较强的品种。

石榴（*Punica granatum* L.）

石榴别名安石榴、海石榴、若榴木、丹若、山力叶，石榴科石榴属落叶灌木或小乔木。株高2~5 m，树干灰褐色，有片状剥落，嫩枝黄绿、光滑，常呈四棱形，枝端多为刺状，无顶芽。单叶对生或簇生，矩圆形或倒卵形，全缘，叶面光滑，短柄，花1朵至数朵生于枝顶或叶腋；花萼钟形，肉质，先端6裂，表面光滑具蜡质，橙红色，宿存。花瓣5~7枚，红色或白色，单瓣或重瓣。浆果球形，黄红色。种子多数具肉质外种皮，9~10月果熟。

喜温暖、向阳的环境，耐旱、耐寒，也耐瘠薄，不耐涝和荫庇，对土壤要求不严，但以排水良好的夹沙土栽培为宜。

屋顶配置中的应用：石榴树姿优美，枝叶秀丽，初春嫩叶抽绿，婀娜多姿；盛夏繁花似锦，色彩鲜艳；秋季累果悬挂，春季观叶、夏季观花、秋季观果，美不胜收。可孤植或丛植于屋顶一角，对植于入口处，列植于小道之旁，也宜做成各种桩景和盆景观赏。

八、果树和蔬菜

矮化苹果、梨等可以作为微型的灌木来种植，处理为树墙或植物饰带。廊架上有丝瓜、葡萄、黄瓜、扁豆等；地上有青菜、辣椒、西红柿、草莓、大葱等各种蔬菜。

葡萄（*Vitis vinifera* L.）

葡萄为葡萄科葡萄属落叶藤本植物，长达 30 m。茎皮红褐色，老时条状剥落，卷须间歇性与叶对生。叶互生，近圆形，长 7~15 cm，3~5 掌状裂。花小，黄绿色，圆锥花序大而长。浆果椭球形或圆球形，熟时黄绿色或紫红色，有白粉。花期 5~6 月，果 8~9 月成熟。

性喜光，喜干燥及夏季高温的大陆性气候，冬季需要一定低温。耐干旱，怕涝。

屋顶配置中的应用：葡萄栽培历史悠久，葡萄既是著名的水果，又是很好的屋顶棚架植物，以搭架栽培、观果赏叶为主，既可观赏、遮阳，提供美的享受，又能生产出可食用的鲜美果品。当葡萄成熟的时候，一串串晶莹透亮的葡萄，像珍珠、似玛瑙，粒粒饱满，令人赏心悦目，垂涎欲滴。亦可盆栽，培育成集观赏、食用为一体的葡萄盆景，颇有雅趣，可为屋顶绿化增色不少。

我国丰富的植物资源为开拓绿化空间提供了有利条件。仅可用于垂直绿化的藤本植物，种类就有近千种，很多植物品种有待进一步开发。常绿、开花、耐旱、抗寒、观果等各色植物种类的充分利用，将更进一步提高绿化空间的质量。

第九章　屋顶绿化木本植物抗逆性研究

第一节　屋顶绿化木本植物耐热性研究

以河北省石家庄市某五层办公楼楼顶（垂直地面距离 19 m）为试验点进行盆栽木本植物耐热性试验。

一、实验设计

（一）试验材料

选择 8 种屋顶绿化木本植物：白榆（*Ulmus pumila* L.）、柳树（*Salix matsudana* Koidz.）、小叶杨（*Populus simonii* Carr.）、构树[*Broussonetia Papyrifera*（Linn.）L'Hér. ex Vent.]、杠柳（*Periploca sepium* Bunge）、金银木[*Lonicera maackii*（Rupr.）Maxim.]、金叶榆（*Ulmus pumila* cv. *jinye*）、珍珠梅[*Sorbaria sorbifolia*（L.）A.Br.]，均为二年生苗木。

栽培在内径 43 cm、内高 31 cm 的塑料盆内，基质为土壤、草炭、蛭石、珍珠岩按一定体积比（3∶2∶2∶1）配制而成。于 2010 年 6 月下旬选择长势基本一致的苗木，采集其枝条相同部位的功能叶片进行测定。

（二）试验方法

采集生长健壮、无病虫害的中上部相同部位的功能叶片，经去离子水清洗干净后，用打孔器打成 0.5 cm^2 的小圆片，分别称取 0.2 g，装入小烧杯中，分别放置在 35 ℃、40 ℃、45 ℃、50 ℃、55 ℃、60 ℃、65 ℃、70 ℃的恒温箱中 15 min，取出小烧杯加去离子水 10 mL 后在 25 ℃的恒温箱中放置 24 h，取出后用 DDS-AⅡ型电导率仪测定电导值（T_1）；然后，将小烧杯放至 100 ℃的恒温箱中 30 min，杀死植物组织，冷却 2 h 后在 25 ℃恒温下测定电导率值（T_2），重复 3 次，取平均值，以 25 ℃下植物叶片电导率为对照（T_{ck}）计算植物相对电导率。

$$细胞伤害率 = \frac{T_1 - T_{ck}}{T_2 - T_{ck}} \times 100\%$$

将处理温度与细胞伤害率用 Logistic 方程来拟合：

$$y = \frac{k}{1 + ae^{-bt}}$$

式中，y 代表细胞伤害率；t 代表处理温度；k 代表细胞伤害率的饱和容量，由于细胞伤害率消去了本底干扰，因而 $k = 100$；a、b 为方程参数。求出该曲线拐点时的温度，即为高温半致死温度（LT_{50}）。

二、实验分析

（一）细胞伤害率与处理温度的关系

叶片电导率是植物细胞膜稳定性的重要指标，是常用的衡量植物在遭受温度胁迫时受害程度的生理指标。细胞膜完整性丢失是植物受到的主要伤害之一，这种伤害直接导致细胞渗透性增加和电解质的渗漏，结果表现在可直接测量的相对电导率增加。因此，可以通过测定电导率反映植物受热伤害程度，从而反映不同植物耐热性的差异。

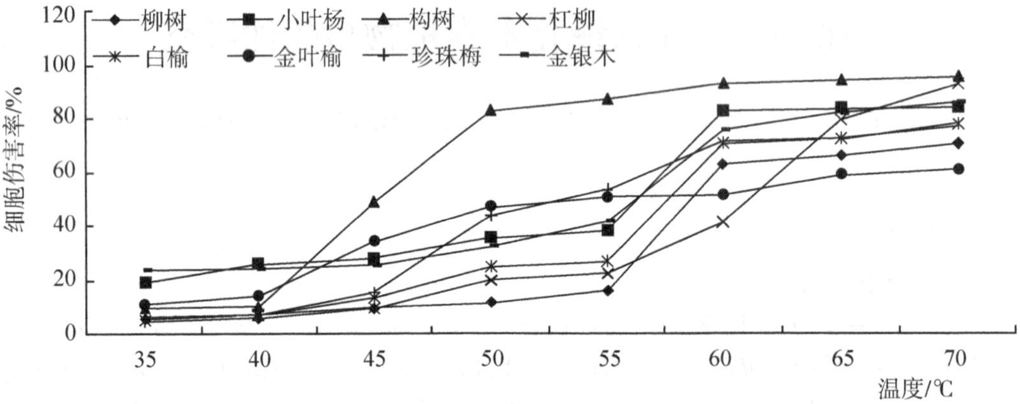

图 9-1　不同处理温度与细胞伤害率的关系

由试验可得，梯度高温处理下的细胞伤害率见图 9-1。由图 9-1 可知，不同植物在各处理温度下的细胞伤害率变化不同。随着处理温度升高，8 种植物叶片的细胞伤害率都呈现不同程度的递增趋势。不同植物叶片的细胞伤害率随着温度的升高都是先缓慢增加，经过某一高温时急剧增加，但这一高温值不尽相同，增加的幅度也有所差别。当温度升至 40 ℃时，各植物的细胞伤害率差异不大，小叶杨和金银木稍高；当温度升至 50 ℃时，柳树的细胞伤害率最小，为 11.54%，构树、金叶榆在此温度以后细胞伤害率增加缓慢；当温度升至 60 ℃时，杠柳的细胞伤害率最小，为 41.36%，表明脂膜损伤最轻。60 ℃左右以后，除杠柳的细胞伤害率继续上升外，其他植物的细胞伤害率虽然有所增加，但是增加相对缓慢。各植物细胞伤害率随处理温度的变化基本上呈“S”形变化。通过方差分析，不同处理温度对 8 种屋顶木本植物离体叶片的细胞伤害率影响达到显著水平（$F=751.95$，$P<0.01$）。

（二）转化细胞伤害率与处理温度的关系

为了确定 a、b 的值，将 Logistic 方程进行线性化处理，$\ln[(k-y)/y]=\ln a^{-bt}$，令 $y_1=\ln[(k-y)/y]$，则变成转化细胞伤害率（y_1）与处理温度（t）的直线方程。通过非线性回归的方法求得 a、b 值及相关系数 r。转化细胞伤害率（y_1）与处理温度（t）的关系见图 9-2。通过显著性测定，均达极显著水平（$F=48.36$，$P<0.01$），表明转化细胞伤害率（y_1）与处理温度（t）之间存在显著的直线关系。从图 9-2 可见，8 种植物在不同温度下的 y 点分布靠近回归线，表明植物叶片的细胞伤害率与处理温度的关系用Logistic方程描述较为合适。

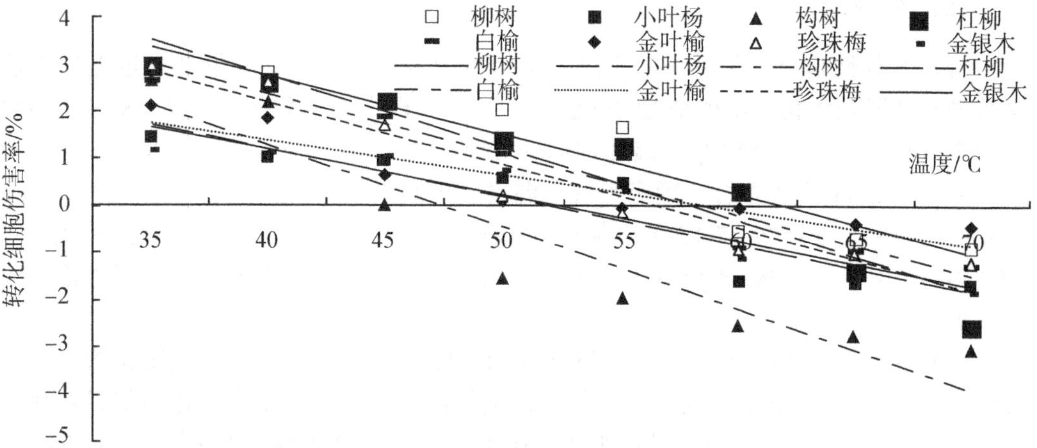

图 9-2　转化细胞伤害率与处理温度的关系

（三）半致死温度的确定

植物在生长发育过程中，有一个自我维持的温度范围，在这个温度界限内，植物能进行正常的新陈代谢而不致受到伤害。在高温情况下，植物能在一定时间内通过自我调节来适应环境温度，以保持生机。因此，不同程度的高温时期，植物忍耐的最高高温不同。

通过 Logistic 方程拟合得出不同植物的拐点温度，以确定半致死温度。8 种屋顶绿化木本植物的半致死高温见表 9-1。其中，杠柳、金银木的耐热能力最强，其 LT_{50} 分别为 65.30 ℃、63.80 ℃；其次是小叶杨、柳树、白榆，构树、金叶榆、珍珠梅的耐热能力最弱。

表 9-1　方程参数及半致死温度

供试材料	方程参数		相关系数	半致死温度/℃
	a	b	r	LT_{50}
柳树	16 247 521 910.74	0.413 7	0.951 16*	56.84
白榆	30 022.59	0.184 5	0.947 7*	55.87
小叶杨	162.56	0.088 0	0.887 9*	57.85
杠柳	9 285.50	0.139 9	0.977 843**	65.30
构树	29 193 997.72	0.383 6	0.995 171**	44.81
金叶榆	7 251.10	0.202 1	0.972 804*	43.98
珍珠梅	76 821.40	0.225 4	0.988 426*	49.91
金银木	111.54	0.073 9	0.926 9*	63.80

注：* 和 ** 分别表示拟合度达到显著或极显著水平。

三、实验结果

（1）耐热性是衡量屋顶绿化植物适应能力的重要指标之一。笔者通过电导率法来检测8种屋顶绿化木本植物的耐热能力，结果表现出一定程度的差异。8种屋顶绿化木本植物离体叶片经梯度高温处理后，处理温度与细胞伤害率之间呈“S”形曲线，通过Logistic方程拟合，确定半致死温度，由高到低依次为：杠柳65.30℃、金银木63.80℃、小叶杨57.85℃、柳树56.84℃、白榆55.87℃、珍珠梅49.91℃、构树44.81℃、金叶榆43.98℃。测定结果为屋顶绿化木本植物筛选提供了理论和应用依据。

（2）在热胁迫条件下，温度越高对植物细胞膜造成的损伤越大，细胞膜透性增大导致细胞内的电解质渗透率也增大。笔者以电解质50%的细胞伤害率作为临界致死高温的生理指标，得出构树的临界致死高温在45~50℃，金叶榆、珍珠梅在50~55℃，柳树、小叶杨、白榆、金银木的临界致死高温在55~60℃，杠柳在60~65℃。其结果与用Logistic方程得到的结果基本一致。

第二节　屋顶绿化木本植物抗旱性研究

以河北省石家庄市某五层办公楼楼顶（垂直地面距离19 m）为试验点进行盆栽木本植物抗旱性试验。

一、试验材料

材料为柳树（*Salix matsudana* Koidz.）、白榆（*Ulmus pumila* L.）、构树[*Broussonetia papyrifera*（Linn.）L' Hér. ex Vent.]、杠柳（*Periploca sepium* Bunge）、金叶榆（*Ulmus pumila* cv. *jinye*）、小叶杨（*Populus simonii* Carr.）、珍珠梅[*Sorbaria sorbifolia*（L.）A. Br.]、金银木[*Lonicera maackii*（Rupr.）Maxim.]、火炬树（*Rhus typhina* Nutt）、紫叶小檗（*Berberis thunbergii* DC. var. *atropurpurea* Chenault）、桑树（*Morus alba* L.）、红瑞木（*Swida alba* Opiz）、金叶女贞[*Ligustrum×Vicaryi* Hort.）、棣棠[*Kerria japonica*（L.）DC.]、大叶黄杨（*Buxus megistophylla* Lévl.）、臭椿[*Ailanthus altissima*（Mill.）Swingle]16种屋顶绿化木本植物，均为二年生扦插苗。

试验材料取自河北省林业科学研究院办公楼楼顶。柳树、白榆、构树、小叶杨、金银木、火炬、桑树、臭椿是通过调查河南、河北和山西等北方城市房檐、楼顶及墙缝中自然生长的木本植物，根据树木生长的矮化性、抗风性、抗旱性、抗寒性以及耐高温辐射等性能指标收集优良单株，经过无性繁殖后得到的苗木，其余为屋顶绿化中应用比较广泛、较耐旱耐瘠薄的树种。

二、实验设计

2010年4月中旬将试验植物以盆栽形式种植在河北林业科学研究院办公楼屋顶平台（距地面19 m）上，每种种植15盆，浇透水，以后每10 d浇1次，到5月初待缓苗后长势正常开始以自然降水为主，尽量不给予人工浇水。塑料盆内径×内高为 43 cm×31 cm，试验栽培基质采用土壤、草炭、蛭石、珍珠岩按一定体积配比（3∶2∶2∶1）而成。

根据石家庄的气候特点，5~6 月进行各项指标的测定，此期是植物生长期内最为干旱的时期。5 月初对试验材料浇透水，并进行人工控水，5 月 20 日进行第一次试验，之后每 15 d 即 6 月 5 日、6 月 20 日对试验材料的生理指标进行测定，测完即浇 1 次透水，一直持续到下次试验，连续测定 3 次；每次试验随机剪取植株中上部生长健壮、无病害的功能叶片，测定各项生长和生理生化指标。

三、测定指标和实验方法

（一）叶面积测定

采用北京雅欣理仪科技有限公司生产的 Yaxin-1241 叶面积仪进行测定，每个树种测定 5 片。

（二）相对含水量测定

取不同树种的叶片，剪成 1 cm^2 的小块，分别称取 0. 3 g，即样品鲜重（W_f），放入小烧杯中吸水 24 h 后称饱和重（W_t），然后将叶片放入 80 ℃烘箱中烘干 48 h 后称烘干重（W_d），计算样品相对含水量：*RWC*（组织含水量占饱和含水量的百分数）=（W_f-W_d）/（W_t-W_d）×100%。重复 3 次，取平均值。

（三）质膜相对透性（以相对电导率表示）测定

参照上海植物生理学会（1985）的方法，用上海雷磁仪器厂生产的 DDS-AⅡ型电导率仪进行电导率测定。

（四）可溶性糖含量测定

采用蒽酮比色法，用 7221 型分光光度计进行消光度测定。

四、实验结果

（一）干旱胁迫对植物叶面积的影响

植物器官的形态结构是与生理功能和生长环境密切相适应的。植物在水分胁迫下，体内细胞在结构、生理及生物化学上发生一系列适应性改变后，最终要在植物形态上有所表现。其中，叶在形态结构上的变异性和可塑性是最大的，叶面积的大小在一定程度上反映了品种抗旱性强弱。水分胁迫下树木的叶面积会受到抑制，研究结果表明，叶面积的大小与品种的抗旱性强弱一致。供试植物的叶面积大小见表 9-2。

表 9-2　干旱胁迫下植物叶面积的变化（单位：mm^2）

植物种类	5 月 20 日	6 月 5 日	6 月 20 日
柳树	636. 18±203. 05	713. 68±134. 22	592. 28±135. 79
白榆	508. 50±98. 94	465. 46±71. 09	336. 68±28. 13
构树	3 690. 88±999. 91	2 923. 62±665. 79	3 398. 02±860. 26
杠柳	668. 86±146. 38	893. 30±67. 10	584. 23±68. 94

续表

植物种类	5月20日	6月5日	6月20日
金叶榆	165.07±31.76	285.42±86.46	224.12±28.62
小叶杨	2 707.52±479.61	2 604.02±915.89	3 091.32±878.95
珍珠梅	469.86±105.89	442.06±123.32	692.12±136.57
金银木	619.38±85.12	658.36±108.13	550.52±159.17
火炬树	1 698.98±294.23	1 523.78±356.70	865.02±265.87
紫叶小檗	137.70±28.40	140.93±36.74	189.04±19.72
桑树	6 461.08±1 985.27	7 580.12±1 107.96	6 101.50±1 875.43
红瑞木	1 862.12±367.47	1 767.02±459.83	2 585.66±770.96
金叶女贞	203.63±71.35	401.40±81.40	438.38±48.63
棣棠	809.54±282.52	775.48±33.59	924.02±214.10
大叶黄杨	613.48±58.68	684.63±267.56	541.44±164.51
臭椿	1 420.44±535.41	1 405.24±149.66	1 527.78±442.38

从表9-2可以看出，桑树的叶面积最大，在6 000 mm^2以上；其次为构树、小叶杨、红瑞木叶面积在2 600 mm^2以上；紫叶小檗、金叶女贞、白榆的叶面积最小。叶面积小可以使植物维持一定的光合和蒸腾速率，从而控制失水以适应水分亏缺的环境条件。

不同干旱时期各植物的叶面积大小不同。随着自然干旱的持续，各树种的叶面积大小随环境的变化而发生变化，这是叶片在干旱胁迫条件下的适应性变化。由于干旱胁迫致使植物的叶片细胞分裂能力下降，叶面积扩展缓慢，叶面积较小。叶面积大小与植物能量吸收密切相关，叶面积变小可以减小蒸腾量，有利于水分的保持和水分利用率的提高。

（二）干旱胁迫对叶片相对含水量的影响

植物从环境中不断吸收水分以满足正常生命活动的需要，而不同的树种，其含水状况是有差异的，树木体内含水量的高低在一定程度上反映了树木适应于干旱环境的能力。因而，在研究植物的抗旱性时，首先要考虑其水分生理指标。相对含水量的大小，反映了植物体内生理生化代谢的活跃程度，可作为比较不同植物保水能力、需水程度、抗旱性相对大小的水分生理指标。水分散失主要由叶子来承担，试验采用相同的基质在环境状况相同的情况下，相对含水量越小，说明植物水分亏缺越严重，抗旱性越弱；反之，其生理功能代谢旺盛，适应干旱能力强。各植物 *RWC* 的变化见图9-3。

从图9-3可以看出，在自然干旱胁迫下，不同的干旱时期，由于环境条件的差异，不同植物表现出不同的变化趋势。柳树、杠柳、金叶榆、珍珠梅、金银木、臭椿、红瑞木呈现先降低后上升的趋势，干旱前期植物叶片相对含水量较高，这可能是由于植物在干旱初期，呼吸短时间上升，导致根系吸水能力增强，造成其体内相对含水量暂时增高。构树、紫叶小檗、桑树呈先升高后降低的趋势；小叶杨、火炬树、大叶黄杨整体上呈升高的趋势，说明树种在经过一段时间的干旱锻炼后，适应性增强；白榆、红瑞木、金叶女贞、棣棠叶片含水量变化不明显，说明抗旱性稳定。

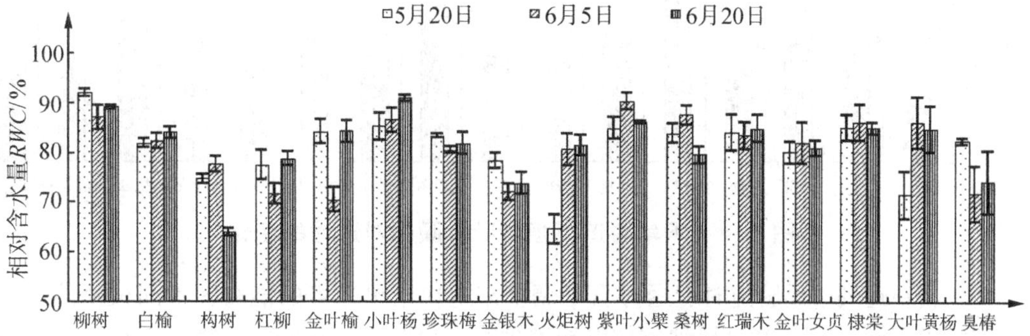

图 9-3　干旱胁迫下植物叶片含水量的变化

叶片含水量是植物自身通过水分调节应对干旱环境能力的表现。16 种植物中柳树、小叶杨、紫叶小檗、棣棠三个时期的叶片含水量都维持在 85%以上，说明这些树种在干旱过程中叶片保水、抗脱水能力最强，适应干旱能力最强。此外，叶片形态结构与叶片含水量的大小和稳定性有很大关系，如表皮附属物能够反射阳光，减少叶片表面空气流动，降低蒸腾作用；细小的叶形可以减少水分蒸发的面积；叶片越厚储水能力相对越强；角质层能限制水蒸气的丧失等。

对不同植物在不同干旱胁迫下的叶片含水量进行方差分析，结果表明，植物主效应（$F=33.19$）和植物与时间交互效应（$F=9.35$）均达到了极显著水平（$P<0.01$），时间主效应差异不显著。采用 Duncan 法对植物主效应做多重对比可以得出，柳树、小叶杨、紫叶小檗、棣棠的叶片含水量最高，构树、金银木、火炬树、杠柳、臭椿的叶片含水量最低。

（三）干旱胁迫对叶片质膜相对透性的影响

随着生物研究不断深入，在植物抗旱生物膜结构功能研究方面也取得了较大进展，植物干旱失水时，细胞原生质膜的结构和功能首先受到伤害。若将受伤害的组织浸入无离子水中，其外渗液中电解质的含量比正常组织中含量增加。组织受伤害越严重，电解质含量增加越多。用电导仪测定外渗液电导率的变化，可反映出质膜受伤害的程度。不同干旱时期测得的植物叶片相对电导率的动态变化见图 9-4。

从图 9-4 可以看出，在自然干旱胁迫下原生质膜是不断变化的，不同植物对干旱的响应存在差异。构树、杠柳、金银木、红瑞木、金叶女贞的细胞膜透性呈逐渐下降的趋势，柳树、白榆、珍珠梅、臭椿呈先下降后趋于平稳的状态，说明这些树种经过前一个阶段的抗旱锻炼，树种对干旱的适应能力逐渐增强，一些树种趋于稳定；金叶榆、小叶杨、火炬树、紫叶小檗、桑树、棣棠的细胞膜透性呈先降低后升高的变化趋势，大叶黄杨呈先上升后下降的趋势，说明这些树种的膜稳定性相对较低，对干旱的反应比较敏感。

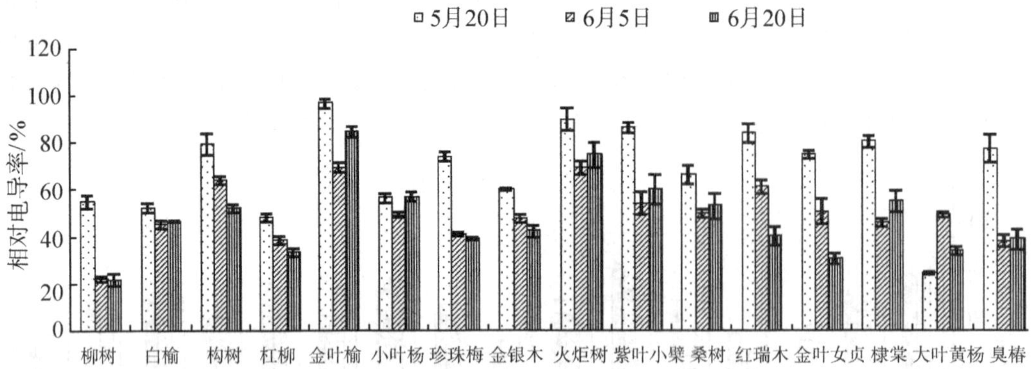

图 9-4 干旱胁迫下植物叶片膜相对透性的变化

植物在遇到干旱胁迫时有通过自身调节来适应干旱逆境的能力，不同植物的自我调节能力不同。5 月 20 日树种整体电导率偏高，说明干旱初期，植物对干旱环境比较敏感，尚未做好抵御干旱的准备，细胞膜的损伤较大，稳定性降低，致使细胞内的电解质大量外渗，电导率增大。随着自然干旱的延续，植物对干旱做出积极响应。6 月 5 日，除大叶黄杨外，其余各树种的相对电导率都有不同程度的下降，说明植物通过自身的调节对干旱环境有了一定的适应能力，抗旱能力增强。6 月 20 日，各树种变化出现差异，一些树种叶片细胞膜透性继续降低，一些树种则增大，这可能是由于环境变化和植物自身因素综合作用的结果。

对不同植物在不同时间胁迫下的叶片质膜透性进行方差分析，结果表明，植物主效应（$F=165.78$）和时间主效应（$F=651.88$）及植物与时间交互效应（$F=27.51$）均达到了极显著水平（$P<0.01$）。采用 Duncan 法对植物主效应做多重对比，可以得出，柳树、大叶黄杨、杠柳、白榆的相对电导率最小。电导率相对越小，说明质膜受伤害程度越小，植物脱水能力越强，抗旱性越强。

（四）干旱胁迫对可溶性糖含量的影响

水分胁迫下植物的渗透调节能力与抗旱性呈正相关，可溶性糖不仅是植物参与渗透调节维持细胞膨压的重要物质之一，也是有机物的主要储存形式。植物在逆境胁迫条件下，植物体内的可溶性糖会大量积累，它对细胞膜和原生质体有一定保护作用，还起到保护酶类的作用，它们的积累量越大，植物的抗旱性越强。

从图 9-5 可以看出，植物在干旱胁迫下，可溶性糖含量的差别较大。金叶女贞叶片的可溶性糖含量最高，为 2.65%，火炬树、小叶杨、杠柳可溶性糖含量也较高，分别为 1.97%、1.63%、1.46%，说明这些植物可以通过增加体内的可溶性糖含量来发挥其渗透调节作用。金叶榆、构树叶片的可溶性糖含量非常低，为 0.32%、0.60%，说明在干旱胁迫下，植物光合速率下降，呼吸速率增加，导致可溶性糖含量的降低。这说明在干旱胁迫下，植物通过可溶性糖来发挥其渗透调节的作用小。

五、实验结果

（1）植物抗御干旱的过程是从植物的形态、结构到各生理指标的综合变化过程。

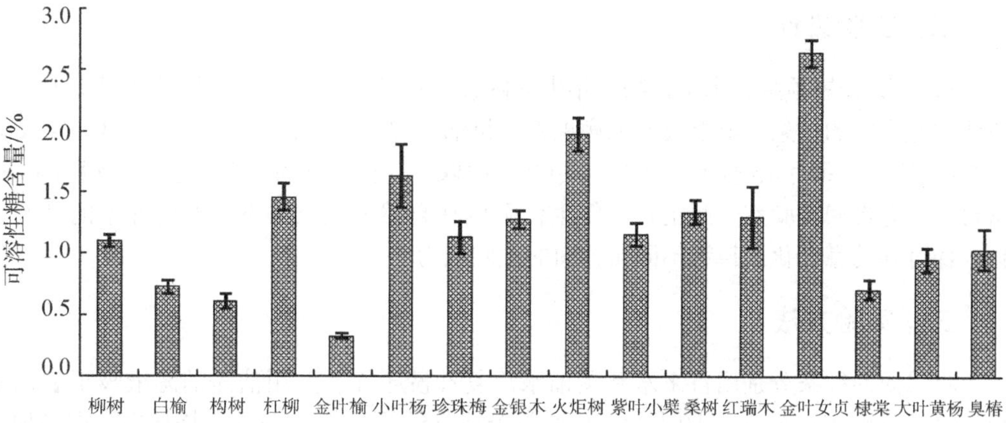

图 9-5 干旱胁迫下植物叶片可溶性糖含量比较

试验分析了干旱胁迫条件下各树种的生理生化变化，对 16 种木本植物的抗旱性强弱进行了评定，结果表明，柳树、小叶杨、白榆、杠柳的抗旱性最强；金叶女贞、桑树、紫叶小檗、棣棠、红瑞木、珍珠梅、金银木、臭椿、大叶黄杨的抗旱性中等；金叶榆、构树、火炬树的抗旱性最弱。

（2）评价植物的抗旱性可以通过测定综合抗旱指标来完成。本试验选取叶片细胞膜透性和叶片含水量作为抗旱性的生理指标，试验结果经方差分析均达到显著水平。自然干旱胁迫条件下，从叶片含水量判定 16 种木本植物的抗旱性强弱，柳树、小叶杨、紫叶小檗、棣棠的叶片保水力和抗脱水能力最强；从叶片质膜透性判定 16 种木本植物的抗旱性强弱，柳树、大叶黄杨、杠柳、白榆的质膜透性最小，抗旱性最强。因此，自然干旱胁迫条件下植物体内水分状况和质膜透性的大小能较好地反映植物的抗旱能力，可作为屋顶绿化木本植物抗旱性比较的重要指标。

第三节 屋顶绿化木本植物抗寒性研究

以河北省石家庄市某五层办公楼楼顶（垂直地面距离 19 m）为试验点进行盆栽木本植物抗寒性试验。

一、实验材料

以适宜屋顶上生长的白榆(*Ulmus pumila* L.)、柳树(*Salix matsudana* koidz.)、构树[*Broussonetia papyrifera* (Linn.) L’ Hér. ex Vent]、杠柳(*Periploca sepium* Bunge)、小叶杨(*Populus simonii* Carr.)、金银木[*Lonicera maackii*(Rupr.)Maxim.]、桑树(*Morus alba* L.)和较适宜屋顶绿化的金叶榆(*Ulmus pumila* cv. *jinye*)、珍珠梅[*Sorbaria sorbifolia*(L.) A. Br.]、棣棠[*Kerria japonica* (L.) DC.]、红瑞木(*Swida alba* Opiz)、金叶女贞(*Ligustrum* × *Vicaryi* Hort.)等 12 种木本植物为实验材料。

二、实验设计

选取12种屋顶绿化木本植物一年生休眠枝，树龄为二年。每个树种随机剪取5个树体中部外围的枝条，要求枝条无病虫害、粗细均匀，有代表性。分别于2010年12月至2011年2月每月15日上午7:00~8:00集中取样，将取下的材料迅速装入塑料袋中，密封，快速带回实验室。测定其一年生休眠枝在自然降温条件下相对电导率的动态变化，探讨其动态变化规律和不同树种间的抗寒能力。

三、实验方法

将采回的枝条分别用自来水和蒸馏水反复冲洗干净，并用洁净的滤纸吸干表面水分。将枝条剪成0.5 cm长的小段，称取每个枝条样品1.0 g，放入小烧杯中，准确加入10 mL去离子水，使材料充分浸入水中，保持10 h。随后用DDS-AⅡ型电导仪测定其电导值（T_1），然后再将小烧杯置于100 ℃恒温箱中1.5 h，杀死植物组织，取出后放置10 h，测定电导值（T_2），每个树种样品重复3次。以相对电导率标识细胞膜透性的大小。计算公式：

$$相对电导率(\%) = T_1/T_2 \times 100\%$$

四、实验分析

（一）不同屋顶绿化木本植物抗寒性动态变化

细胞膜是分隔细胞质和胞外成分的屏障，又是细胞与环境发生物质交换的主要通道，也是细胞感受低温胁迫最敏感的部位。低温胁迫对植物的伤害是多方面的。在低温胁迫下，膜的生物、物理、化学状态发生变化，膜脂组成和透性发生变化，这会导致植物质膜选择透性的改变或丧失，而膜透性的增加与外渗电导率呈正相关，膜透性的测定可以作为植物抗寒性研究中的一个生理指标。Dexter等（1932）的测试表明，植物遭受寒害时，细胞内的离子（主要是K^+）及其他溶质外渗。将遭受冻害的组织浸泡于蒸馏水或无离子水中，细胞内离子就会外渗到水溶液中，结果使浸泡组织的水溶液的电导率增加。此电导率的大小与组织受寒害的程度呈正相关。因此建立了植物寒害和抗寒性的电导测定法。植物新鲜的枝条经自然或人为的低温刺激，其植物细胞的生理功能和结构遭到损害，在同一低温条件下，不同细胞被破坏的程度各异。植物细胞在低温胁迫下外渗的K^+和其他溶质多，电导率高，表明其抗寒性弱；反之，破坏少，电导率低，抗寒性就强。当受害程度较轻时，透性变化是可逆的；但受害严重时，就不能恢复正常，发生伤害或死亡。电解质的渗出率能够直观地反映植物膜结构和功能的完整性，电解质渗出率是评价植物抗寒性极为有效的指标，几乎可以单独地用于植物抗寒性评价中，且结果是可靠的。实验采用电导法测定了2010年12月至2011年2月不同月份供试树种枝条在自然降温过程中的相对电导率动态变化，结果见图9-6。

（二）不同时期树种相对电导率的动态变化

越冬过程中温度呈现先迅速降低之后逐渐回升的动态变化规律。在自然降温过程

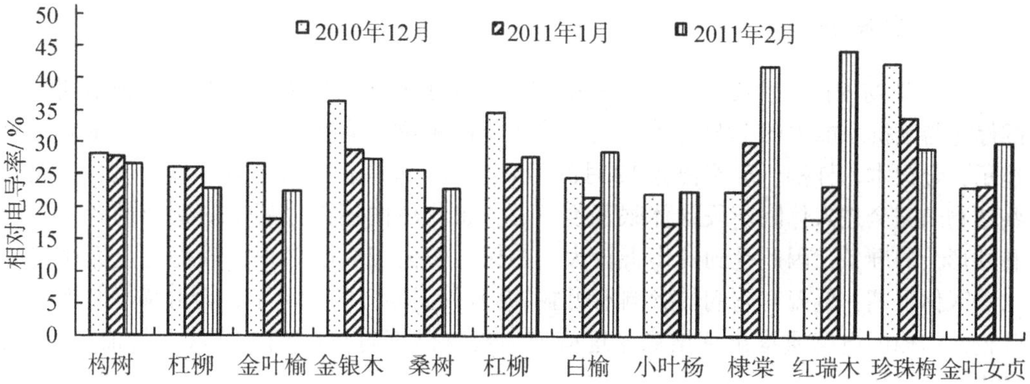

图 9-6 冬季自然条件下不同树种相对电导率变化

中，12 个树种枝条细胞透性对低温的响应存在差异。12 月中旬气温进入冬的最低点，低温诱导使枝条细胞膜保护酶活力增加和渗透调节物质增加，适应能力逐渐增强，抗寒性增加；1 月中旬是全年温度最低的时期，经过前一阶段的抗寒锻炼，树种的抗寒性达到最高；2 月中旬，随着温度缓慢回升，树种抗寒性开始减弱。从图 9-6 可以看出，在冬季自然条件下，12 种树种枝条浸出液的相对电导率均发生了明显变化。构树、柳树、金银木等 3 个树种在冬季自然条件下呈现出逐渐降低趋于平稳的态势，说明其休眠程度深，抵御寒冷程度高，抗寒能力强；珍珠梅在冬季自然条件下一直呈现急剧下降趋势，结合形态观测结果，这可能与其前期受到冻害较重，御寒机制建立较晚有关；金叶榆、桑树、杠柳、白榆、小叶杨则呈现出先降低后略微升高的趋势，说明其休眠程度浅，抵御寒冷程度较高，抗寒能力比较强；棣棠、红瑞木、金叶女贞等 3 个树种相对电导率一直在升高，分别较前期提高 19. 51%、26. 24%、6. 88%，这可能与其休眠时间短，已经度过休眠期，萌动时间早，树液开始流动有关，这与张吉立等研究冬季自然条件下 4 种彩叶植物抗寒生理时的结果有相似之处。

（三）不同树种抗寒性差异

植物抗寒能力的强弱通常指植物在引种地整个冬季所表现出的抗寒能力。从图 9-6 可以看出，进入 12 月温度持续降低，这一时期各树种受到降温刺激后细胞膜透性增大，生理代谢过程逐步调整，激素、渗透调节物及保护酶等含量迅速升高，为应对冬季低温做好了准备，金银木、杠柳、珍珠梅相对电导率较其他树种偏高，说明其进入休眠较晚，抵御寒冷的能力较弱，这与形态观察基本一致，部分枝条受到寒害出现干梢。12 月到翌年 1 月，温度进一步降低，构树、柳树、金叶榆、金银木、桑树、杠柳、白榆、小叶杨、金叶女贞等树种的相对电导率低，表现出较强的稳定性，表明树种细胞内的低温保护物质含量趋于稳定，适应能力提高，树种抗寒性进入稳定期。1 月到 2 月，温度缓慢回升，构树、柳树、金银木、杠柳相对电导率依然稳定，说明其抗寒性稳定；金叶榆、桑树、白榆、小叶杨相对电导率略有升高，说明树种抗寒性较稳定；棣棠、红瑞木相对电导率明显升高，表明其开始调整体内的生理代谢，进入“脱锻炼”并开始生长，抗寒性迅速下降，容易受到“倒春寒”的冻害。

五、实验结果

（1）植物的抗寒性受多种因素的影响，其抗寒生理过程错综复杂。植物早期生长的停止与其抗寒能力的上升有关，生长停止早的植物具有较强的抗寒能力。试验结果显示，金银木、杠柳、珍珠梅等12月的相对电导率最高，并且下降幅度较大，表明这些植物未完全进入休眠阶段或休眠程度不够，植物体内还未做好适应低温的各种生理和外形上的准备，因此受到的伤害较大。构树、柳树相对电导率比较稳定，表明树种已进入休眠期，低温对它们的影响不明显。2月气温回升的情况下，金叶榆、杠柳、小叶杨、白榆的电解质渗出率增高，这应该与树体已度过休眠期，树液开始流动有关，值得进一步研究。

（2）环境对植物抗寒性的影响是一个直接和重要的因素。冬季自然降温条件下，不同树种枝条细胞膜透性变化差异显著，构树、柳树、金银木等3个树种在冬季自然条件下呈现出逐渐降低趋于平稳的态势；金叶榆、桑树、杠柳、白榆、小叶杨等呈现出先降低后略微升高的趋势；棣棠、红瑞木、金叶女贞等3个树种相对电导率一直在升高。研究木本植物，尤其是园艺植物的低温驯化及其抗寒能力的研究具有很高的经济价值，自然条件下屋顶绿化木本植物抗寒能力可以反映其动态变化规律，更有实际价值。开展屋顶绿化木本植物低温适应的机制和抗寒性评价将成研究热点。

第十章　屋顶绿化施工与建造

近年来，随着人们生态意识的逐渐增强，人民渴望绿色、享受自然的欲望越来越强，许多城市结合园林城市创建，积极推进立体绿化，特别是屋顶绿化，出台相关的政策法规，积极开展屋顶绿化尝试，以增加中心城区绿地面积，改善城市生态环境，这无疑为发展屋顶绿化提供广阔的空间。

进行屋顶绿化，做好设计是十分必要的，如果设计中某一项缺失或失效都会造成屋顶绿化的损毁。其次，屋顶绿化建设时要做好详细的施工方案，设计人员还要充分考虑建筑结构、水电条件等，使园林设计与屋顶设计相得益彰，完美结合。

屋顶绿化的建设主要包括：屋顶防水、排水系统，道路设置，种植工程以及灌溉系统等。

第一节　屋顶绿化设计

一、设计原则

屋顶绿化的设计原则主要包括四个方面：安全性、经济性、功能性和美化性。

1. 安全性　建筑物的顶部作为屋顶绿化的承重载体，设计时必须充分考虑屋顶的承重、防水、排水，人员安全，以及屋顶四周防护栏杆的安全，使屋顶绿化景观建立在能够维持建筑屋面正常使用基础之上。屋顶建筑设计静荷载在大于或等于 250 kg/m^2 时，方可以建造花园式屋顶绿化。屋顶建筑设计静荷载在大于或等于 100 kg/m^2 时，只能适合建造简单式屋顶绿化。对于旧房屋的屋顶绿化，由于原建筑设计活荷载较小，应进行荷载评估和结构验算，根据实际的荷载和结构进行相应的设计。

2. 经济性　屋顶绿化的主要目的是改善城市生态环境，为人们生活提供一个良好的城市环境。合理、经济地利用城市空间环境，是城市规划者、建设者、管理者共同追求的目标。以精品园林小景的布局，达到环境效益和经济效益有机结合。由于屋顶绿化同样需要一定的管理和维护费用，因此在营建时要根据经济条件，充分考虑管理的方便和节省。

3. 功能性　花园式屋顶绿化一般属于私密性或半私密的园林空间，有相对固定的或特定的使用群体，一般人流较小。因此，设计时应根据使用者的行为模式，求精求细而不必求全，注重使用功能的舒适性、合理性和方便性，强调使用者在游憩过程中与自然的亲和性，使之流连忘返。而简单式屋顶绿化在功能上则更注重其生态功能，如地下车库、商场等地下建筑物顶部的绿化，立交桥绿化等在改善空气质量方面起到很大的作用，因此在考虑此功能性设计的时候，要特别注重其养护的粗放性和便利性。

4. 美化性 屋顶绿化是为人们提供优美的游憩环境，能使人产生美感，给人以情感上的愉悦，令人赏心悦目。由于屋顶绿化在造园条件上与露地花园存在着很大差异，由于其场地较小，所处环境和场地受建筑平面限制较大，所以要求屋顶花园的建造要突出精美的特点。简单式轻型的绿化，以草坪为主，配置多种地被和花灌木等植物，讲求整体景观色彩和效果。花园式屋顶花园的设计要求精巧、别致、风格独特，屋顶花园是建筑与造园艺术相互结合的精品。屋顶绿化、垂直绿化既在功能上起到节能效果，也在视觉上改变旧有建筑的传统风格，例如墙面绿化，改变了旧有建筑外墙的概念，给传统的钢筋混凝土赋予了大自然的翠绿与绚烂。

二、设计要求

在进行屋顶绿化设计时，首先要考虑基质层厚度和材料的密度，以确定屋顶的荷载和承重量。一般厚度 10 cm 时，每平方米砾石为 150~180 kg、普通园土约 170 kg、珍珠岩为 50 kg、蛭石为 10 kg。其次要考虑到植物覆盖及灌溉、降水后的质量等，如果有人为活动，还应考虑设置园路等。

根据屋顶绿化建设的要求，还要考虑降水影响。通常屋顶都会有一定的坡度，以利于排除屋面雨水。设计时要考虑到坡度大的地方，雨水留存少、散失快，应因地制宜采取相应的技术措施。

设计时要注重乔木、灌木、草本的高矮疏密错落有致，色彩搭配和谐合理；要充分利用各种植物种植形式：地毯式种植、花池种植、花境种植、模纹花坛式种植、盆栽式种植、棚架式种植、自然式种植等。

一般屋顶花园屋面面层结构从上到下依次是：植被层、基质层、过滤层、排（蓄）水层、隔根层、屋面防水层、现浇混凝土楼板或预制空心楼板层等，屋顶绿化构造见图 10-1。

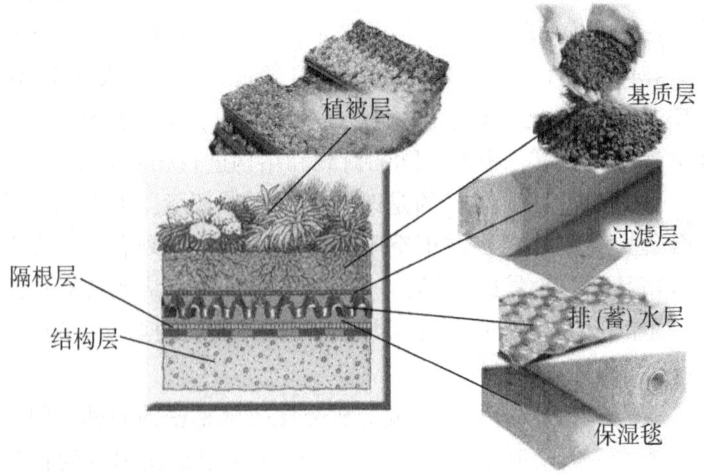

图 10-1　屋顶绿化构造示意图

第二节 施工前期准备

一、施工步骤

屋顶绿化与地面绿化有相似之处，但也有一定差别，进行屋顶绿化时也要遵循一定的程序，不同地区、不同建筑物、不同绿化形式都有一定的施工方法。屋顶绿化的施工建造方式、方法也有一定的规律性。总结国内外的屋顶绿化技术规程与经验，无论是简单式屋顶绿化还是屋顶花园，施工程序一般按照如下步骤进行：

清理屋面——→防水层处理（防水层处理和蓄水试验）——→排水层（隔根层）铺设——→铺设灌溉系统——→栽培基质运输与铺设——→道路设置——→种植植物——→植物固定处理

在屋顶绿化建设中，根据不同设计要求，结合实际情况，应选择适宜的绿化施工方式。

二、施工准备

1. 屋顶调查 要详细了解房屋建设时间，建筑材料、屋顶荷载量、屋顶结构和承重部位、屋顶坡降、防水层及渗漏情况等。

2. 了解设计 施工前向设计单位了解设计要求、设计意图、质量要求、达到的预期效果等，以便为顺利施工、选择植物种类提供借鉴，保证屋顶绿化效果。

3. 现场勘察 根据设计，实地勘察周围环境，确定施工条件、水电条件、基质和苗木运送方法，吊装方法以及园路设置、种植点安排等。

4. 确定方案 在明确设计要求和现场勘察的基础上，制订详细施工方案，落实相关施工措施。

5. 准备材料 根据设计和施工要求，选择栽培基质和合格植物材料。基质一般选择保水性好、质量轻的栽培基质。苗木最好选择容器苗。

三、蓄水试验

为保证屋顶安全，应测试屋顶现有防水能力，做好蓄水试验。根据《屋面工程技术规范》（GB 50345—2012）的防水等级标准，做好相应防水检验。可将屋顶面用于排水的落雨管口暂时封堵，在屋顶上存放 10 cm 左右的水，待 24 h 后观察水量变化情况，检查屋顶楼板、室内墙壁等处有无渗漏现象，无渗漏后方可进行屋顶绿化施工。若有渗漏现象，应采取相应防漏措施进行修补。一般用于屋顶绿化的屋面防水要达到国家二级防水要求。屋面防水等级划分见表 10-1。

表 10-1 屋面防水等级划分

项目	屋面防水等级			
	Ⅰ	Ⅱ	Ⅲ	Ⅳ
建筑物类别	特别重要或对防水有特殊要求的建筑	重要的建筑和高层建筑	一般的建筑	非永久性建筑
防水层合理使用年限	25 年	15 年	10 年	5 年
防水层选用材料	宜选用合成高分子防水卷材、高聚物改性沥青防水卷材、金属板材、合成高分子防水涂料、细石混凝土等材料	宜选用高聚物改性沥青防水卷材、合成高分子防水卷材、金属板材、合成高分子防水涂料、高聚物改性沥青防水涂料、细石混凝土、平瓦、油毡瓦等材料	宜选用三毡四油沥青防水卷材、高聚物改性沥青防水卷材、合成高分子防水卷材、金属板材、高聚物改性沥青防水涂料、合成高分子防水涂料、细石混凝土、平瓦、油毡瓦等材料	宜选用二毡三油沥青防水卷材、高聚物改性沥青防水涂料等材料
设防要求	三道或三道以上防水设防	两道防水设防	一道防水设防	一道防水设防

注：引自《屋面工程技术规范》(GB 50345—2012)。

第三节 防水层

防水层的好坏是决定屋顶绿化成功的关键，也是关乎建筑物安全的核心，防水层必须确保防水。防水层不仅要防止渗入的雨水，绿化屋顶也要求防水层面能长时间抵抗植物根的穿透能力。

屋顶绿化防水层一般都会被完全覆盖，如果不采取专业处理，屋面的雨水和多余的浇灌水，无法快速地从排水口排出，会导致屋顶积水、植物根系破坏防水层导致漏水，屋顶植物淹死等问题。一旦发生漏水，就需要移走整个系统（包括植物与基质）才能采取补漏措施，进而影响屋顶绿化效果，造成严重的经济损失。

一、防水层分类

根据建筑物防水要求，一般有刚性防水层、柔性防水层和涂膜防水层三种形式。在进行屋顶绿化时，根据屋顶情况和防水要求，选用适宜的防水层。

1. 刚性防水层 是指采用较高强度和无延伸防水材料，如防水砂浆、防水混凝土所构成的防水层。依靠结构构件自身的密实性或采用刚性材料做防水层以达到建筑物的防水目的防水层称为刚性防水层。其优点是工艺简单，成本低廉。刚性防水层适用于防水等级为Ⅲ级的屋面防水，当屋面采用多道防水层设防时，刚性防水层也可用作Ⅰ、Ⅱ级防水屋面中的一道防水层。

2. 柔性防水层　是指采用具有一定柔韧性和较大延伸率的防水材料，如防水卷材、有机防水涂料构成的防水层。柔性防水卷材的成本费用较高，防水层一旦损坏或失效，渗漏部位难以寻找，修复较困难。北方地区大多采用SBS改性沥青卷材，其低温柔度较好，特别适合寒冷地区。

3. 涂膜防水层　是指为了安全，需要完全隔绝外界雨水、潮气、一切有害气体对防水基层的侵害而采用防水涂料制成的防水层。涂料防水由于其可以形成整体无接缝封闭层，防水概念完全可以隔气、隔水，涂料防水施工技术容易掌握，施工设备简单，不受任何复杂形状的限制基层，可做成连续整体的涂料防水层。一般采用聚氨酯等油性防水涂料。

二、防水层材料的选择

屋顶绿化防水材料应根据当地的气候特征、建筑物防水要求，选用技术先进、性能优良的防水材料。主要有高聚物改性沥青卷材及涂料、合成高分子卷材及涂料、弹性密封材料及新型刚性防水材料。

三、防水层的施工

不论是预制板还是现浇结构的屋顶，按照国家相关规范都应“刚柔结合”（刚性材料与柔性材料结合）进行防水施工。施工基本要求：基面清理干净，含水率不大于9%，平整密实，各节点收头整齐、完备，符合要求。

1. 第一道工序

（1）铺设柔性防水层，选择涂料或卷材都可以。其施工条件要求基面含水率不大于9%，所以适宜在天气炎热且连晴5 d以后的夏季施工。完工后，应做蓄水试验。

（2）如做涂料防水，以“一布两涂”为例：清理干净基层后，满刷一遍涂料，干燥成膜后，铺设一层玻纤布胎体增强材料，并在已展平的表面上刷满一层涂料固定，干燥后进行下一遍涂料施工。防水涂膜的总厚度应在3 mm以上。

（3）如做防水卷材施工，清理干净基层后，在卷材反面和基层刷黏结胶，按弹好的基准线由远而近地粘贴、辊压，最后做接缝收头检查处理。

2. 第二道工序　铺设刚性防水层，应在第一道柔性防水层完成后的2天左右进行施工，主要以高级脂肪酸类砂浆防水剂、水泥、沙子、细石骨料、纤维为基本材料，防水层厚度应为20~30 mm。

（1）按规范要求安装分格木条，分格设置为4 000 mm×4 000 mm。然后洒水使基面湿润，但不得有积水。

（2）按由远到近、先高后低的顺序，将配制好的砂浆或细石混凝土进行逐个分格施工，同一分格一次完成，抹平压实。

（3）初凝后，取出分格木条，压光并修整分格缝。

（4）采用柔性密封材料嵌填分格缝，处理表面收口。施工完成后注意洒水养护。

（5）如有屋面种植土，应在尽可能短的时间内覆盖上种植土。

第四节　排（蓄）水层

排（蓄）水层是保证屋顶绿化安全持久的基础设施，对屋顶维护和美观十分重要，是屋顶绿化的关键环节。排（蓄）水层主要用于改善基质的通气状况，吸收种植层中渗出的降水，并迅速排除多余的水分，有效缓解瞬时压力，并可蓄存少量的水分，另外还要防止其阻塞后变得潮湿（湿润后阻塞）。特别是平屋顶很容易积水，如果没有排水良好的基质或设置于屋顶的排水系统，植物将会迅速腐烂、死亡。

建筑物屋面排水一般设置有排水沟或雨水斗汇水，屋顶绿化一方面利用自然降水进行灌溉，另一方面依靠喷灌、滴灌或浇灌等，为了防止积水，必须做好排水层。

排（蓄）水层应根据屋顶排水沟情况设计，材料可选用凸台式、模块式、组合式等多种形式的排（蓄）水板。或使用直径大于1.6 cm的陶粒，厚度宜5 cm。屋面面积较大时，排（蓄）水层宜分区设置。每区不宜大于1.0 m×1.2 m，且至少应有一个排水孔，排水孔处应铺设粗骨料或加格篦。

屋面排水口一般应设置两个，有条件的可增设一个溢水口。排水口敞露，做好定期的清洁和疏通工作，严禁覆盖，周围严禁种植植物。根据屋面坡度方向、植物配置、布局，采取隐蔽式集水管、集水口、内排水孔和外排水孔，组成排水系统，排水管道应与原有排水管道相连接。

排水层又可作蓄水层，多余水蓄在卵石层内，当种植土干燥时，又可返吸入土中。现在有多孔硬泡板，可吸收大量水，供给种植土返吸。蓄水层具有节约用水、保持土壤湿润的作用。

第五节　过滤层

过滤层的作用是阻止基质中的小颗粒和养分随水流失。目前的技术状况，屋顶绿化中的过滤层大多采用浮石或者织物状土木纤维，并直接铺在排（蓄）水层上方。一般采用既能透水又能过滤的聚酯纤维无纺布等材料，搭接缝的有效宽度不小于20 cm，并向建筑侧墙面延伸至基质表层下方5 cm处。过滤层必须有一定的坚固性，既要达到排灌通畅，又要起到防止颗粒物渗漏的目的。

第六节　园路的铺设

在建设屋顶绿化时，一定要考虑园路设置，以便于进行灌溉、修剪等日常管护。铺设园路还应结合承重部位、坡度、排水等要求，园路一般采用轻型、生态、环保、防滑材质，设计手法应简洁大方、与周围环境相协调，追求自然朴实、和谐优美的效果。

目前，屋顶绿化时多采用块状木料、砾石、渗水砖等，既可透气也可起到很好的渗水作用。园路一般宽 50~70 cm，路基采用 6 cm 渗水砖砌成，每隔 2 m 左右留出暗排水孔，暗排水孔直径 10 cm 左右，路基上铺上鹅卵石或木板等。石家庄广电中心园路设置如图 10-2 所示。

图 10-2　石家庄广电中心园路设置

第七节　植物栽植工程

种植层是屋顶绿化中的核心部分，是决定屋顶绿化成效的部位，是屋顶绿化发挥生态效果与生态服务功能极其重要的一层。屋顶种植层与地面绿化有很大区别，地面绿化可以依赖肥沃的有机质，而屋顶种植层较薄，要维持氧气与水分供应、吸收与保持营养、保持植物正常生长的目标就很困难，甚至是矛盾的，但是它们又必须相互平衡。因此，在选择植物种植层时，既要综合考虑根茎高度和种植层的高度及基质层重量等因素，又要考虑保证植物正常生长，还要体现人工与自然之美的完美结合。

屋顶绿化排在第一位的是发挥生态效益，因此要发挥屋顶绿化的生态效益，必须保证有足够的绿化面积，观赏型屋顶绿化面积宜大于 60%，简单型屋顶绿化绿化种植面积宜大于 80%，经济型屋顶绿化绿化面积宜大于 85%。

一、场地准备

栽植前首先要清理种植区的场地，对场地内的废弃物进行清理，按照设计要求，在充分考虑排水的前提下，确定种植池或摆放容器的位置、数量，做好相应标记等。

二、基质准备

实施屋顶绿化时要考虑屋顶的特殊环境和植物生长特性，必须选择合适的基质。

进行屋顶绿化时一般不直接使用自然园土，而是选用既含各种植物生长所需元素又较轻的人工合成的轻型基质。一般选用普通土壤、腐叶土、蚯蚓土、珍珠岩、蛭石、泥炭土、稻壳灰，并配合有机肥等，根据不同屋顶绿化模式和植物种类，按照一定配比进行配制而成。基质需具备以下基本条件：有一定的保水保肥能力，透水性好；有一定的化学缓冲能力，保持良好的水、气、养分的比例等；重量轻，理想的基质密度在 0.1~0.8 t/m^3，最好在 0.5 t/m^3。一般栽培基质的容重要控制在 1 300 kg/m^3 以内。关于基质的选择和要求，在前面已经进行了充分的阐述，这里不再赘述。

三、基质铺摊

基质的厚度会影响到植物的选择和生长速度，还会受到屋顶坡度和承重部位的限制。在保证正常生长的前提下，屋顶绿化所需的栽培基质厚度也是不同的。因此，在实施屋顶绿化时，必须选择最适合的基质厚度。常见植物的栽培基质厚度见表 10-2。

表 10-2　屋顶绿化不同植物类型基质厚度参考值

植物类型	规格/m	生存所需基质厚度/cm	发育所需基质厚度/cm
小乔木	H=2.0~3.5	60~120	90~150
大灌木	H=1.2~2.0	45~60	60~90
小灌木	H=0.5~1.2	30~45	45~60
草本、地被植物	H=0.2~0.5	15~30	30~45

摊铺基质、平整场地时，还要充分考虑屋顶绿化建成后的排水，一般要求场地中心比较高，逐步向四周倾斜，通常形成 2°~3°的排水坡度。

四、植物栽植

植物的栽植主要有移栽、播种和扦插三种形式。栽植时应遵循由大到小、由里到外逐步进行。栽植乔木时，栽植点应尽量放在承重部位。

1. 移栽　是最常用的方法，移栽从苗圃运来的苗木，乔灌木一定要带土球并包扎好，最好选用容器苗。在选用小苗时，要用专门运输植物的穴盘或周转箱，防止植物被压受损，栽植时按照设计可以拉线，以保持整齐一致。

2. 播种　一般早熟禾、三叶草等采用播种方法，可以和沙或锯末混合撒播。一般每平方米需要 5~10 g 种子。

3. 扦插　适合于生根容易、发枝快、迅速成型的植物，例如景天科植物可以采用扦插方法。扦插时一般选择成熟的嫩枝，4~10 月初进行。

在屋顶绿化实践中，对一些专用草坪或景天科植物也可采用铺设草坪卷方式。

种植后为防止阳光暴晒，可以采用遮阳网进行遮阳保护，对乔木可用草垫对枝干进行保护，并设立支柱支撑，以防止浇水后大风吹倒苗木。新栽植植物，特别是乔灌木应在定植后及时浇透水，最迟不能超过 12 h，以使基质土充分吸收水分，并与树根紧密结合，利于根系发育。

五、植物固定

屋顶特别是高层的屋顶，风力比地表强很多。屋顶绿化种植层一般比较薄，大型树木在屋顶绿化环境中生长，防风和防倒伏是个十分棘手的问题，因此必须对乔木进行固定。一般种植高于 2 m 的大灌木和乔木应采取防风固定技术。地上支撑法宜采用三角形支架进行牵引固定（图 10-3），地下固定法对栽培容器进行捆绑固定。

除了对树木本身固定以外，还可以设置防风墙，以改变风向或减少风压。屋顶绿化实践中可以借助屋顶女儿墙增加高度或安装防护网，一方面起到防风作用，让树木更安全；另一方面可以避免植物倾倒、坠落的威胁。

图 10-3　园林工人对树木进行固定

六、喷灌系统

保证屋顶绿化植物水分供应是确保屋顶绿化成效的重要措施。屋顶绿化在植物种类选择上多以地被植物、宿根花卉、攀缘植物和乔灌木为主，这类植物根系分布比较浅，需水量相对较大。同时，由于屋顶绿化种植层土层较薄，特别是北方夏季高温时节，阳光暴晒会导致水分蒸发量增大，植物需水量会明显增大。目前，在屋顶绿化实践中大多采用人工浇灌方式，利用皮管进行喷水浇灌，这种方法既浪费水又费工费时。因此，建议采用半自动微喷灌或滴灌形式代替，以满足植物生长对水分的需要。

在进行屋顶绿化时应设计好喷灌设施，一般在种植前应将喷灌设备安装完毕，种植后直接使用即可。

老旧建筑中一般没有屋顶绿化设计，也没有考虑喷灌问题，在进行屋顶绿化时，一方面要考虑采用耐旱节水型植物，以减少对资源的浪费；另一方面尽可能地采用自动喷灌技术，以达到高效节水、维护屋顶绿化景观效果。

目前，市场上已经开发了一套屋顶绿化专用灌溉系统，应用该系统，无须养护人员每天登上屋顶，只要在控制室设定好灌溉程序，系统就会定时对花草进行浇灌。该系统可设置 7 种灌溉模式，满足不同的灌溉需要，功能强大，而且耗能极低。

七、雨水收集与利用技术

雨水利用是指建筑物屋面和地面的雨水，经过收集、处理、储存、回用等过程，达到规定的非饮用水环境质量标准。雨水收集主要包括雨水汇聚系统和屋顶绿化系统。屋顶绿化可以改变建筑物环境景观，截留雨水，降低屋面径流系数，对于大型屋顶绿化（花园），建立雨水收集系统是十分必要的。

北京、石家庄、郑州等北方城市，都是严重缺水的城市，年均降水量 510 ~ 630 mm，而且雨量分布不均，集中 6 月、7 月、8 月，约占全年降水量的 65%，因此，开展雨水收集与利用是十分必要的。进行屋顶雨水蓄积和利用是解决城市绿化用水、打造水体景观的重要手段。在雨水收集和利用时要根据城市降雨特点，因地制宜采取分散式系统或集中式系统，像石家庄这样的城市，可以运用分散独立式系统，这样既可解决雨水流失和供水平衡问题，又可以降低增加调蓄设备的经济成本。

河北省林业科学研究院研制发明了一种屋顶绿化雨水收集自供装置和一种屋顶绿化雨水收集及滴灌装置，并取得 2 项国家实用新型专利授权。该装置主要针对北方城市严重缺水的实际情况，研发的屋顶绿化利用雨水的装置，是一种结构简单、实用方便的集雨水收集、储存、滴灌为一体的装置。它有效利用了自然降雨，减少了水资源消耗，同时又减少了人工浇灌管理环节，降低了屋顶绿化成本。效果图见图 10-4，结构图见图 10-5。

通过因地制宜地收集雨水，利用相关设备，充分利用雨水，可以减少用于屋顶绿化自来水的用量，既可以节约水资源，又可以节省大量的自来水费和排污费。

图 10-4　雨水收集与滴灌装置效果图

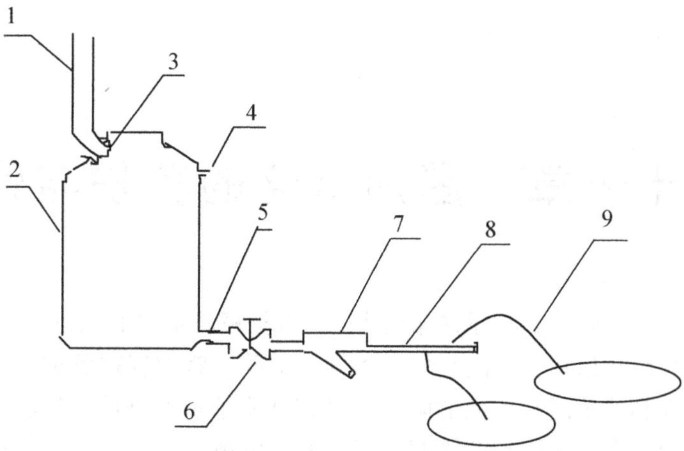

图 10-5　雨水收集与滴灌装置结构图

1. 落雨管　2. 雨水收集器　3. 收集口　4. 溢水口　5. 出水口　6. 阀门
7. 过滤器　8. 滴灌管　9. 滴灌头

第十一章　屋顶绿化的养护与管理

园林的树木养护管理，在屋顶绿化建设中占据极其重要的地位。屋顶绿化的成功，首先是正确选择绿化植物，其次与气候条件、基质、养护管理紧密相关。由于屋顶绿化的空间布局受到建筑固有平面的限制和建筑结构承重的制约，植物景观设计有别于地面花园，既要考虑植物生长的需要，还要考虑屋顶小气候条件（光照时间长、昼夜温差大、湿度小、水分少、风速高）、种植土壤深度与成分、荷载量等因素，同时观赏性也是必需的。因此，屋顶绿化建成后的养护也有别于地面花园，是屋顶绿化必不可少的组成部分。屋顶绿化的养护主要是指对构成屋顶花园主体景观的各种乔木、灌木、花卉和草坪地被等植物的养护管理及园路、园林小品的维护，对屋顶上的水电设施和屋顶防水、排水及修复损坏的结构部件等的管理。

多数的屋顶绿化需要12~18个月的移栽定植时间，在移栽定植初期，养护管理最为重要。一般植物对新环境有了一定的适应后，可粗放管理，但必要时还需要进行简单的维护。对于屋顶绿化的养护管理，北京、天津、河北、河南等地已经出台相应的地方屋顶绿化规范，各地屋顶绿化在此基础上，其养护应根据所种植植物的种类，铺设基质的类型、薄厚，适当调整管理措施。应采取控制水肥的方法或生长抑制技术，防止植物生长过旺而加大建筑荷载和维护成本。

第一节　肥水管理

一、浇水

屋顶绿化植物种植后，必要的肥水管理对于植物正常生长很重要。所有的植物在整个生命过程中都不能离开水分。屋顶绿化是特殊空间绿化，由于屋顶具有光照强、风大、植物的蒸腾量大、易失水等特点，特别是北方地区干旱少雨，屋顶绿化要么成本高，要么景观效果不理想。因此，屋顶绿化的浇水等管理需要大量的人力、物力和技术支持。这一点在设计和建造屋顶花园时应当充分考虑到。

根据植物习性适时适量浇水，夏季高温，一般在清晨或傍晚浇水，花池土层薄，浇水量一定要控制好，要经常叶面喷洒，既可保持植物水分平衡，又可降低温度。冬季浇水选择在连续晴天温度较高时进行，冬季应采取防蒸发和防冻措施。屋顶绿化中选用耐旱性较强的植物如景天科等，可以达到减少浇水次数、降低维护成本和节水的效果。灌溉间隔一般控制在10~15 d。总之，植物因树种习性，不同年龄时期，不同物候期需水不同。因此必须根据植物生长需要，因树、因地、因时制宜地进行合理灌溉。

屋顶绿化的灌溉设施必须性能良好，宜采用微喷、滴灌、渗灌等灌溉方式，可以更好地调节小气候，改良土壤特性，并且省工省时，便于管理。由于喷、滴灌的浇水方式采用小流量出流，不会形成土表径流，避免土质板结、土壤松软，增加了土壤的含氧量，对根系发育效果明显。屋顶绿化的灌溉还应充分利用自然降水，做到人工浇灌和自然降水相结合。尤其是在北方夏季的高温季节，在缺少自然降水时，应当及时浇灌。在有条件的情况下可安装蓄水装置，收集降水、空调冷凝水或灌溉水，过滤后循环利用。灌溉不超过种植边界，不超过屋顶防护层在墙上的高度。充分浇灌后，应及时关闭浇灌设施。

北方地区由于干燥少雨，可以在屋顶上使用粗糙轻质的砾石护根覆盖物来帮助减少表层蒸发作用。为研究不同覆盖物对屋顶绿化基质水分变化和植物生长的影响，河北省林业科学研究院在石家庄采取陶粒、落叶和落叶+地膜等 3 种方式对盆栽白蜡进行覆盖，结果表明采取覆盖措施的处理基质含水量增加 7.68%～10.63%，而陶粒质保水“缓释”水分作用最大。采取覆盖措施有效促进了苗高、地径、冠幅的生长，而落叶+地膜处理对促进植物生长作用最明显，苗高比对照增加 20.45%，地径比对照增加 5.69%，冠幅比对照增加 84.71%。可见采取覆盖措施可有效地减少水分蒸发，起到保水的作用。

除了日常灌溉，值得注意的是入冬时的防冻水和春季的返青水十分重要，要及时浇灌。返青水的时间一般在土壤冻结层化透以后，或在 5 cm 平均地温稳定在 5 ℃以上时为宜，一般在 3 月上旬；灌溉过早会引起地温下降，推迟返青，甚至导致冻害。防冻水要适时浇，过早会使地温下降，不利于植株发育甚至造成死苗；过晚则积水不能及时下渗，造成冻害。一般认为当日平均气温降到 3～4 ℃时浇防冻水较好。

二、施肥

屋顶绿化植物的生长是以在满足植物正常生长的基础上，采取控水控肥措施或生长抑制技术，控制植物过快生长，降低建筑荷载和管护成本为原则。在绿化植物栽植初期，刚移栽的植物根系因受到不同程度的损伤，应适时适量浇水、施肥。当年施肥量应少，方式多采用叶面喷肥，而且最初的基质通常满足第一个生长季节的足够肥力，因而应该在栽植后一年补充施肥。由于屋顶绿化选用的基质为人工配制的基质，与自然地面不相连，土壤微生物较少，不利于土壤的自身改良。植物生长较差时，应及时调节栽培基质的酸碱度和含盐量，满足植物正常生长要求，可在植物生长期内按照30～50 g/m^2 的比例，每年施 1～2 次长效氮磷钾复合肥；只使用长效肥料，可减少大量硝酸盐和硫酸盐溢流，提供的足够肥力可以促进耐寒肉质植物健康生长，但又不会助长杂草。五六年后，由植物的健康程度可以决定施肥的用量是否减少或停止。

三、杂草控制

在屋顶绿化中，杂草是不可避免的，风、鸟甚至人类都可能带来新的杂草种子。它们会危及屋顶的状况。杂草会在最佳生长时期占据指定植物的空间，消耗营养及水分，在干旱与压力时期死亡，最终在屋顶上留下大片的空白。屋顶绿化在定植时期很容易受到杂草的干扰，屋顶绿化一旦生长完全就会对杂草种子发芽具有更高的抵抗力。在屋顶花园建设时，尽可能地避免基质中杂草种子的存在，这就需要对基质进行消毒。即使消毒后的基质也不能完全避免杂草的出现，当杂草出现后要及时除草，最好是人工除草，连根拔掉，避免杂草继续生长并结籽，不提倡使用除草剂。若在杂草已经结籽后除草，可选用萌前除草剂。这种除草剂对于已经定植的植物没有副作用。

四、病虫害防治

除了日常的养护管理外，病虫害防治也在养护管理工作中占有相当大的比重。对于病虫害防治，必须用发展的、联系的观点来指导工作，以发展生态型园林为目标，坚持走可持续发展道路。应采用对环境无污染或污染较小的防治措施，如物理机械防治、生物防治、环保型农药防治等措施。

（一）常见病虫害

1. 病害 植物病害一般分为生理病害和生物侵染（病理）病害。常见生理病害有：夏季强光照射引起的灼伤；冬季低温造成的冻伤；水分过多导致的烂根；水分不足发生叶片焦边或萎蔫；土壤中缺乏某些营养元素等如缺氮引起老叶大量变黄、缺磷则在叶色正常的情况下到期不开花、缺钾则发生大量落叶以致整株衰枯，施肥过量或施未经腐熟的有机肥导致嫩尖枯焦等；水土偏碱使喜酸类植物的叶子变黄脱落，水土偏酸使喜碱类植物衰弱、叶片枯焦。常见生物侵染病害主要由真菌、细菌、病毒、线虫和类菌质体等侵染植株后引起。

园林植物常见的生物侵染病害主要有以下几种：

（1）白粉病：多危害花木嫩梢、嫩芽、嫩叶和花蕾，主要危害蔷薇、玫瑰、月季、梅花等植物，发病初期受害部位出现褪绿斑点，以后逐渐变成白色粉斑，犹如覆盖一层白粉，后期病斑变成灰色，受害植株日渐矮小、嫩梢弯曲、叶片凸凹不平、花少而小或不能绽放或花形畸变，严重时叶片卷缩、干枯甚至整株枯死。应适当增施磷、钾肥，停止喷叶面水。

（2）叶斑病：是植物普遍发生的一种叶部病害，主要危害紫薇、贴梗海棠、日本海棠、桂花等。病状为叶片上局部细胞坏死，因而表现出不同的斑点症状。常见的有角斑、条斑、圆斑，呈灰、黑、褐等色，严重时叶片变黄、焦枯、脱落。针对叶斑病这一种常见的病害，其防治工作应该从去除带病植株或枝条的方式入手，并且对植株与枝条进行定期喷洒杀菌药剂。

（3）灰霉病：主要危害叶、茎、花和果实，多危害牡丹、山茶等多种植物。发病初期出现水渍状斑点，以后逐渐扩大，变成褐色或紫褐色病斑，天气潮湿时病斑上长出灰色茸毛，发病严重时整株死亡。

（4）锈病：主要危害桧柏、月季、萱草、菊花、蜀葵等。发病初期叶片出现小斑点，以后发展成铁锈色的斑，最后形成夏孢子堆，破裂后散出黄褐色粉状夏孢子。锈病多发生在温暖湿润的季节，春雨的大小直接影响锈病的发生和发展。

（5）草坪褐斑病：发病初期草坪上出现星状不规则的褐色枯草斑块，中央的病株较边缘病株恢复得快，致使枯草斑呈现环状或蛙眼状。病斑最初为紫绿色，后很快发展成浅褐色。天气湿热及草坪叶片上有自由水存在时，褐斑病发展非常迅速。

（6）叶枯病：作为一类发生在树木叶片的病虫害，其病菌主要躲在土壤或者寄主身上进行过冬，传播给树木的苍老叶子或者颓弱树枝。发病的初期，叶面会产生黄绿色的小斑点，而发病严重之后，斑点会逐渐增大，连成一片，斑点的边缘多呈紫色状，继续发展会出现一些黑色的小点，患病叶片的边缘部分看上去类似火烧过的样貌，严重危害树木的正常生长。而针对叶枯病这一常见病害，就必须从树种的源头选择入手，选择抗病能力强的树种进行科学种植，并且定期喷洒杀菌药剂进行预防。而一旦发病，应该在发现发病以后，及时喷药防治叶枯病或者酌情剪掉带病叶片，以免病虫害蔓延。

其他病害还有细菌性软腐病、根癌病、线虫病等。

2. 虫害

（1）蚜虫：俗名腻虫，种类繁多，为春季多发虫害，其初发期在3月中旬，而高发期则在4~5月。常见危害植物的主要有棉蚜、桃蚜、菊蚜、蔷薇蚜等，主要危害许多种花卉，如菊花、月季花等，蚜虫在嫩叶、嫩梢及花蕾上刺吸组织内养分，引起叶片变色、萎缩、卷曲，严重时叶枯萎甚至整株死亡。蚜虫排泄的蜜露使植物生理功能受阻，同时蜜露又是霉菌的培养基，易诱发煤污病等病害。此外，桃蚜又是病毒病的重要传毒昆虫。蚜虫的病害虽然不会给树木的生命造成严重的危害，但是其将卵留在树木的梢部、新芽处，在孵化出来以后会导致树木枯黄，造成较大危害，需及时防治。在日常防治中可以在冬季将带卵的枝条剪掉，还可以适量喷施一定量的吡虫啉类药剂，尽量在产卵之前或者在卵的孵化期进行防治。

（2）红蜘蛛：叶螨类，体似针尖大小，近圆形，有4对足，善爬行，深红色或紫红色，危害范围很大，主要危害植物的叶、茎和花等。其刺吸植物的茎、叶，使受害部位水分减少，表现为失绿变白，叶表面呈现密集苍白的小斑点，卷曲发黄。严重时，发生黄叶、焦叶、卷叶、落叶和死亡的现象。其主要危害月季、大叶黄杨等。害虫由于个体小，应及时发现，早做防治。

（3）蚧壳虫：此类害虫种类很多，食性很广，常能危害月季花、大叶黄杨等多种植物。蚧壳虫的分泌物中含有蜜露，能导致有害微生物的大量繁殖，使叶片上出现黑色霉斑，影响植物生长。此类病害一般发生在树木的枝叶上，发生后会导致树木生长状态严重不良，长势逐渐减弱，严重时导致树木死亡。针对蚧壳虫引起的常见病害，应做好平时对树木的修剪与通风，并且改善树木的透光程度。在发病以后，应采取人工清除方式，并且使用相关的药物进行喷洒防治。

（4）粉虱：个体很小，体长仅有1 mm，白色，繁殖速度快，危害严重。被粉虱危害过的植株能引起有害微生物的大量繁殖，使叶片霉变呈黑色。

（5）土蚕：又叫地蚕、地老虎，危害多种植物幼苗，咬食嫩叶、嫩茎和嫩根，造成缺窝。

（6）蛀干性害虫：这类害虫有多种，钻入枝干蛀食，致使枝条、整株枯死。

（二）屋顶绿化病虫害防治方法

1. 农业防治 选育抗病虫品种是防治病虫害的关键环节。要适地种植，合理搭配；

首先在植物种类的选择上，避免栽植品种单一、密度较大，否则一旦发生病虫害，即有可能形成大面积灾害；其次在引种栽植时，尽量避免栽植已发生病虫害的植株；在防治时，避免长期大量使用化学农药，否则在消灭病虫害的同时，也消灭了一些有益的微生物及天敌，不仅污染了环境，严重影响了生态平衡，也造成了人力、物力上的极大浪费。

2. 加强养护管理措施，增强植物本身的抵抗力 适时适量、合理地给植物浇水、施肥、中耕、除草，结合冬季的整形修剪，疏除病虫、弱枯枝，使植株内冠通风、透气，不仅可以使植株外形更加优美，生长健壮，以达到最佳的生长状态，而且可以使植株避免外界不良环境的影响，从而有效地抵抗外来病虫及不良因素的侵扰。冬季将植株周围土壤深翻，不仅可杀死在土中越冬的虫卵，也可疏松植物根部土壤，为其翌年的更好生长打下良好基础。对乔木类，可对树干进行涂白，不仅能杀死树干基部的越冬虫卵，而且增强了其美观性。

3. 物理机械防治 根据一些害虫在生活和危害中具有的某些习性，利用物理手段来阻断害虫侵袭或生活周期，诱杀或忌避，如利用简单的工具、设备或创造害虫喜欢的物质条件，利用光、热、辐射等机械、物理方法防治害虫。比较常用的有白炽灯、黑光灯、双色灯，诱虫饵料加农药及糖醋酒毒液等诱杀害虫；国外有利用高频电流、微波加热、放射能、激光、红外线等高科技防治害虫的。具体方法如下。

（1）人工捕杀：适合于具有假死性、群集性或其他目标明显易于捕捉的害虫。例如多数金甲龟、象甲的成虫具有假死性，可在清晨或傍晚将其振落杀死。在冬季修剪时，剪去黄刺蛾茧、蓑蛾袋囊，刮除舞毒蛾卵块等。再如榆蓝叶甲的幼虫老熟时群集于树皮缝、树疤或枝杈下方化蛹，这时可人工捕杀。在生长季节可结合园圃日常管理，摘除虫卵，人工捕捉天牛成虫，捏杀卷叶蛾虫苞等。

（2）阻隔法：是指根据害虫的活动习性，人为设置各种障碍，切断病虫害侵害途径的方法。例如在树干上涂毒环或涂胶环，对具有上、下树习性的幼虫可阻隔或触杀；早春在树干基部绑扎塑料薄膜环，可以有效地阻隔草履蚧、枣尺蠖上树危害或产卵；在温室及各种塑料拱棚内采用 40~60 目（非法定计量单位，表示每平方英寸上的孔数）的纱网覆罩，不仅可以隔绝蚜虫、叶蝉、粉虱、蓟马、斑潜蝇等害虫的危害，还能有效地减轻病毒病的侵染。

（3）诱杀法：是指利用害虫的趋性，人为设置器械或饵物来诱杀害虫的方法。利用此法还可以预测害虫的发生动态。例如灯光诱杀，即利用害虫对灯光的趋性，人为设置黑光灯、频振式杀虫灯、纳米汞灯等来诱杀害虫，如黑光灯诱杀柳毒蛾成虫。食物诱杀即利用害虫的趋化性，在其所喜欢的食物中掺入适量毒剂来诱杀害虫，如设置新鲜柏树枝干诱杀柏树双条杉天牛。

（4）高温处理法：任何生物，包括植物病菌、害虫对热有一定的忍耐性，超过限度生物就会死亡。害虫和病菌对高温的忍受力都较差，因此通过提高温度来杀死病菌或害虫的方法称为高温处理法，也称热处理法。在园林植物病虫害的防治中，热处理有干热和湿热两种。

4. 生物防治 是指合理利用植物间相生相克的关系，遵循生物共生、循环、竞争的原则，科学设计，合理搭配，有计划地配置和选育各类不同科属的乔木、灌木、藤本及草本、地被与草坪，安排在一个群落中，以生态治理即生物群落的生物防治的新理念去贯彻落实防治工作。这样做，不仅可以用植物的多样性来美化、丰富周围环境，也可利用植物本身的特点和优势来达到切断病虫源传播途径的目的。根据自然界存在着种间争斗，有些昆虫或其他生物寄生或捕食害虫的原理，利用有益生物防治有害生物。

（1）以虫治虫：保护和利用寄生性或捕食性天敌来防治害虫，如利用赤眼蜂来防治国槐尺蠖，利用红缘瓢虫防治草鞋蚧等。

（2）以鸟治虫：即利用益鸟来防治害虫，如利用啄木鸟防治双条杉天牛，利用灰喜鹊防治松毛虫。

（3）以微生物治虫：即利用能使害虫致病的细菌、真菌、病毒或它们的代谢物来防治害虫，如利用苏云金杆菌乳剂来防治国槐尺蠖等。

5. 化学防治 当病虫害大发生时，化学防治法是能在短时间内迅速予以控制病害的唯一最有效的方法。快速高效是化学防治的最大优点。可以通过选择性强、高效低毒、低残留的无公害环保型农药防治病虫害，避免造成对周围环境的污染。

第二节 整形修剪

除了应根据园林绿地常规养护外，应及时修剪乔木和灌木，控制植物高度、疏密度，保持根冠比及水分养分平衡，保证屋顶绿化的安全性。因此，在筛选抗逆性强的植物品种的同时，对植株进行合理的修剪，保持屋顶绿化植物生长的需求及合理根冠比、枝干比的维持，不仅能提升景观的观赏性，更能提高植株对屋顶小生态环境的适应性。针对屋顶小环境绿化，河北省林业科学研究院提出“控高扩冠”的修剪理念，通过控制植株的高度，增加冠幅，以达到迅速成型并适应屋顶小环境的目的。

一、乔木整形修剪

屋顶绿化乔木修剪的目的在于调节养分，扩大树冠，尽快发挥绿化功能；整理树形，理顺枝条，使树冠枝繁叶茂，疏密适宜，充分发挥观赏效果；同时又能通风透光，减少病虫害的发生。用于屋顶绿化的树木由于生长基质较薄，应当缩小树冠，控制其生长速度，从而防止倒伏和对屋顶部造成过大压力。

根据树木本身的自然树形和生长习性，可分为无主轴型（如槐树、旱柳、元宝枫等）和有主轴型（如银杏、白蜡等），修剪要领各不相同，对松柏类的修剪又另有要求。

1. 无主轴型

不定芽萌生力强，耐修剪。从定植开始就应注意培养树形，主要在冬季进行修剪；夏季则进行对小树掰芽、对生长过旺的枝条剪梢、摘心。

修剪时应注意以下事项：

（1）掌握定干高度。定植树木时一般进行抹头，要根据不同栽植地点和要求，确定分枝点的高度，在屋顶绿化中根据景观实际要求确定植株高度。

（2）选留好主枝。对抹头后剪口以下萌生的新枝条选留方向均匀、角度适宜的3~4个枝作为主枝，其余的及时掰芽或疏剪，翌年冬天对所留枝条根据强弱、长短情况适当进行中度或轻度短截，以保证主枝粗壮，2次分枝适度。为防止有些枝条由于生长过旺、过长而向下弯垂或基部分枝，夏季应对过旺枝条进行短截或摘心，促使分枝。

（3）在树形骨架基本成形后，则以疏枝为主，使枝条逐年发展，疏密适度，保持树冠通风透光。按去弱留强的原则，适当地疏剪丛生枝、过密枝、交叉枝，并剪去枯枝、病虫枝，理顺骨干枝系统，达到树冠内部不乱又不空，外围丰满又通风透光。

（4）通过修剪，对植株的株高、形态进行有效的控制，从而尽量减少对屋顶的荷载，防止由于树木过大过高造成的倒伏情况发生。

2. 有主轴型 这类树木具有很强的顶端生长优势，直立壮观，不耐抹头或重截，应以疏剪为主。主要修剪在冬季进行。

修剪时应注意以下事项：

（1）保持树冠与树木高度的适当比例，高度与树冠比例一般保持在3：2左右，以保持足够的枝叶供应树木生长。

（2）最下方三大主枝着生位置要上下错开，方向均匀，角度适宜，防止生在一个水平面上，影响主尖生长。

（3）及时剪掉三大主枝上基部贴近树干的侧枝，防止截留养分，影响主干往上生长。

（4）选留好三大主枝以上的其他各主枝，使其呈螺旋形循序排列，保持适当距离（一般在40~100 cm），避免重叠。适当疏剪过密枝、主枝的背上枝、内向枝、弱枝、徒长枝、病虫枝等。

3. 常绿树的修剪 一般要保留全部侧枝，只修剪干枯枝、折损枝、病虫害枝。如果要提高松树的分枝点，应从幼树时逐年修剪，不宜1次修剪过多，剪口要适当离开主干，不可剪掉基部膨大部分，防止剪口过大，流胶过多，伤口回缩，影响树势。

二、灌木的修剪

为保持灌丛状态的修剪，要逐年循序更新老枝，使上下部树枝都能丰满，避免下部空虚。一般在每年进入生长期前，在根生枝中选1/3较老的枝自地面剪除，同时整修株形，控制高度，除去过密枝并随时清理死枝和病虫害侵害的枝条。

对观花灌木的修剪，时间及方法必须根据不同开花习性进行。对当年生枝条上开花的，应在花开后剪去过长枝，进行整形修剪；对秋季孕蕾，翌年春季开花的，应在夏季休眠期剪去徒长枝和过密枝，入冬前剪去过长枝，修整株形；对花开于多年生枝上的和常绿开花灌木，可于休眠后或萌动前进行必要的整形修剪。

为使花繁色艳，应根据不同的开花习性掌握下列原则：

（1）当年生枝条开花的种类如紫薇、木槿、珍珠梅等，选留适当高度的健壮枝留2~4个饱满芽短截；一年内多次开花的种类，花后在花下4~6芽处剪去，同时适当追肥。

（2）两年生枝条开花的种类如碧桃、榆叶梅、丁香、连翘、锦带花等在春季剪去内膛过密枝，对开花枝适度轻剪。花后半月对弱枝留 2~4 芽强剪；对强枝留 2/3 轻剪，除去直立的徒长枝。

（3）多年生枝条开花的种类如紫荆、贴梗海棠等着重更新修剪，即剪去衰老枝和细弱枝，选留健壮枝条短截以促生短花枝，同时剪除枯病枝及老枝枯梢。

三、绿篱修剪

屋顶绿化选用的绿篱苗木多是萌蘖能力强、耐修剪的品种，因此栽植好后的绿篱应每年在春季萌动前和雨季休眠期进行整形。绿篱的高度应符合各种植物的不同习性，即不同高度的绿篱应选用适当的植物种类。

绿篱可修剪成不同的几何形状，但对喜光的种类必须注意上部宽度不大于下部，以免下部枝叶稀疏衰弱。

对自然式绿篱不用修剪整形，只按一般灌木修剪。

四、草坪

在不同环境中，草坪养护管理的复杂程度有很大的差异。用于屋顶绿化的草坪品种（以佛甲草为例）具有以下特点：抗旱节水、隔热降温、根系无穿透力，不破坏屋面结构、对肥料的需求不高、绿色期较长、管理粗放简单、自生自繁，繁殖方法简单，成活率高、所需基质薄，对屋面负荷轻。因为其枝叶均为肉质，不耐践踏，在管护中只需适时拔除杂草，不需要修剪，可在每年植物萌动季节将过年老本进行去除。

此外，越冬木本植物的修剪一般结合防冻水的浇灌。屋顶绿化要尽量少使用高大有主根的乔木，若要使用大的乔木，种植位置应设计在承重柱和主墙所在的位置上，要采取加固措施以利于植物的正常生长。可选择小乔木、灌木、草本植物。北方城市宜选择乔灌草结合的栽培模式，即选择更利于屋顶种植的灌木、草坪结合乔木错落混合种植的配置模式。

第三节　防风固定

安全问题一直以来都是做好屋顶绿化工作的关键。北方地区冬季干旱多风，瞬间风力有时可达 7~8 级，因此要确保屋顶绿化植物材料、基础层材料以及绿化设施材料的牢固性。由于屋顶绿化的种植层较薄，高大树木的栽植一直是屋顶绿化中的难题。特别是树木的固定与防风、防倾倒更是棘手问题。对于屋顶上的常绿乔木、落叶小乔木及规格较大的花灌木要采取支撑、牵引等方式对其进行固定。可根据北方地区各城市常刮的风向，在固定植物时，支撑、牵引方向应与植物生长地的常遇风向保持一致。牵引、支撑时应根据植物规格及自身重量选择适当的固定材料。植物的防风固定方法主要包括地上支护法和地下固定法。目前在地上固定利用圆、螺钉和绳索将树木固定，成稳定的三角形。地面支护简单易行，但是由于支撑物影响了树木的美观和庭院的景观效果，现在很多被地下固定方式所代替。地下固定方式的做法是首先在屋面安装基座，树木较大时基座还需与屋面固定；基座的顶端连接数根钢索，将树木底部拉接固定，起到支护作用；屋面覆盖种植土层后，将基座和固定钢索掩埋，地面上看不到任何支护措施。对于枝条生长较密的植物，冬季还应进行适当修剪，使其通风透光，提高抗风能力。

应根据植物抗风性和耐寒性的不同，采取搭风障、支防寒罩和包裹树干等措施进行防风防寒处理。对于高层建筑物楼顶以及有强风的海边城市，更应注意采取有效的防风设计。使用材料应具备耐火、坚固、美观的特点。冬季必须采取防寒措施，保证植物安全越冬。

成熟期短的植物对于风害更具有抵抗力，也容易维护。

第四节　各季节管护

一、春季管护

1. 浇早春返青水（简称浇春水）　北方地区早春干燥多风，平均气温较低，降水量较少，土壤保水量下降，植物结束休眠，在植物开始萌芽长叶前及时补充水分，缓和春旱。屋顶上由于日照时间较长、风速较快，土壤中水分流失更为严重。因此，浇春水对于植物的解冻返青及开花生长都是很重要的。浇春水首先要掌握“早浇、浇透”的原则，浇水时间尽可能提前并且应当浇足。一般来说，北方地区平均温度在 10 ℃左右就要开始浇春水。浇水间隔时间在 10~15 d 1 次，根据植物种类和季节不同，灵活掌握灌溉次数和浇水量（随着气温的增高可不断增加浇水次数及浇水量），确保早春土壤墒情良好。浇水尽量以喷灌为主，避免漫灌，防止浇水过多而形成屋面径流，造成水土流失。根据产权单位要求设置微喷、滴灌等措施进行喷灌的，水源压力应大于 2.51 g/cm^2。如果压力不足，可利用小型水泵来增强水压。另外，在浇春水时要随时检查排水口是否通畅，及时对排水口堆积残留的枯枝落叶进行清理，防止日后堵塞排水口。

2. 适时补苗，补充土壤基质，适当追肥　简单式屋顶绿化春季植株返青后的成活率应在 95%以上，对于没有及时返青的地方应当及时进行补植，并在补植的同时，对于基质较薄的地方适当补充基质。对于植物生长势较弱的植物要适当追肥。考虑到屋顶荷载，应该适当控制施肥量，避免由于植物生长过旺而加大建筑荷载和维护成本。早春可根据植物生长情况按照 30~50 g/m^2 的比例追施一次长效的 N：P：K 为 10：8：7 的复合肥，但不同于地面施肥的是：注意不要使用有污染、异味强烈或易腐蚀的肥料，以免对屋面结构、设施及楼内人员的工作生活带来影响。

3. 病虫害防治及除草　由于屋顶绿化与人们工作生活较为密切，因此病虫害防治工作也显得极为重要，如果防治不当，容易对人们的工作生活造成影响。

复式屋顶绿化的病虫害防治可按照地面绿化的病虫害防治方法进行，但尽可能采用人工防治、生物防治及物理防治等措施。如确实需使用农药防治的，要以生物环保型农药为主，选择环保无污染、无刺激性气味，或污染较小、腐蚀性弱的农药品种，确保屋顶绿化无病虫害发生。简单式屋顶绿化由于春季较为干旱，易遭蚜虫危害，如危害状不十分严重，在浇水时利用清水冲洗，便可有效防治蚜虫的危害。

应剪除冬季枯枝，修剪绿篱植物。春季生长旺盛，应当定期拔除杂草，将杂草控制在1%以下。简单式屋顶绿化所用的佛甲草及垂盆草不耐践踏，因此在拔除杂草时，要尽量避免践踏植株。另外春季返青时，前一年宿存在屋顶的枯草层附着较厚的地方，应当及时将枯草用耙子适当清理，使幼苗充分通风透光，加速植被返青。

4. 检修设备，做好养护管理工作记录 定期对屋顶上的各种设备进行检修，对于老化的设备及时更换，保证滴灌、微喷、渗灌等灌溉系统的正常使用。各养护管理单位还应当做好养护记录。保证养护记录完整仔细，内容翔实，为以后的屋顶绿化养护管理提供可靠的工作依据。

二、夏季管护

（1）夏季气温高，蒸发量大，应及时对旱期植物补水，保证其健康生长。

（2）修剪残花，剪除萌蘖、抹芽。对较大的树木及时修剪徒长枝，抽稀树冠，控制树形，减少对建筑的荷载，避免由于树冠过大，造成倒伏；对绿篱也应进行整形修剪。

（3）对病虫害进行防治。

（4）拔除杂草。

（5）雨季遇大暴雨时应加强巡查，做好排水工作。

三、秋季管护

（1）气温逐渐降低，植物逐步进入休眠期，对生长弱、木质化程度不高的苗木追施磷、钾肥。

（2）随时清理杂草落叶。

（3）土壤冻结前完成冬水浇灌。

（4）继续完成防病、防虫工作。

四、冬季管护

随着冬季的来临，屋顶绿化植物进入了休眠期。为了巩固已有绿化屋顶的绿化成果，具体养护措施如下：

1. 支撑、牵引植物材料，确保安全

（1）北方地区冬季干旱多风，瞬间风力有时可达7~8级，因此要确保屋顶绿化植物材料、基础层材料以及绿化设施材料的牢固性。

（2）对于屋顶上的常绿乔木、落叶小乔木及体量较大的花灌木要采取支撑、牵引等方式对其进行固定。

（3）因北方冬季常刮西北风，所以在固定植物时，支撑、牵引方向应与植物生长地的常遇风向保持一致。

（4）牵引、支撑时应根据植物体量及自身重量选择适当的固定材料。

（5）对于枝条生长较密的植物，冬季还应进行适当修剪，使其通风透光，提高抗风能力。

2. 搭设御寒风障

（1）对于新植苗木或不耐寒的植物材料，应当适当采取防寒措施：云杉、五针松、大叶黄杨、小叶黄杨等不耐风的新植苗木应采取包裹树干、搭设风障等措施确保其安全越冬。

（2）在背风、向阳、小气候环境好的地点可不必搭设御寒风障或灵活掌握。

3. 进行屋顶覆盖

（1）目前屋顶绿化工程大多采用简单式屋顶绿化形式，简单式屋顶绿化所用植物大多选用景天科景天属植物佛甲草或垂盆草。佛甲草原产于我国南部各省，抗寒能力稍差，冬季地上部分萎蔫并附着在基质上，植株下部长出饱满幼芽来越冬，地上萎蔫老苗既可保护幼芽不受冻害，又可为幼苗来年生长提供养分。然而，在北方干燥寒冷的气候环境下如果养护不当，容易出现大面积枯死的情况，对于来年草坪返青极为不利。所以，新铺设的佛甲草草坪如果尚未完全成坪或者生长较稀疏的情况下，应当及时补苗。

（2）进入冬季以后不适宜补苗时，为了保证来年返青质量以及防止“黄土露天”“二次扬尘”等情况的发生，应当对新铺草坪进行覆盖。覆盖后的草坪，可有效保护土壤，防止老苗及基础材料被风吹走，有利于来年屋顶绿化草坪的提前返青。

（3）随着自然环境的不断改善，不少鸟类已在高楼大厦间安家，不少屋顶都出现了鸟类毁苗的现象。其中危害最为严重的是喜鹊、乌鸦、家鸽等鸟类。常常将屋顶绿化草坪植物连根刨起，采用屋顶覆盖后，也可有效预防鸟类对于屋顶绿化植物的损害。

4. 冬季补水　简单式屋顶绿化常用的植物佛甲草、垂盆草均属抗旱植物，但冬季补水却非常关键。一般来说，以上植物冬季可适当减少浇水量，但必须要保证土壤达到能维持其生命的基本保水量。如果冬季屋面土壤过分干旱，很容易造成土壤基质疏松，植物严重缺水，植株下部幼芽逐渐干瘪最终造成植株死亡。

（1）在冬季降水量减少的情况下，可于11月底结合北方园林植物浇“冻水”的时候为其浇水。这样可以有效地起到防风固尘，保持土壤及空气湿度，使小芽生长饱满，将屋面热能传导至土壤介质作用。

（2）由于简单式屋顶绿化基质较薄，屋顶蒸发量较大，因此建议在植物越冬期间选择日照充足、温度较高的天气进行适当补水。

试验表明，冬季含水量高的地方，佛甲草的长势优良，绿色期可延长至12月中旬，返青时间也可提早15~20 d。

5. 加强日常巡视，保障屋顶建筑安全

（1）施工单位应当经常对屋顶绿化进行巡视，检修屋顶绿化各种设施，灌溉系统及时回水，防止水管冻裂。

（2）遇大雪等天气，应当组织人员及时排除降雪，减轻屋顶荷载。防止大雪压坏树苗，及时清除积雪。将雪载数值保持在正常荷载范围内，确保建筑及人员的安全。

6. 其他　开始树木冬季修剪。

对屋顶有虫害发生的，可利用人工进行挖除虫卵工作。

第五节 其他养护细节

在选择植物之前，应该检查几个潜在的问题：火灾隐患，多刺的、有毒的、有侵略性的植物特性，基质的营养含量，烟雾与酸雨的存在，高温和风对植物的作用。

一、火灾隐患

干枯的和死亡的植物组织都是火灾隐患，必须及时清理，修剪除去。虽然一些植物种类死亡的植物组织很容易随着时间的推移而腐烂分解，但是有些植物如草本植物，由于它的纤维含量很高，需要很长的时间才能自然分解。干燥生物量的累积增加了火灾蔓延的可能性。那些涉及灌丛火灾的区域，应适当地修剪，移除或完全避免草本植物及多年生草本植物枝叶枯萎。景天属及其他肉质植物因其叶片内含有大量水分，可作为阻燃材料来使用。在设计时，可考虑将阻燃植物环绕在可燃植物的周围以降低意外火灾事故的扩展潜力。

二、植物选择

首先要把好植物品种关，注重植物配置。选择生长健壮，适应性强，浅根系，体量小，生长缓慢，耐修剪，管理方便的植物。

为避免对人们造成伤害，多刺、有毒植物不适于用于屋顶绿化。

避免使用那些具有潜在侵略性的物种或有毒的种子。防止其种子随风扩散。

三、种植时间

在北方地区，最佳的种植时间随着气候的变化和植物种类的不同而有所差异。栽植植物一般从春季的最后一次霜冻后开始，到秋季初霜前结束，这段时间允许植物定植。

四、水分

此外需要注意的是，植物一生中虽离不开水分，但水分太多，对树木也很不利，因土壤含水过多，达饱和状态时，所有空隙都被水分占满，土中空气都被排挤，造成缺氧，使根系的呼吸作用受到阻碍，影响吸收的正常功能，轻则生长不良，时间一长还会使树根窒息、腐烂致死。同时，土壤内缺氧，使好气菌的活动受到抑制，影响有机物的分解；而且由于根系进行无氧呼吸，会产生乙醇等有害物质，使蛋白质凝固。所以在雨季应注意屋顶的排水系统是否通畅，要做好防涝工作，平时也要防止积水。这是极为重要的屋顶绿化养护工作项目。

五、防止漏水

日常使用中，为避免造成屋顶超载，管理人员应注意不得任意在屋顶花园中增设超出原设计范围的大型景物。在更改原安装水电设备和系统时应特别注意不得破坏原屋顶防水层和构造，更不得更改屋顶的防水系统和坡向。保持屋顶清洁及排水系统通畅以防屋顶积水并导致屋顶漏水。

六、注意安全

养管人员在进行养护作业时应注意安全，必要时应扎系安全带进行养护作业。

第十二章　屋顶绿化典型案例

一、全国政协机关办公楼屋顶花园

全国政协机关坐落在北京市西城区太平桥大街23号，紧邻北京金融街，是北京寸土寸金地段。全国政协机关办公楼1996年建成。为了迎接2008年北京奥运会，2006年全国政协率先实施了屋顶绿化。

全国政协屋顶绿化总面积1.3万m^2，由会议楼顶花园、专委楼顶花园、会议楼顶草坪、政协礼堂屋顶草坪组成。屋顶花园由乔、灌、草、攀缘植物、园路、藤架等构成，是当时北京市做得最好的屋顶花园，实现了一年四季常绿，三季有花景观效果，是典型的建筑与绿化完美结合的屋顶景观（图12-1，图12-2）。

该花园采用了北京的市花，以月季为主题的绿化形式，由北京市西城区园林局建造、养护，采用微喷灌管理，养护成本大大降低，效果很好。据上海市园林局的专家测算，由于没有土地成本，1.3万m^2的屋顶绿化为国家节约5亿元左右绿化成本。

全国政协机关办公楼屋顶花园是北京典型屋顶绿化案例，客观上起到了屋顶绿化宣传和示范的作用，推动了全国屋顶绿化事业的发展。

二、王府世纪停车楼屋顶花园

王府世纪停车楼位于北京市王府井地区东华门路口东北角，屋顶花园（图12-3、图12-4）主要分布于建筑的8层东南部和9层，另外在8层西侧和楼北4~7层的露台上也有少量分布。屋顶花园总面积近2 500 m^2，绿化面积约800 m^2，2002年5月竣工。

花园主要供甲方内部使用，满足小型聚会、游憩、赏景的需要。设计充分利用8层和9层的集中绿地进行园林造景，满足各项功能需要，在其他边角位置则尽可能增加绿色空间，提高生态效益。

设计坚持在现代风格中融入传统文化内涵，使花园既统一于建筑总体风格，同时也能更好地与外围地理人文环境相协调。这主要体现在种植设计上，多选用既满足屋顶生长条件，同时又充分展现中国传统园林文化内涵的植物品种，如油松、玉兰、西府海棠、石榴、丝兰等，并在方寸之地上做了精心配植。

设计充分利用植物造景，植物品种40余种，形成了丰富多彩的四季景观。春有玉兰、海棠迎春，夏有紫薇、合欢入画，秋有石榴、柿树硕果累累，冬有松柏、黄杨傲雪常青。多姿多彩的植物景观使花园呈现出勃勃的生机和活力，并深深感染着每一个来此游览的客人。

三、河北省人民医院屋顶花园

河北省人民医院位于石家庄市和平路 348 号，是石家庄商业密集区。河北省人民医院医技楼和门诊楼各建有一个屋顶花园，2007 年竣工，面积约 4 500 余平方米，采用乔木+灌木为主的栽培池营造的一种屋顶绿化景观模式（图 12-5、图 12-6）。栽培池高度在 30~50 cm，按照设计合理分配空间，有效增加了医院绿地和患者活动区域。

医技楼屋顶花园面积 2 800 m^2，栽种了雪松、银杏、紫叶矮樱、碧桃、白玉兰、剑麻、月季、芭蕉、金叶女贞等 30 个品种，有色彩淡雅的花树，如蜡梅、紫薇、观赏石榴等；有色彩明亮的花卉，如红王子锦带、玉簪、芍药；有常年保持色泽的绿色植物如雪松、大叶黄杨等，为体现屋顶花园的立体感，利用花架栽植了一些攀缘植物，如紫藤、凌霄等。屋顶花园采取分区设置，植被花卉被高高低低的台子隔离出来，预留的人行道方便行人在园中自由穿行。人行道全部由渗水砖铺设而成。收集而来的雨水用来浇灌地面绿地。

门诊楼的五楼屋顶花园面积 1 770 m^2，栽种有月季、芭蕉、剑麻等，还栽种了茄子、黄瓜、西红柿等时令果蔬。凉亭、回廊、篱笆、石桌石凳、健身器材一应俱全，为住院患者提供了推窗观景和游憩的环境。

四、石家庄怀特古文化茶城屋顶花园

石家庄怀特古文化茶城位于石家庄市裕华区体育南大街 286 号，南侧为石家庄广电中心。怀特古文化茶城屋顶花园（图 12-7、图 12-8）于 2008 年建成，面积 4 000 余平方米，是以灌木+草坪为主的一种屋顶绿化栽培模式，展现了大尺度造景与精品造型相结合的艺术风格，实现了屋顶绿化景观与其建筑风格完美结合，相得益彰。栽植有中华金叶榆、紫叶李、大叶黄杨、紫叶小檗、紫叶矮樱、金叶女贞、月季、龙柏、佛甲草、垂盆草、早熟禾等十几个品种，还设有假山、竹园和花境等园林小品，成为石家庄东南商圈中典型的屋顶绿化案例。

五、河北经贸大学屋顶绿化

河北经贸大学位于石家庄市西北高教区，学府路 47 号。河北经贸大学屋顶绿化位于学校实验教学中心顶层，是国家环保部西水源监测点，面积 1 200 m^2。

该屋顶花园（图 12-9、图 12-10）于 2014 年 7 月建成。为控制周边扬尘，提升监测点整体环境，针对建筑结构和楼顶特点，以突出生态效益为主，全部采用育苗盘，主要栽植品种为垂盆草和太阳花两种，按照设计分块摆放，是一种全草坪屋顶绿化栽培模式，对建筑物屋顶进行了大面积覆盖，起到了很好的屋顶绿化效果。

附　　录

附录 1　北京屋顶绿化规范

ICS 65. 020. 20
DB11/T 281—2005
B 05

北京屋顶绿化规范

2005-05-10 发布　　　　　　　　　　　　2005-05-10 实施

北京市质量技术监督局

前　言

为了规范北京城市屋顶绿化技术，提高北京城市屋顶绿化质量和水平，依据《公园设计规范》CJJ 48—92、《园林基本术语标准》CJJ/T91—2002、《屋面防水施工技术规程》DBJ 01-93—2004、《城市园林绿化养护管理标准》DBJ 11/T213—2003 和《北京地区地下设施覆土绿化指导书》（北京市园林局 2004. 1. 1 公布），特制定本标准。

本标准由北京市园林局提出并归口。

本标准由北京市园林科学研究所负责技术解释。

本标准起草单位：北京市园林科学研究所。

本标准主要起草人：韩丽莉。

1　范围

本标准规定了屋顶绿化基本要求、类型、种植设计与植物选择和屋顶绿化技术。

本标准适用于北京地区建筑物、构筑物平顶的屋顶绿化设计、施工和养护管理工作。

本标准为推荐性标准。

2　规范性引用文件

下列文件中的条款通过本标准的引用而成为本标准的条款。凡是注日期的引用文件，其随后所有的修改单（不包括勘误的内容）或修订版均不适用于本标准，然而，鼓励根据本标准达成协议的各方研究是否可使用这些文件的最新版本。凡是不注日期的引用文件，其最新版本适用于本标准。

CJJ 48—92《公园设计规范》

CJJ/ T91—2002《园林基本术语标准》

DBJ 01-93—2004《屋面防水施工技术规程》

DBJ 11/T213—2003《城市园林绿化养护管理标准》

3　术语和定义

下列术语和定义适用于本标准。

3.1　屋顶绿化 roof greening

在高出地面以上，周边不与自然土层相连接的各类建筑物、构筑物等的顶部以及天台、露台上的绿化。

3.2　花园式屋顶绿化 intensive roof greening

根据屋顶具体条件，选择小型乔木、低矮灌木和草坪、地被植物进行屋顶绿化植物配置，设置园路、座椅和园林小品等，提供一定的游览和休憩活动空间的复杂绿化。

3.3　简单式屋顶绿化 extensive roof greening

利用低矮灌木或草坪、地被植物进行屋顶绿化，不设置园林小品等设施，一般不允许非维修人员活动的简单绿化。

3.4　屋顶荷载 roof load

通过屋顶的楼盖梁板传递到墙、柱及基础上的荷载（包括活荷载和静荷载）。

3.5　活荷载（临时荷载） temporary load

由积雪和雨水回流，以及建筑物修缮、维护等工作产生的屋面荷载。

3.6　静荷载（有效荷载） payload

由屋面构造层、屋顶绿化构造层和植被层等产生的屋面荷载。

3.7　防水层 waterproof layer

为了防止雨水和灌溉用水等进入屋面而设的材料层。一般包括柔性防水层、刚性防水层和涂膜防水层三种类型。

3.8　柔性防水层 floppy waterproof layer

由油毡或 PEC 高分子防水卷材粘贴而成的防水层。

3.9　刚性防水层 rigid waterproof layer

在钢筋混凝土结构层上，用普通硅酸盐水泥砂浆掺 5%防水粉抹面而成的防水层。

3.10　涂膜防水层 membrane waterproof layer

用聚氨酯等油性化工涂料，涂刷成一定厚度的防水膜而成的防水层。

4　基本要求

4.1　屋顶绿化建议性指标

不同类型的屋顶绿化应有不同的设计内容，屋顶绿化要发挥绿化的生态效益，应有相宜的面积指标作保证。屋顶绿化的建议性指标见表 1。

表 1　屋顶绿化建议性指标

花园式屋顶绿化	绿化屋顶面积占屋顶总面积	≥60%
	绿化种植面积占绿化屋顶面积	≥85%
	铺装园路面积占绿化屋顶面积	≤12%
	园林小品面积占绿化屋顶面积	≤3%
简单式屋顶绿化	绿化屋顶面积占屋顶总面积	≥80%
	绿化种植面积占绿化屋顶面积	≥90%

4.2　屋顶承重安全

屋顶绿化应预先全面调查建筑的相关指标和技术资料，根据屋顶的承重，准确核算各项施工材料的重量和一次容纳游人的数量。

4.3　屋顶防护安全

屋顶绿化应设置独立出入口和安全通道，必要时应设置专门的疏散楼梯。为防止高空物体坠落和保证游人安全，还应在屋顶周边设置高度在 80 cm 以上的防护围栏。同时要注重植物和设施的固定安全。

5　屋顶绿化类型

5.1　花园式屋顶绿化

5.1.1　新建建筑原则上应采用花园式屋顶绿化，在建筑设计时统筹考虑，以满足不同绿化形式对于屋顶荷载和防水的不同要求。

5.1.2　现状建筑根据允许荷载和防水的具体情况，可以考虑进行花园式屋顶绿化。

5.1.3　建筑静荷载应大于等于 250 kg/m^2。乔木、园亭、花架、山石等较重的物体应设计在建筑承重墙、柱、梁的位置。

5.1.4　以植物造景为主，应采用乔、灌、草结合的复层植物配植方式，产生较好的生态效益和景观效果。花园式屋顶绿化建议性指标参见表 1。

5.2　简单式屋顶绿化

5.2.1　建筑受屋面本身荷载或其他因素的限制，不能进行花园式屋顶绿化时，可进行简单式屋顶绿化。

5.2.2　建筑静荷载应大于等于 100 kg/m^2，建议性指标参见表 1。

5.2.3　主要绿化形式

a）覆盖式绿化

根据建筑荷载较小的特点，利用耐旱草坪、地被、灌木或可匍匐的攀缘植物进行屋顶覆盖绿化。

b）固定种植池绿化

根据建筑周边圈梁位置荷载较大的特点，在屋顶周边女儿墙一侧固定种植池，利用植物直立、悬垂或匍匐的特性，种植低矮灌木或攀缘植物。

c）可移动容器绿化

根据屋顶荷载和使用要求，以容器组合形式在屋顶上布置观赏植物，可根据季节不同随时变化组合。

6 种植设计与植物选择

6.1 种植设计

6.1.1 花园式屋顶绿化

6.1.1.1 种植设计的一般规定可参照 CJJ 48—92 中第 6.1.2 条、第 6.1.3 条要求执行。

6.1.1.2 以突出生态效益和景观效益为原则，根据不同植物对基质厚度的要求，通过适当的微地形处理或种植池栽植进行绿化。屋顶绿化植物基质厚度要求见表 2。

表 2 屋顶绿化植物基质厚度要求

植物类型	规格/m	基质厚度/cm
小型乔木	H=2.0~2.5	≥60
大灌木	H=1.5~2.0	50~60
小灌木	H=1.0~1.5	30~50
草本、地被植物	H=0.2~1.0	10~30

6.1.1.3 利用丰富的植物色彩来渲染建筑环境，适当增加色彩明快的植物种类，丰富建筑整体景观。

6.1.1.4 植物配置以复层结构为主，由小型乔木、灌木和草坪、地被植物组成。本地常用和引种成功的植物应占绿化植物的 80%以上。

6.1.2 简单式屋顶绿化

6.1.2.1 绿化以低成本、低养护为原则，所用植物的滞尘和控温能力要强。

6.1.2.2 根据建筑自身条件，尽量达到植物种类多样，绿化层次丰富，生态效益突出的效果。

6.2 植物选择原则

6.2.1 遵循植物多样性和共生性原则，以生长特性和观赏价值相对稳定、滞尘控温能力较强的本地常用和引种成功的植物为主。

6.2.2 以低矮灌木、草坪、地被植物和攀缘植物等为主，原则上不用大型乔木，有条件时可少量种植耐旱小型乔木。

6.2.3 应选择须根发达的植物，不宜选用根系穿刺性较强的植物，防止植物根系穿透建筑防水层。

6.2.4 选择易移植、耐修剪、耐粗放管理、生长缓慢的植物。

6.2.5 选择抗风、耐旱、耐高温的植物。

6.2.6 选择抗污性强，可耐受、吸收、滞留有害气体或污染物质的植物。

6.2.7 北京地区屋顶绿化部分植物种类参考见表 3。

表3 推荐北京地区屋顶绿化部分植物种类

乔木			
油松	阳性，耐旱、耐寒；观树形	玉兰*	阳性，稍耐阴；观花、叶
华山松*	耐阴；观树形	垂枝榆	阳性，极耐旱；观树形
白皮松	阳性，稍耐阴；观树形	紫叶李	阳性，稍耐阴；观花、叶
西安桧	阳性，稍耐阴；观树形	柿树	阳性，耐旱；观果、叶
龙柏	阳性，不耐盐碱；观树形	七叶树*	阳性，耐半阴；观树形、叶
桧柏	偏阴性；观树形	鸡爪槭*	阳性，喜湿润；观叶
龙爪槐	阳性，稍耐阴；观树形	樱花*	喜阳；观花
银杏	阳性，耐旱；观树形、叶	海棠类	阳性，稍耐阴；观花、果
栾树	阳性，稍耐阴；观枝、叶、果	山楂	阳性，稍耐阴；观花
灌木			
珍珠梅	喜阴；观花	碧桃类	阳性；观花
大叶黄杨*	阳性，耐阴，较耐旱；观叶	迎春	阳性，稍耐阴；观花、叶、枝
小叶黄杨	阳性，稍耐阴；观叶	紫薇*	阳性；观花、叶
凤尾丝兰	阳性；观花、叶	金银木	耐阴；观花、果
金叶女贞	阳性，稍耐阴；观叶	果石榴	阳性，耐半阴；观花、果、枝
红叶小檗	阳性，稍耐阴；观叶	紫荆*	阳性，耐阴；观花、枝
矮紫杉*	阳性；观树形	平枝栒子	阳性，耐半阴；观果、叶、枝
连翘	阳性，耐半阴；观花、叶	海仙花	阳性，耐半阴；观花
榆叶梅	阳性，耐寒，耐旱；观花	黄栌	阳性，耐半阴，耐旱；观花、叶
紫叶矮樱	阳性；观花、叶	锦带花类	阳性；观花
郁李*	阳性，稍耐阴；观花、果	天目琼花	喜阴；观果
寿星桃	阳性，稍耐阴；观花、叶	流苏	阳性，耐半阴；观花、枝
丁香类	稍耐阴；观花、叶	海州常山	阳性，耐半阴；观花、果
棣棠*	喜半阴；观花、叶、枝	木槿	阳性，耐半阴；观花
红瑞木	阳性；观花、果、枝	蜡梅*	阳性，耐半阴；观花
月季类	阳性；观花	黄刺玫	阳性，耐寒，耐旱；观花
大花绣球*	阳性，耐半阴；观花	猬实	阳性；观花
地被植物			
玉簪类	喜阴，耐寒、耐热；观花、叶	大花秋葵	阳性；观花
马蔺	阳性；观花、叶	小菊类	阳性；观花
石竹类	阳性，耐寒；观花、叶	芍药*	阳性，耐半阴；观花、叶

续表

地被植物			
随意草	阳性；观花	鸢尾类	阳性，耐半阴；观花、叶
铃兰	阳性，耐半阴；观花、叶	萱草类	阳性，耐半阴；观花、叶
荚果蕨*	耐半阴；观叶	五叶地锦	喜阴湿；观叶；可匍匐栽植
白三叶	阳性，耐半阴；观叶	景天类	阳性，耐半阴，耐旱；观花、叶
小叶扶芳藤	阳性，耐半阴；观叶；可匍匐栽植	京8常春藤*	阳性，耐半阴；观叶；可匍匐栽植
砂地柏	阳性，耐半阴；观叶	苔尔曼忍冬*	阳性，耐半阴；观花、叶；可匍匐栽植

注：加“*”为在屋顶绿化中，需在一定小气候条件下栽植的植物。

7 屋顶绿化技术

7.1 屋顶绿化相关材料荷重参考值

7.1.1 植物材料平均荷重和种植荷载参考见表4。

表4 植物材料平均荷重和种植荷载参考表

植物类型	规格/m	植物平均荷重/（kg/m^2）	种植荷载/（kg/m^2）
乔木（带土球）	H=2.0~2.5	80~120	250~300
大灌木	H=1.5~2.0	60~80	150~250
小灌木	H=1.0~1.5	30~60	100~150
地被植物	H=0.2~1.0	15~30	50~100
草坪	1 m^2	10~15	50~100

注：选择植物应考虑植物生长产生的活荷载变化。种植荷载包括种植区构造层自然状态下的整体荷载。

7.1.2 其他相关材料密度参考值见表5。

表5 其他相关材料密度参考值一览表

材料	密度/（kg/m^3）
混凝土	2 500
水泥砂浆	2 350
河卵石	1 700
豆石	1 800
青石板	2 500
木质材料	1 200
钢质材料	7 800

7.2　屋顶绿化施工操作程序

7.2.1　花园式屋顶绿化

花园式屋顶绿化施工流程见图 1。

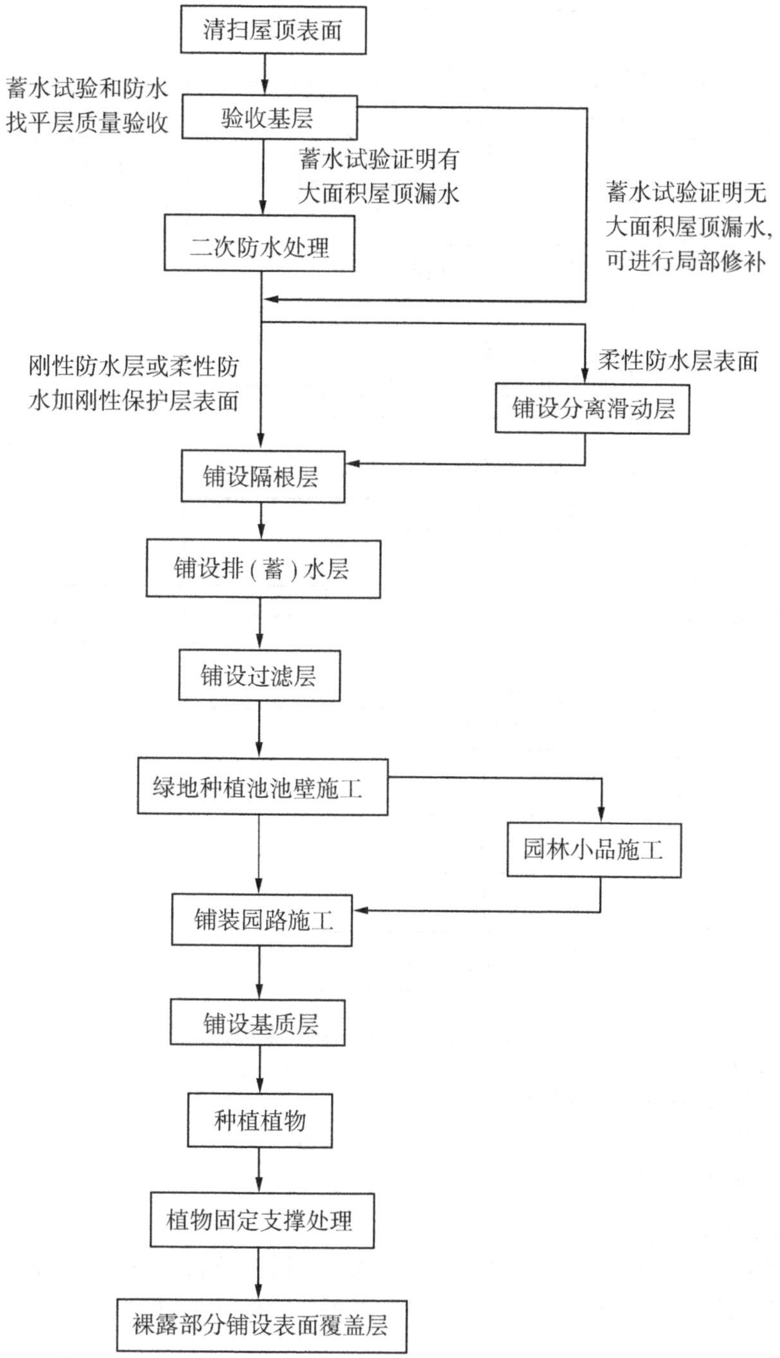

图 1　花园式屋顶绿化施工流程示意图

7.2.2　简单式屋顶绿化

简单式屋顶绿化施工流程见图 2。

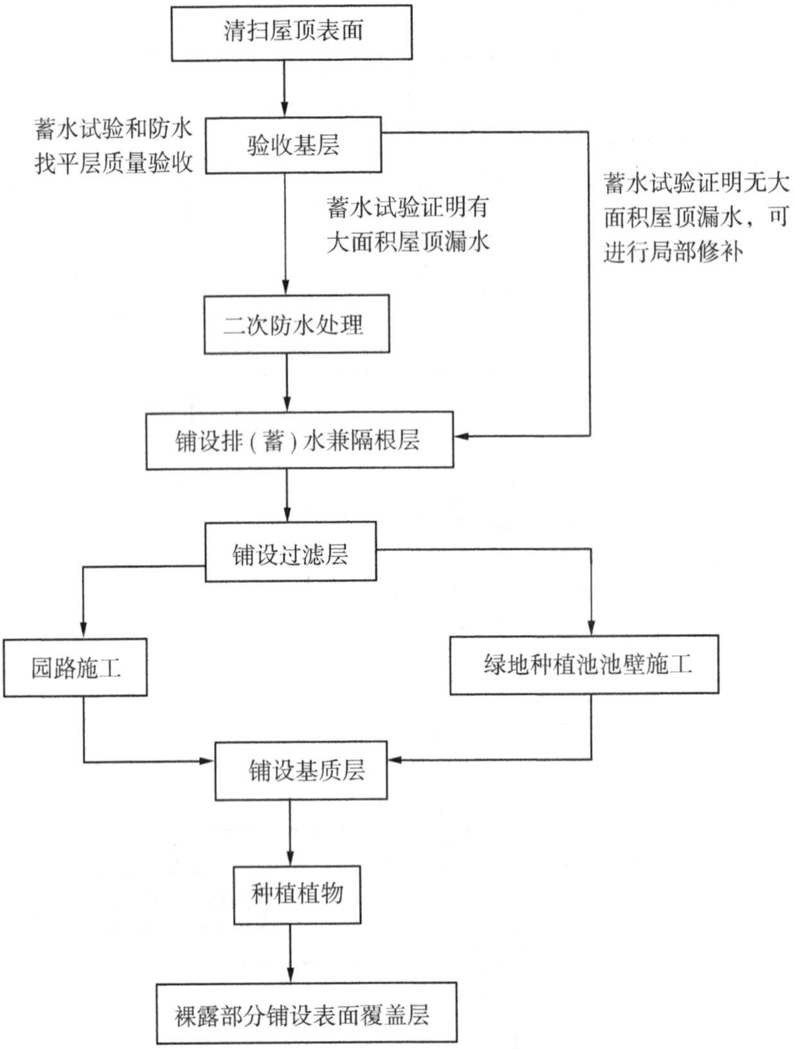

图 2　简单式屋顶绿化施工流程示意图

7.3　屋顶绿化种植区构造层

种植区构造层由上至下分别由植被层、基质层、隔离过滤层、排（蓄）水层、隔根层、分离滑动层等组成。构造剖面示意见图 3。

7.3.1　植被层

通过移栽、铺设植生带和播种等形式种植的各种植物，包括小型乔木、灌木、草坪、地被植物、攀缘植物等。屋顶绿化植物种植方法见图 4、图 5。

图 3 屋顶绿化种植区构造层剖面示意图

(1) 乔木 (2) 地下树木支架 (3) 与围护墙之间留出适当间隔或围护墙防水层高度与基质上表面间距不大于 15 cm (4) 排水口 (5) 基质层 (6) 隔离过滤层 (7) 渗水管 (8) 排(蓄) 水层 (9) 隔根层 (10) 分离滑动层

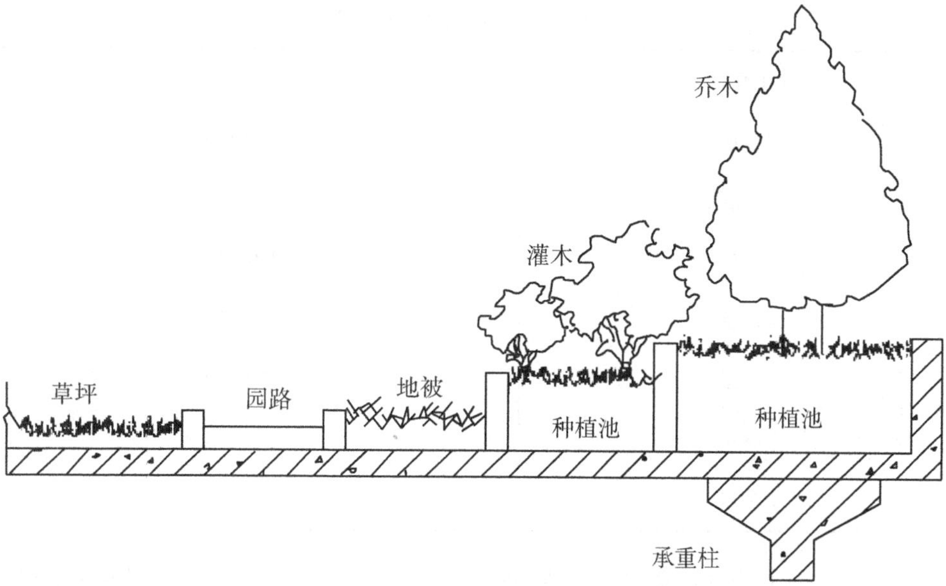

图 4 屋顶绿化植物种植池处理方法示意图

7.3.2 基质层

是指满足植物生长条件，具有一定的渗透性能、蓄水能力和空间稳定性的轻质材料层。

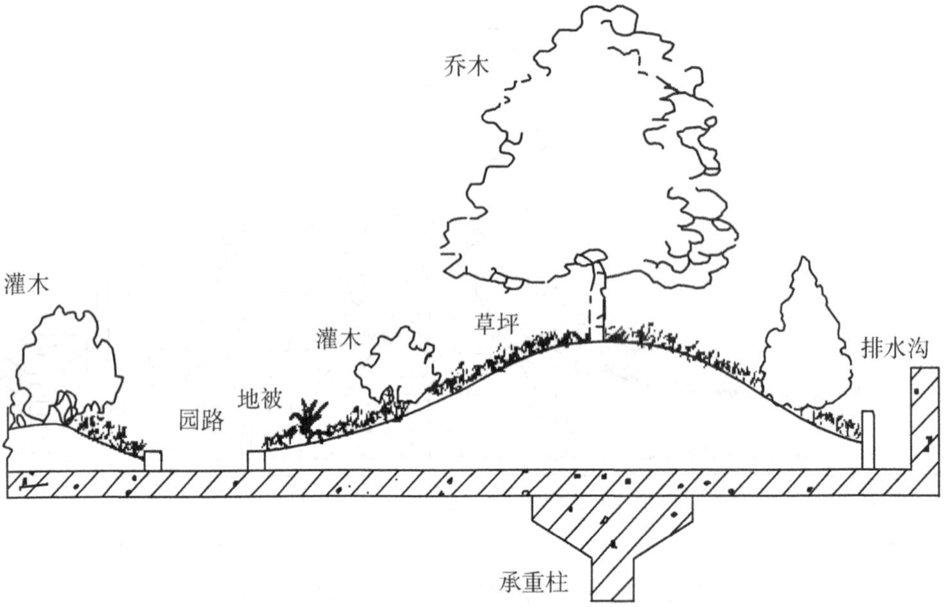

图 5　屋顶绿化植物种植微地形处理方法示意图

7.3.2.1　基质理化性状要求

基质理化性状要求见表 6。

表 6　基质理化性状要求

理化性状	要求
湿容重	450~1 300 kg/m³
非毛管孔隙度	>10%
pH 值	7.0~8.5
含盐量	<0.12%
全氮量	>1.0 g/kg
全磷量	>0.6 g/kg
全钾量	>17 g/kg

7.3.2.2　基质主要包括改良土和超轻量基质两种类型。改良土由田园土、排水材料、轻质骨料和肥料混合而成；超轻量基质由表面覆盖层、栽植育成层和排水保水层三部分组成。目前常用的改良土与超轻量基质的理化性状见表 7。

表 7　常用改良土与超轻量基质理化性状

理化指标		改良土	超轻量基质
容重/（kg/m^3）	干容重	550~900	120~150
	湿容重	780~1 300	450~650
导热系数		0.5	0.35
内部孔隙度		5%	20%
总孔隙度		49%	70%
有效水分		25%	37%
排水速率/（mm/h）		42	58

7.3.2.3　基质配制

屋顶绿化基质荷重应根据湿容重进行核算，不应超过 1 300 kg/m^3。常用的基质类型和配制比例参见表 8，可在建筑荷载和基质荷重允许的范围内，根据实际酌情配比。

表 8　常用基质类型和配制比例参考

基质类型	主要配比材料	配制比例	湿容重/（kg/m^3）
改良土	田园土，轻质骨料	1∶1	1 200
	腐叶土，蛭石，沙土	7∶2∶1	780~1 000
	田园土，草炭，蛭石和肥	4∶3∶1	1 100~1 300
	田园土，草炭，松针土，珍珠岩	1∶1∶1∶1	780~1 100
	田园土，草炭，松针土	3∶4∶3	780~950
	轻沙壤土，腐殖土，珍珠岩，蛭石	2.5∶5∶2∶0.5	1 100
	轻沙壤土，腐殖土，蛭石	5∶3∶2	1 100~1 300
超轻量基质	无机介质	—	450~650

注：基质湿容重一般为干容重的 1.2~1.5 倍。

7.3.3　隔离过滤层

7.3.3.1　一般采用既能透水又能过滤的聚酯纤维无纺布等材料，用于阻止基质进入排水层。

7.3.3.2　隔离过滤层铺设在基质层下，搭接缝的有效宽度应达到 10~20 cm，并向建筑侧墙面延伸至基质表层下方 5 cm 处。

7.3.4　排（蓄）水层

7.3.4.1　一般包括排（蓄）水板、陶砾（荷载允许时使用）和排水管（屋顶排水坡度较大时使用）等不同的排（蓄）水形式，用于改善基质的通气状况，迅速排出多余水分，有效缓解瞬时压力，并可蓄存少量水分。

7.3.4.2　排（蓄）水层铺设在过滤层下。应向建筑侧墙面延伸至基质表层下方 5 cm 处。铺设方法见图 6。

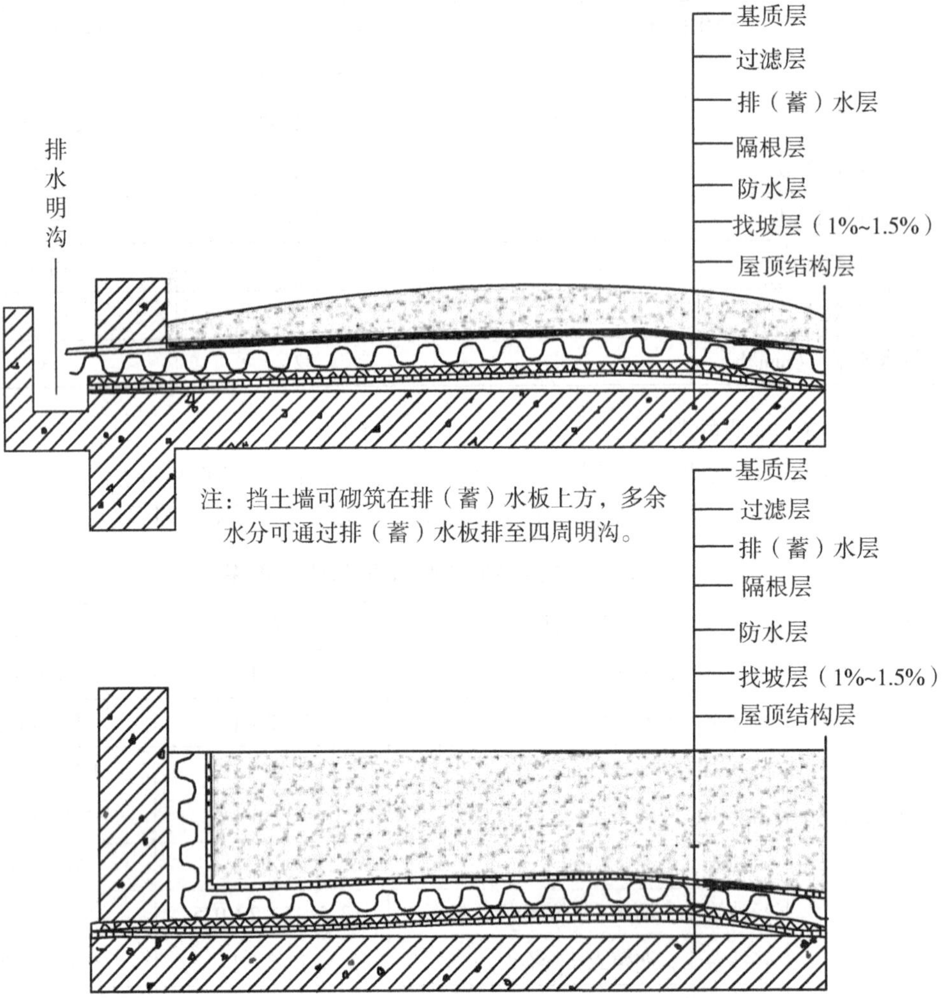

图 6　屋顶绿化排（蓄）水板铺设方法示意图

7.3.4.3　施工时应根据排水口设置排水观察井，并定期检查屋顶排水系统的通畅情况。及时清理枯枝落叶，防止排水口堵塞造成水倒流。

7.3.5　隔根层

7.3.5.1　一般有合金、橡胶、PE（聚乙烯）和 HDPE（高密度聚乙烯）等材料类型，用于防止植物根系穿透防水层。

7.3.5.2　隔根层铺设在排（蓄）水层下，搭接宽度不小于 100 cm，并向建筑侧墙面延伸 15~20 cm。

7.3.6　分离滑动层

7.3.6.1　一般采用玻纤布或无纺布等材料，用于防止隔根层与防水层材料之间产生粘连现象。

7.3.6.2　柔性防水层表面应设置分离滑动层；刚性防水层或有刚性保护层的柔性

防水层表面，分离滑动层可省略不铺。

7.3.6.3 分离滑动层铺设在隔根层下。搭接缝的有效宽度应达到10～20 cm，并向建筑侧墙面延伸15～20 cm。

7.3.7 屋面防水层

7.3.7.1 屋顶绿化防水做法应符合DBJ 01－93—2004要求，达到二级建筑防水标准。

7.3.7.2 绿化施工前应进行防水检测并及时补漏，必要时做二次防水处理。

7.3.7.3 宜优先选择耐植物根系穿刺的防水材料。

7.3.7.4 铺设防水材料应向建筑侧墙面延伸，应高于基质表面15 cm以上。

7.4 园林小品

7.4.1 为提供游憩设施和丰富屋顶绿化景观，必要时可根据屋顶荷载和使用要求，适当设置园亭、花架等园林小品。

7.4.1.1 园林小品设计要与周围环境和建筑物本体风格相协调，适当控制尺度。

7.4.1.2 材料选择应质轻、牢固、安全，并注意选择好建筑承重位置。

7.4.1.3 与屋顶楼板的衔接和防水处理，应在建筑结构设计时统一考虑，或单独做防水处理。

7.4.2 水池

7.4.2.1 屋顶绿化原则上不提倡设置水池，必要时应根据屋顶面积和荷载要求，确定水池的大小和水深。

7.4.2.2 水池的荷重可根据水池面积、池壁的重量和高度进行核算。池壁重量可根据使用材料的密度计算。

7.4.3 景石

7.4.3.1 优先选择塑石等人工轻质材料。

7.4.3.2 采用天然石材要准确计算其荷重，并应根据建筑层面荷载情况，布置在楼体承重柱、梁之上。

7.5 园路铺装

7.5.1 设计手法应简洁大方，与周围环境相协调，追求自然朴素的艺术效果。

7.5.2 材料选择以轻型、生态、环保、防滑材质为宜。

7.6 照明系统

7.6.1 花园式屋顶绿化可根据使用功能和要求，适当设置夜间照明系统。

7.6.2 简单式屋顶绿化原则上不设置夜间照明系统。

7.6.3 屋顶照明系统应采取特殊的防水、防漏电措施。

7.7 植物防风固定技术

7.7.1 种植高于2 m的植物应采用防风固定技术。

7.7.2 植物的防风固定方法主要包括地上支撑法和地下固定法，见图7、图8。

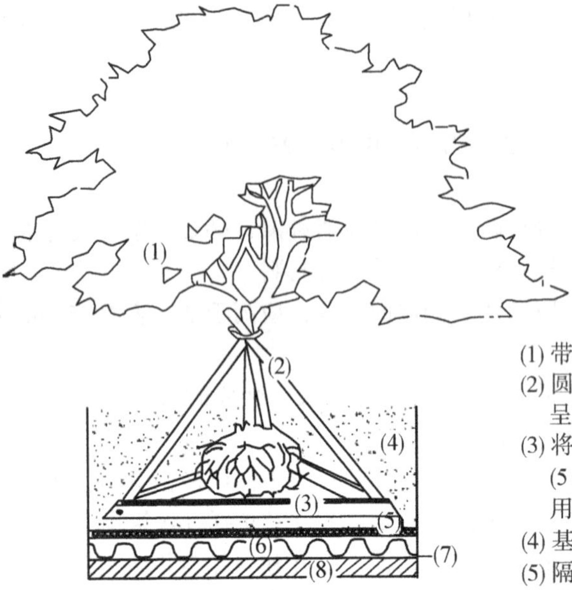

(1) 带有土球的木本植物
(2) 圆木直径60~80 mm，呈三角形支撑架
(3) 将圆木与三角形钢板(5 mm × 25 mm × 120 mm)用螺丝拧紧固定
(4) 基质层
(5) 隔离过滤层
(6) 排（蓄）水层
(7) 隔根层
(8) 屋面顶板

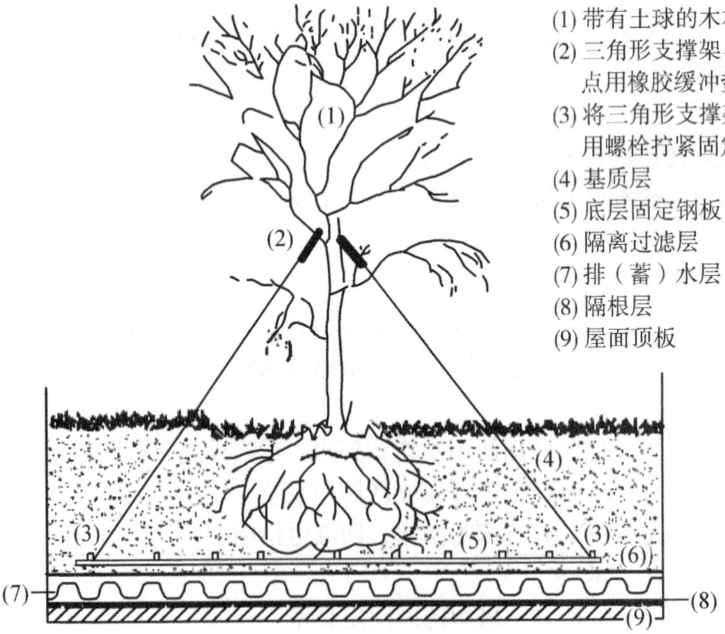

(1) 带有土球的木本植物
(2) 三角形支撑架与主分支点用橡胶缓冲垫固定
(3) 将三角形支撑架与钢板用螺栓拧紧固定
(4) 基质层
(5) 底层固定钢板
(6) 隔离过滤层
(7) 排（蓄）水层
(8) 隔根层
(9) 屋面顶板

图 7　植物地上支撑法示意图

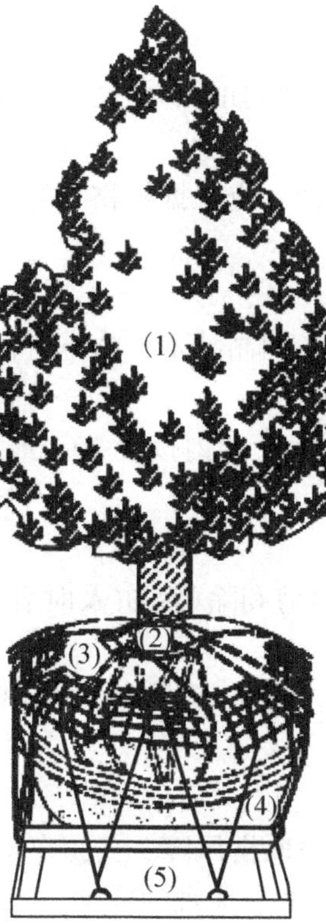

(1) 带有土球的树木
(2) 钢板、Φ=3 mm螺栓固定
(3) 扁铁网固定土球
(4) 固定弹簧绳
(5) 固定钢架（依土球大小而定）

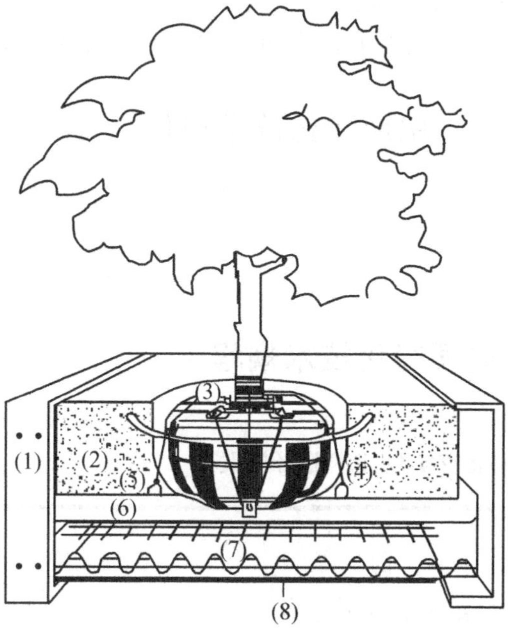

(1) 种植池
(2) 基质层
(3) 钢丝牵索，用螺栓拧紧固定
(4) 弹性绳索
(5) 螺栓与底层钢丝网固定
(6) 隔离过滤层
(7) 排（蓄）水层
(8) 隔根层

图 8　植物地下固定法示意图

7.8 养护管理技术

7.8.1 浇水

7.8.1.1 花园式屋顶绿化养护管理除参照 DBJ 11/T 213—2003 执行外，灌溉间隔时间一般控制在 10~15 d。

7.8.1.2 简单式屋顶绿化一般基质较薄，应根据植物种类和季节不同，适当增加灌溉次数。

7.8.2 施肥

7.8.2.1 应采取控制水肥的方法或生长抑制技术，防止植物生长过旺而加大建筑荷载和维护成本。

7.8.2.2 植物生长较差时，可在植物生长期内按照 30~50 g/m^2 的比例，每年施 1~2 次长效 N、P、K 复合肥。

7.8.3 修剪

根据植物的生长特性，进行定期整形修剪和除草，并及时清理落叶。

7.8.4 病虫害防治

应采用对环境无污染或污染较小的防治措施，如人工及物理防治、生物防治、环保型农药防治等措施。

7.8.5 防风防寒

应根据植物抗风性和耐寒性的不同，采取搭风障、支防寒罩和包裹树干等措施进行防风防寒处理。使用材料应具备耐火、坚固、美观的特点。

7.8.6 灌溉设施

7.8.6.1 宜选择滴灌、微喷、渗灌等灌溉系统。

7.8.6.2 有条件的情况下，应建立屋顶雨水和空调冷凝水的收集回灌系统。

附录 2 屋顶绿化技术规程

ICS 91.040.01
DB13/T 1433—2011
P 53

屋顶绿化技术规程

2011-07-29 发布　　2011-08-15 实施

河北省质量技术监督局发布

前　言

本标准按照 GB/T 1.1—2009 给出的规则起草。

本标准由河北省林业局提出。

本标准起草单位：河北省林业科学研究院。

本标准主要起草人：徐振华、尹新彦、马香利、潘建芝、王惠芝、梁玉华、赵丽霞、王玉民、杨兰旗、刘常玲。

1　范围

本标准规定了屋顶绿化的基本要求、类型、种植设计与植物选择和屋顶绿化技术。

本标准适用于河北省所有适宜绿化的屋顶。

2　规范性引用文件

下列文件对于本文件的应用是必不可少的。凡是注日期的引用文件，仅所注日期的版本适用于本文件。凡是不注日期的引用文件，其最新版本（包括所有的修改单）适用于本文件。

GB 50345—2004《屋面工程技术规范》

DB13/T 1168—2009《城市园林绿化养护管理规范》

3　术语

下列术语和定义适用于本标准。

3.1　屋顶绿化

指在高出地面以上，周边不与自然土层相连接的各类建筑物、构筑物等的顶部以及天台、露台上的绿化。

3.2　花园式屋顶绿化

根据屋顶具体条件，选择小型乔木、低矮灌木、攀缘植物和草坪、地被植物进行屋顶绿化植物配置，设置园路、座椅和园林小品等，提供一定的游览和休憩活动空间的复杂绿化。

3.3　简单式屋顶绿化

指利用低矮灌木或草坪、地被植物进行的屋顶绿化。

3.4　屋顶荷载

指通过屋顶的楼盖梁板传递到墙、柱及基础上的荷载（包括活荷载和静荷载）。

3.5　活荷载（临时荷载）

是指由积雪和雨水回流，以及建筑物修缮、维护等工作产生的荷载。

3.6　静荷载（有效荷载）

指由屋面构造层、屋顶绿化构造层和植被层等产生的荷载。

3.7　防水层

是指为了防止雨水和灌溉用水等进入屋面而设的材料层。一般包括柔性防水层、刚性防水层和涂膜防水层三种类型。

4　一般性规定

4.1　应遵循安全、可行、生态、经济和保护建筑物的原则。

4.2　必须在建筑物安全允许范围内进行。

4.3　进行绿化的建筑物屋顶应能满足绿化对荷载、防水、抗冻胀、防腐等功能的要求。

4.4　建筑物进行屋顶绿化需经专业部门设计，尚未达到屋顶绿化所要求结构安全性能的房屋，必须改造，满足要求后方可绿化。

4.5 坡度较大的屋面、拱屋面以及特种屋面（如玻璃面、活动面层等）不适宜做屋顶绿化。

4.6 屋面坡度在10°以下的宜做花园式屋顶绿化，屋面坡度10°~30°的宜做简单式屋顶绿化，屋面坡度超过30°的不宜绿化。

4.7 屋面坡度超过15°时，应设置防滑装置。

4.8 应适地适景、适地适树、适地适草。

4.9 应避免对周围环境造成污染。

5 屋顶荷载

5.1 屋顶绿化设计须充分考虑绿化的荷载。花园式屋顶绿化屋顶设计，其屋顶荷载应≥460 kg/m^2（营业性屋顶花园≥610 kg/m^2）；简单式屋顶绿化屋顶设计，其屋面荷载应≥255 kg/m^2。屋顶绿化设计时应由屋顶荷载验算资质的相关单位进行复验，并出具证明。

5.2 屋面荷载合理分布的基本要求

5.2.1 屋顶绿化布局应与屋面结构相适应，宜将亭、花坛、树池、水池等荷载较大的部位设在承重结构或跨度较小的位置上。

5.2.2 采用结构找坡，分散荷载，控制栽植槽高度和蓄水层深度。

5.2.3 宜采用泥炭土、腐殖土等轻型栽培基质。

5.2.4 栽植较高乔木的部位，结构应采取特殊的加强措施，满足承载力的要求。

5.3 屋顶面层材料所受荷载超过其承受强度时，应设置压力分配层。压力分配层应直接作用在建筑物的承重结构上，并在压力分配层周围做防水处理。

6 屋顶绿化处理

6.1 防水层

6.1.1 屋顶绿化屋顶必须达到《屋面工程技术规范》（GB 50345—2004）建筑二级防水标准、重要建筑须达到一级防水标准。原有建筑防水层不能满足绿化要求时，应进行屋面防水改造。

6.1.2 屋面防水层侧面应高出屋面种植层10~15 cm。

6.1.3 防水层建成后应做防水性能检测。

6.1.4 加砌花台、水池，安装水、电管线等施工时，不得打开或破坏屋面防水层。

6.2 保护层

6.2.1 防水层上必须设置防根刺破的保护层。

6.2.2 保护层应选用轻质耐腐材料。

6.2.3 保护层接缝应做处理，防止根从接缝处伸入屋面结构层。

6.2.4 保护层应设置防止移位的加固措施。

6.3 排（蓄）水层

6.3.1 保护层上必须设置排（蓄）水层。

6.3.2 排（蓄）水层应根据屋顶排水沟情况设计，材料可选用凸台式、模块式、组合式等多种形式的排（蓄）水板。或直径大于0.4~1.6 cm的陶粒，厚度宜为5 cm。

6.3.3 屋面面积较大时，排（蓄）水层宜分区设置。每区不宜大于1.0 m×1.2 m，且至少应有一个排水孔，排水孔处应铺设粗骨料或加格篦。

6.3.4 屋面排水口一般应设置两个，有条件的可增设一个溢水口。排水口敞露，做好定期的清洁和疏通工作，严禁覆盖，周围严禁种植植物。

6.3.5 根据屋面坡度方向、植物配置、布局，采取隐蔽式集水管、集水口、内排水和外排水，组成排水系统，排水管道应与原有排水管道相连接。

6.4 过滤层

6.4.1 排（蓄）水层上应设置过滤层。

6.4.2 一般采用既能透水又能过滤的聚酯纤维无纺布等材料，搭接缝的有效宽度不小于20 cm，并向建筑侧墙面延伸至基质表层下方5 cm处。

6.4.3 过滤层应有一定的坚固性。

6.5 基质层

6.5.1 宜选用质量轻、持水量大、通透性好、清洁无毒、来源广泛、价格便宜的栽培基质（见附录A）。

6.5.2 栽培基质的重量应在荷载允许范围内，最大持水量时的容重宜小于1.2 g/cm^3。

6.5.3 屋顶绿化基质应符合厚度要求（见附录B）。

7 绿化设计与植物选择

7.1 绿化设计

7.1.1 应以植物栽植为主，绿地面积应在75%以上。

7.1.2 设计时选择植物应考虑屋顶高度、管理方便、绿化布局、观赏效果、防风安全、水肥供应、受光条件等因素。

7.1.3 复层绿化应以草本和花灌木为主，少用或不用个体较大的乔木。

7.1.4 根据屋面大小、天台出入口位置、周围景观环境、楼层高低，可采取自然式或规则式设计，也可根据需要设置花坛、花池、山石、流水、阳棚等。

7.1.5 宜采用体量小、质量轻的园林小品。

7.1.6 屋面边缘必须设置30~50 cm的隔离带。

7.1.7 乔灌木主干距屋面边界的距离应大于乔灌木本身的高度。

7.1.8 容器栽培可采用固定式或移动式，也可架空种植层。

7.1.9 容器栽植应考虑满足植物生长所需的营养面积。

7.2 植物选择

7.2.1 遵循植物共生性原则，以生长习性和观赏价值相对稳定、滞尘控温能力较强等本地常用和引种成功的植物为主（见附录C）。

7.2.2 以低矮灌木、草坪、地被植物和攀缘植物等为主，原则上不用大型乔木，有条件时可少量种植耐旱小型乔木。

7.2.3 应选择须根发达的植物，不宜选用根系穿刺性较强的植物，防止植物根系穿透建筑防水层。

7.2.4 选择易移植、耐修剪、管理粗放、生长缓慢的植物。

7.2.5 选择抗风、耐旱、耐高温的植物。

8 绿化种植施工

8.1 屋顶绿化种植施工应严格按照总体设计要求施工。

8.2 根据植物生长习性及物候期在适宜季节进行栽植。

8.3 屋顶绿化时先栽植乔灌木，后栽植草本植物。

8.4 种植高于2 m的大灌木和乔木应采取防风固定技术。地上支撑法宜采用三角形支架进行牵引固定；地下固定法对栽培容器进行捆绑固定。

8.5 施工应选择不影响周围居民作息的时间进行；施工期间禁止随意丢弃杂物、枯枝及施工垃圾，避免对周围环境造成污染。

8.6 必须加设安全防护设施，保证施工安全。

9 屋顶绿化养护

9.1 应精细养护，可参照《城市园林绿化养护管理规范》（DB13/T 1168—2009）执行。

9.2 灌溉设施必须性能良好，宜采用喷滴灌方式。根据植物习性适时适量浇水，夏季一般在清晨或傍晚浇水，冬季浇水选择在连续晴天温度较高时进行，冬季应采取防蒸发和防冻措施。

9.3 施肥 可采取控水控肥措施或生长抑制技术，控制植物过快生长，降低建筑荷载和管护成本。

9.4 修剪 除应根据园林绿地常规养护外，必须严格控制植物高度、疏密度，保持适宜根冠比及水分养分平衡，保证屋顶绿化的安全性。

9.5 有害生物控制 贯彻“预防为主，综合治理”的防治方针，采取无毒害、无污染或低污染的防治措施，严禁使用剧毒化学药剂和有机氯、有机汞化学农药，对恶性入侵植物宜采用手工拔除方式清除。

9.6 防寒 冬季必须采取防寒措施，保证植物及灌溉设施安全越冬。

9.7 栽培基质损失时，应及时增添栽培基质。

9.8 应及时调节栽培基质的酸碱度和含盐量，满足植物正常生长要求。

9.9 地被植物郁闭良好，栽培基质不裸露。

9.10 定期检查屋顶排水系统、园林小品、树木固定措施、周边护栏，采取必要的安全措施。

附录A

（资料性附录）

基质的理化性质要求参考值

项目	pH值	EC值（mS/cm）	有机质（g/kg）	容重（mg/m^3）	非毛管孔隙（%）	石灰反应（g/kg）	石砾	
							粒径（cm）	含量（%）
指标	6.0~7.5	0.5~2.0	≥30	≤1.0	≥15	<10	≥1	≤5

附录 B

(资料性附录)

不同植物类型基质厚度参考值

植物类型	规格（m）	植物生存所需基质厚度（cm）	植物发育所需基质厚度（cm）
乔木	$H=2.0\sim3.5$	60~120	90~150
大灌木	$H=1.2\sim2.0$	45~60	60~90
小灌木	$H=0.5\sim1.2$	30~45	45~60
草本、地被植物	$H=0.2\sim0.5$	15~30	30~45

附录 C

(资料性附录)

屋顶绿化部分植物种类

表 C.1 乔 木

油松 *Pinus abuliformis* Carr.	阳性，耐旱、耐寒；观树形	栾树 *Koelreuteria paniculata* Laxm.	阳性，稍耐阴；观枝、叶、果
白皮松 *Pinus bungeana* Zucc. ex Endl.	阳性，稍耐阴；观树形	垂枝榆 *Ulmus pumila* L.'*tenue*' S. P. Wang	阳性，极耐旱；观树形
西安桧 *Sabina chinensis* cv.*Xian*	阳性，稍耐阴；观树形	金叶榆 *Ulmus pumila* cv. *jinye*	阳性，耐旱；观叶
龙柏 *Juniperus chinensis* (L.) Ant. cv. *kaizuka*	阳性，不耐盐碱；观树形	紫叶李 *Prunus ceraifera* Ehrhart f. *atnpurpurea*(Jacq.) Rehd.	阳性，稍耐阴；观花、叶
桧柏 *Sabina chinensis*(L.) Ant.	偏阴性；观树形	柿树 *Diospyros kaki*Thunb.	阳性，耐旱；观果、叶
龙爪槐 *Sophora japonica* L. var. *japonica* f. *pendula* Hort.	阳性，稍耐阴；观树形	海棠类 *Malus*	阳性，稍耐阴；观花、果
银杏 *Ginkgo biloba*L.	阳性，耐旱；观树形、叶	山楂 *Crataegus pinnatifida* Bge.	阳性，稍耐阴；观花

表 C.2 灌 木

珍珠梅 *Sorbaria sorbifolia* (L.) A. Br.	喜阴；观花	碧桃 *Prunus persica* L. var. *persica* f. *duplex* Rehd.	阳性；观花
大叶黄杨 *Buxus megistophylla* levl.	阳性，耐阴，较耐旱；观叶	迎春 *Jasminum nudiflorum* lindl.	阳性，稍耐阴；观花、叶、枝
小叶黄杨 *Buxus sinica*	阳性，稍耐阴；观叶	月季 *Rosa chinensis* Jacq.	阳性；观花
凤尾兰 *Yucca gloriosa*	阳性；观花、叶	金银木 *Lonicera maackii* (Rupr.) Maxim	耐阴；观花、果

续表

金叶女贞 *Ligustrum × Vicaryi* 'Hort.'	阳性，稍耐阴；观叶	石榴 *Punica granatum* L.	阳性，耐半阴；观花、果、枝
红叶小檗 *Berberis thunbergii* cv. *atropurpurea*	阳性，稍耐阴；观叶	平枝栒子 *Cotoneaster horizontalis* Dcne.	阳性，耐半阴；观果、叶、枝
连翘 *Forsythia suspensa* (Thunb.) Vahl	阳性，耐半阴；观花、叶	黄栌 *Cotinus coggygria* Scop.	阳性，耐半阴，耐旱；观花、叶
榆叶梅 *Amygdalus triloba* (Lindl.) Ricker	阳性，耐寒，耐旱；观花	锦带花 *Weigela florida* (Bunge) A.DC.	阳性；观花
紫叶矮樱 *Prtmus × Cistena*	阳性；观花、叶	木槿 *Hibiscus syriacus* L.	阳性，耐半阴；观花
寿星桃 *Amygdslus persical* L.var.*densa* Makino	阳性，稍耐阴；观花、叶	黄刺玫 *Rosa xanthina* Lindl.	阳性，耐寒，耐旱；观花
丁香 *Syringa oblata* Lindl.	稍耐阴；观花、叶	猬实 *Kolkwitzia amabilis* (Graebn.)	阳性；观花
红瑞木 *Swida alba* Opiz	阳性；观花、果、枝		

表 C.3　草本、地被植物

玉簪 *Hosta plantaginea* (Lam.) Aschers.	喜阴，耐寒、耐热；观花、叶	大花秋葵 *Abelmoschus medicus* (Linn.)	阳性；观花
马蔺 *Zris lactea* Pall.	阳性；观花、叶	小菊类	阳性；观花
石竹类 *Diranthus chinensis* L.	阳性，耐寒；观花、叶	鸢尾类 *Iris*	阳性，耐半阴；观花、叶
随意草 *Physostegia virginiana* (L.) Benth.	阳性；观花	萱草类 *Hemerocallis*	阳性，耐半阴；观花、叶
铃兰 *Convallaria majalis* L.	阳性，耐半阴；观花、叶	五叶地锦 *parthenocissus quinquefolia* (L.) Planch	喜阴湿；观叶；可匍匐栽植
白三叶 *Trifolium repens* L.	阳性，耐半阴；观叶	景天类 *Sedum*	阳性，耐半阴，耐旱；观花、叶
小叶扶芳藤 *Euonymus fortunei* cv. *radicans*	阳性，耐半阴；观叶；可匍匐栽植	砂地柏 *Sabina vulgaris* Ant.	阳性，耐半阴；观叶
结缕草 *Zoysia japonica* Steud.	喜光。耐高温；抗干旱；耐阴	早熟禾 *Poa annua* L.	冷地型禾草；喜光；耐阴

附录3　屋顶绿化技术规范

DB41/T 796—2013

屋顶绿化技术规程

2013-06-04 发布　　　　　　　　　　　　　　2013-08-30 实施

河南省质量技术监督局

前　言

本标准按照 GB/T 1.1—2009 给出的规则起草。

本标准由河南省农业科学院提出并归口。

本标准由河南省农业科学院、河南希芳阁绿化工程有限公司负责起草。

本标准主要起草人：沈阿林、王洋洋、黄幸历、马芳芳、付鹏羽、郭战玲。

1　范围

本标准规定了屋顶绿化的术语和定义、建筑物要求、设计原则、防水、种植区构造层、园林小品、园路铺装、灌溉设施及照明系统。

本标准适用于新建、改建、扩建建筑物种植屋面及地下建筑物顶板覆土种植绿化的设计、施工及养护管理。

2　规范性引用文件

下列文件对于本文件的应用是必不可少的。凡是注日期的引用文件，仅注日期的版本适用于本文件。凡是不注日期的引用文件，其最新版本（包括所有的修改单）适用于本文件。

GB 50009《建筑结构荷载规范》

GB 50207《屋面工程质量验收规范》

GB 50345《屋面工程技术规范》

GB 50420《城市绿地设计规范》

CJJ 48《公园设计规范》

3　术语和定义

下列术语和定义适用于本文件。

3.1　屋顶绿化 roof greening

在高出地面以上，周边不与地面自然土层相连的各类建筑物、构筑物等的顶部以及天台、露台上的绿化。

3.1.1　观赏型屋顶绿化 ornamental roof greening

选择低矮乔木、灌木、藤本和地被植物进行绿化植物配置，并设置园路、座椅、水景和园林小品等，提供一定的游览和休憩活动空间所用的屋顶绿化。

3.1.2 简单型屋顶绿化 extensive roof greening

仅种植地被植物或低矮乔灌木，不设置园林小品等设施，一般不允许非管理和维护人员活动的简单屋顶绿化。

3.1.3 经济型屋顶绿化 economic type of roof greening

选择蔬菜、低矮果树等粮食和经济作物，用于供给自己及社会日常生活需要的屋顶绿化。

3.2 屋顶荷载 roof load

通过屋顶的楼盖梁板传递到墙、柱及基础上的荷载。

3.3 防水层 waterproof layer

能够隔绝水而不使水向建筑物内部渗透的构造层。

3.3.1 耐根穿刺防水层 root resistant waterproof layer

使用耐根穿刺防水材料构成的防水层。

3.4 阻根层 root-proof layer

为了防止植物根系穿透防水层而设的材料层。

3.5 排（蓄）水层 water drainage/retain layer

能排出渗入种植土中多余水分并具有蓄水功能的构造层。

3.6 过滤层 filtration layer

防止种植土流失又能使水渗透的构造层。

3.7 基质层 substrate layer

具有一定的渗透性、蓄水能力和空间稳定性，满足植物生长的田园土、改良土和无机复合种植土。

3.8 种植层 plant layer

种植植物的构造层。

4 屋顶绿化建筑物要求

4.1 坡度

4.1.1 平屋面适用于观赏型屋顶绿化、简单型屋顶绿化和经济型屋顶绿化，坡屋面适用于简单型屋顶绿化。

4.1.2 坡度大于20%的坡屋面，或在其他溶氧仪导致土体滑动的因素时，应在表层土下加设防滑装置或将坡屋面种植基质做成台阶式，每阶设计成花池状。

4.1.3 坡度大于50%的坡屋面，不宜做屋顶绿化。

4.2 荷载

观赏型屋顶绿化屋顶设计，其屋面荷载应≥4.50 kN/m^2；简单型屋顶绿化屋顶设计，其屋面荷载应≥2.0 kN/m^2。经济型屋顶绿化设计，其屋面荷载≥3.0 kN/m^2。屋顶绿化设计时应与原设计单位沟通或由屋面荷载验算资质的相关单位进行复验，并出具证明。

4.3 防水

屋顶绿化屋顶应达到 GB 50207 建筑二级防水标准，重要建筑应达到一级防水标准。

4.4 排水

屋顶绿化屋顶应设计合理的排水系统，保证暴雨后 1 h 内排水，在排水口应有过滤结构。

5 屋顶绿化设计原则

5.1 屋顶承重安全原则

既有建筑屋顶绿化设计时，应预先全面调查建筑结构等相关指标和技术资料，准确核算各项施工材料的重量和一次容纳游人的数量。荷载应在屋面结构承载力允许的范围内。

5.2 种植比例适宜原则

屋顶绿化要发挥绿化的生态效益，保证有足够的绿化面积，观赏型屋顶绿化绿化屋顶面积宜大于 60%，简单型屋顶绿化绿化种植面积宜大于 80%，经济型屋顶绿化绿化面积宜大于 85%。

5.3 屋顶绿化与建筑物相协调原则

5.3.1 屋顶绿化宜与建筑物同步设计。

5.3.2 进行绿化的建筑物屋顶应满足绿化对荷载、防水、防腐等功能的要求。

5.3.3 应当遵循保护建筑物的原则，屋顶绿化不得破坏建筑物的结构、防水和排水等设施。

5.3.4 屋顶绿化应注意与建筑物的景观协调。

5.3.5 屋顶绿化应注意与设置在屋顶的其他设施相协调，为风机、冷却塔等设备预留维修通道和通风通道，应设计围挡减轻风机、冷却塔等设备对绿化种植的影响。

5.4 屋顶防护安全原则

5.4.1 屋顶绿化应保证与主要建筑物原有的安全通道畅通。

5.4.2 为防止高空物体坠落和保证游人安全，还应在屋顶周边设置高度为自站立平面起 1 050 mm 以上的挡墙或防护围栏。

5.4.3 要注意植物和设施的固定安全，防止高空坠物。

5.5 荷载计算

5.5.1 荷载的计算应按 GB 50009 规定执行。

5.5.2 荷载的计算应同时考虑永久荷载（如结构自重、土压力、预应力等），可变荷载（如屋面活荷载、风荷载等）和偶然荷载（如地震、撞击力等）。

5.5.3 植物的重量应考虑植物种植后生长的重量增加值。

5.5.4 确定屋面活荷载应考虑因栽植土层蓄水及产生积水引起的荷载变化。应采取构造措施防止因屋面排水不畅，堵塞引起的积水荷载。

5.5.5 应考虑因大风引起的风荷载。

5.6 荷载分布

5.6.1 屋顶绿化种植和小品的布局，应与屋面结构相适应，荷载分布要均匀，宜将亭、雕塑、水池、小品等荷载较大的构件设置在承重墙或柱的位置，小乔木、荷载较大的乔灌木应种植在承重的柱和大梁上，并不得迁移变更位置，荷载应在屋面结构承载力允许的范围内。

5.6.2　屋顶绿化的种植土配比，植物选择及各类设施应按照轻量化的要求进行设计，控制种植槽高度和蓄水层深度。

6　屋顶绿化防水

6.1　屋顶绿化设计时应进行防水检测，并满足 GB 50207 相关规定。

6.2　新建筑物与屋顶绿化同步设计时，应在建筑设计时预设管线、亭、台、花架、立柱等设施的基础预埋件和固定桩等。伸出屋面的管道、设备或预埋件等，须在防水层施工前安设完毕。现有建筑屋面改造为观赏型屋顶绿化时，如各类小品设施的基础预埋件和固定桩等施工破坏原有防水层的，原防水层须拆除重修，重修应符合 GB 50345 的验收标准。现有建筑屋面为倒置屋面时，应重新做防水。

6.3　女儿墙泛水处的防水层在立面的高度不应小于 300 mm。

6.4　屋面防水层完工后，不得在其上凿孔打洞或重物冲击。

7　屋顶绿化种植区构造层

7.1　屋顶绿化的基本构造

屋面种植区构造层由下至上分别由防水层（阻根层）、排（蓄）水层、过滤层、基质层、种植层等组成。园路及硬质铺装区构造层由下至上分别由防水层、（排水层）、轻质垫层、粘贴层、饰面层等组成。

7.2　阻根层

7.2.1　阻根层铺设在防水层上，排（蓄）水层下，宜选用同时具有防水功能的卷材，接缝应做处理，并向建筑侧墙立面延伸 150~200 mm，防止根从接缝处穿入屋顶构造层。

7.2.2　应选用轻质防腐，可防根刺破的材料。

7.2.3　防水层已具备阻根功能的，可不设计阻根层。

7.2.4　绿化种植根系不发达的植物时，可不设计阻根层。

7.3　排（蓄）水层

7.3.1　应根据屋面找坡、植物配置、布局，在过滤层下设置集水口、排（蓄）水层、水平集水管和排水孔，连接到原有建筑物排水口，组成排水系统。

7.3.2　排（蓄）水层选用疏排（蓄）水板材、陶粒、轻质人工砾石（粒径 20~30 mm）和排水管等不同的排水形式，迅速排出多余水分，改善基质的通气状况，并可蓄存少量水分。

7.3.3　屋面面积大于 200 m^2 或为反梁设计时，排（蓄）水层宜分区设置，每区设一个排水孔，排水孔处应置纤维袋装级配人造轻质砾石或加格栅水篦。

7.3.4　排（蓄）水层选用陶粒或其他轻质人工砾石等粒状材料时，厚度不应小于 50 mm。

7.3.5　明排水时，应在种植区和女儿墙之间设置不大于 300 mm 的外围排水沟。

7.3.6　应根据集水口、排水口设置观察口，用于检查屋顶排水系统的通畅情况，防止堵塞造成水浸。

7.4　过滤层

7.4.1　过滤层铺设在排（蓄）水层上，基质层下，搭接缝的有效宽度不宜小于

200 mm，并向建筑侧墙面延伸至基质表层下方 50 mm 处。

7.4.2 过滤层应选用既能透水又能隔绝种植土细小颗粒的防腐材料。

7.5 基质层

7.5.1 屋顶绿化基质荷重应根据湿容重进行核算，应控制在建筑荷载允许的范围内。

7.5.2 基质层宜选用质量轻、通透性好、持水量大、酸碱度适宜、清洁无毒的轻质配方土壤。常用基质材料的容重参见表 1，常用基质类型和配制比例参见表 2，其他常用材料自重参见附录 A。

表 1 几种栽培基质的理化性质表

基质名称	容重（g/cm³）		持水量（%）	通气孔隙（%）	pH 值
	干	湿			
浙江山泥	1.05	1.56	51	5.8	5.31
东北泥炭（高位）	0.14	0.66	52	28.9	5.61
江苏泥炭（低位）	0.97	1.52	55	5.4	5.49
堆腐木屑	0.36	0.84	48	5.4	5.2
谷壳	0.12	0.28	16	56.6	7.1
蛭石	0.33	0.88	55	11.6	7.7
珍珠岩	0.23	0.83	60	13.5	8.2
煤渣（1~3 mm）	0.78	0.95	17	38.1	8.3
河砂（0.5~2 mm）	1.68	1.98	30	8.2	7.79
焦糠	0.24	0.79	55	29.7	7.72
1/2 泥炭+1/2 木屑（体积比）	0.59	1.25	66	5.7	6.7
1/2 木屑+1/2 谷壳（体积比）	0.2	0.73	53	17.9	7.06
1/2 蛭石+1/2 珍珠岩（体积比）	0.28	0.77	49	5.8	7.59
1/2 木屑+1/2 土壤（体积比）	0.69	1.38	69	6.4	7.39
1/2 土壤+1/2 砻糠灰（体积比）	0.71	1.31	60	7.2	7.72

表 2 常用基质类型和配制比例参考

基质类型	主要配比材料	配制比例（体积比）	湿重（g/cm³）
改良土	田园土，轻质骨料	1∶1	1.2
	腐叶土，蛭石，沙土	7∶2∶1	0.78~1
	田园土，草炭（蛭石和肥）	4∶3∶1	1.1~1.3
	田园土，草炭，松针土，珍珠岩	1∶1∶1∶1	0.78~1.1
	田园土，草炭，松针土	3∶4∶3	0.78~0.95
	轻沙壤土，腐殖土，珍珠岩，蛭石	2.5∶5∶2∶0.5	1.1
	轻沙壤土，腐殖土，蛭石	5∶3∶2	1.1~1.3
	田园土，稻壳，腐叶土	1∶1∶1	0.75~1.2
超轻量基质	无机介质	—	0.45~0.65

7.5.3 基质层进行地形设计时应结合荷载要求、排水条件、景观布局和不同植物对基质厚度的要求统一考虑。

7.5.4 植物栽培基质的最小厚度应符合表3的要求。

表3 植物栽培基质厚度

植物类型	植物高度（cm）	基质厚度（cm）
简单式屋顶绿化草本，地被植物	5~20	≥5
观赏型屋顶绿化草本，地被植物	20~50	10~20
小灌木	50~150	30~40
大灌木	150~200	40~50
小型乔木	200~300	50~60

7.6 植被层

7.6.1 主要种植形式

7.6.1.1 种植设计的一般规定应符合GB 50420和CJJ 48种植设计的规定。

7.6.1.2 在种植区通过种植，铺设植生带和播种等形式种植的各种植物，包括乔木、灌木、地被植物、攀缘植物等。

7.6.1.3 根据屋顶荷载和使用要求，可用容器种植组合形式在屋顶上布置观赏植物，简单型屋顶绿化可利用耐旱草、地被、灌木或可匍匐的攀缘植物进行屋顶覆盖绿化。

7.6.1.4 以突出生态效益和景观效益为原则，条件许可的情况下，植物配置应以复层结构为主，由小型乔木、灌木和地被植物组成。

7.6.2 植物选择

7.6.2.1 原则上应以低矮小乔木、灌木、地被植物和攀缘植物等为主，专门进行加强的荷载设计及支撑系统设计时才可种植大型乔木，乔木的高度不宜超过2.5 m。

7.6.2.2 应选择生长较慢、耐修剪、抗风、耐旱、耐高温的植物。应以乡土植物为主，利用丰富的植物色彩来渲染建筑环境。

7.6.2.3 不宜选用主根发达，根系穿刺性较强的植物，防止植物根系穿透建筑防水层。

7.6.2.4 河南地区屋顶绿化部分植物种类见附录B。

7.6.3 植物防风支护技术

7.6.3.1 种植高于2 m的植物应采用防风支护技术。

7.6.3.2 防风支护措施包括低层和高层两种支柱。

7.6.3.3 设置支柱须注意不破坏过滤层、阻根层和防水层。

7.6.3.4 屋顶局部常发生强风的地方，应设计防风栅栏。

8 园林小品

8.1 观赏型屋顶绿化可根据屋顶荷载和使用需求，适当设置亭、廊、花架、景石、水景等园林小品。

8.2 园林小品应在保证牢固、安全的前提下，采用轻质结构布置在建筑承重结构上，符合荷载要求。

8.3 园林小品的基础，应在建筑结构设计时统一考虑，在防水层施工前完成或单独做防水处理。

9 园路铺装

9.1 材料选择以轻型、防滑材质为宜。

9.2 园路可用作收集屋面水的排水沟。

9.3 园路与绿化表面相差高度较大时，根据设计可选用轻质垫层垫高路面。

10 灌溉设施

10.1 屋顶绿化根据需要设置浇灌设施。

10.2 宜采用节水设施，宜采用滴灌系统。

10.3 可安装蓄水装置，收集降水和灌溉水，过滤后再次利用。

11 照明系统

屋顶绿化根据功能需求设置照明系统。

附录 A

(资料性附录)

常用材料自重

常用材料容重见表 A.1。

表 A.1 常用材料容重

名称	容重（kN/m^3）	备注
混凝土	22~25	因混凝土配方不同有差异
加气混凝土	5.5~7.5	单块
红砖	18~22	—
水泥砂浆	20	—
木材	4~11	因含水量，品种不同
钢材	78.5	—
普通玻璃	25.6	—
花岗石，大理石	28	—
泥炭土	7.5	—
珍珠岩	6	—
蛭石	6	—
稻壳	2.6	—
腐殖土	15~16	—
壤土	16	—
沙子	12.2	干，松
沼渣	2.8	—
炉渣	7.8~8.5	—
稻壳	1.2	—
蘑菇渣	4.1	—

注：其他的材料自重见 GB 50009 附录 A。

附录 B

（资料性附录）

屋顶绿化部分植物种类推荐表

屋顶绿化部分植物种类推荐参见表 B.1~表 B.4。

表 B.1 小乔木

序号	中文名	拉丁名	序号	中文名	拉丁名
1	桂花	*Osmanthus fragrans* (Thunb.) Lour.	2	海棠	*Malus spectabilis* (Ait.) Borkh.
3	白玉兰	*Magnolia alba* DC.	4	紫玉兰	*Magnolia liliflora* Desr.
5	油松	*Pinus tabuliformis* Carr.	6	紫叶李	*Prunus ceraifera* Ehrhart f.*atropurpurea*(Jacq.) Rehd.
7	樱花	*Cerasus serrulata* (Lindl.) G. Don ex london	8	山楂	*Crataegus pinnatifida* Bge.
9	桧柏	*Sabina chinensis*(Linn.) Ant			

表 B.2 灌　木

序号	中文名	拉丁名	序号	中文名	拉丁名
1	珊瑚树	*Viburnum odoratissimum* Ker-Gawl.	2	紫荆	*Cercis chinensis* Bunge
3	紫薇	*Lagerstroemia indica* L.	4	黄栌	*Cotinus coggyria* Scop.
5	木槿	*Hibiscus syriacus* L.	6	郁李	*Prunus japonica*(Thunb.) Lois.
7	金银木	*Lonicera maackii*(Rupr.) Maxim.	8	碧桃	*Amygdalus persica* L. var. *persica* f. *duplex* Rehd.
9	石榴	*Punica granatum* L.	10	棕榈	*Trachycarpus fortunei* (Hook.) H. Wendl.
11	海桐	*Pittosporum tobira* (Thunb.) Ait	12	无刺枸骨	*Ilex cornuta* var.*fortunei*
13	丝兰	*Yucca smalliana* Fern.	14	天目琼花	*Viburnum sargentii* koehne
15	蜡梅	*Chimonanthus praecox*(L.) Link	16	迎春花	*Jasminum nudiglorum* Lindl.
17	迎夏	*Jasminum floridum* Bunge	18	月季	*Rose chinensis* Jacp.
19	小叶女贞	*Ligustrum quihoui* Carr.	20	金叶女贞	*Ligustrum* × *Vicaryi* Hort.

续表

序号	中文名	拉丁名	序号	中文名	拉丁名
21	锦带花	*Weigela florida*(Bunge) A.DC.	22	火棘	*Pyracantha fortuneana* (Maxim.) Li
23	榆叶梅	*Amygdalus triloba* (Lindl.) Ricker	24	贴梗海棠	*Chaenomeles speciosa* (Sweet) Nakai
25	柳叶绣线菊	*Spiraea salicifolia* L.	26	重瓣棣棠	*Kerria japonica* (L.) DC. f. *pleniflora*(Witte) Rehd.
27	阔叶十大功劳	*Mahonia bealei* (Fort.) Carr.	28	南天竹	*Nandina domestica* Thunb.
29	红瑞木	*Swida alba* Opiz	30	黄刺玫	*Rosa xanthina* Lindl.
31	玫瑰	*Rosa rugosa* Thunb.	32	紫丁香	*Syringa oblate* Lindl.
33	连翘	*Forsythia suspense* (Thunb.) Vahl	34	白丁香	*Syringa oblate* Lindl.var.*alba* Hort. ex Rehd.
35	小檗	*Berberis thunbergii* DC.	36	石楠	*Photinia serrulata* Lindl.
37	金钟花	*Forsythia viridissima* Lindl.	38	紫叶小檗	*Berberis thunbergii* DC.var. *atropurea* Chenault
39	金心大叶黄杨	*Euonymus japonicus* L. cv. *aureo-variegatus*	40	梅	*Armeniaca mume* Sieb. (Prunus mume Sieb. et Zucc.)
41	洒金桃叶珊瑚	*Aucuba japonica* Variegata	42	金丝桃	*Hypericum monogynum* L.
43	八角金盘	*Fatsia japonica* (Thunb.) Decne. et Planch.			

表 B.3　藤本植物

序号	中文名	拉丁名	序号	中文名	拉丁名
1	葡萄	*Vitis vinifera* L.	2	紫藤	*Wisteria sinesis*(Sims) Sweet.
3	木香	*Rosa banksiae* Ait.	4	凌霄	*Campsis grandiflora* (Thunb.) Schum.
5	扶芳藤	*Euonymus fortunei* (Turcz.) Hand.-Mazz.			

表 B.4　草本植物

序号	中文名	拉丁名	序号	中文名	拉丁名
1	美人蕉	*Canna generalis* (Bailey)	2	大丽花	*Dahlia piannata* Cav.
3	芍药	*Paeonia lactiflora* Pall.	4	虞美人	*Papaver rhoeas* Linn.
5	百日草	*Zinnia elegans* Jacq.	6	菊花	*Dendranthema morifolium*(*Ramat.*)Tzvel.
7	麦冬	Ophiopogon japonicus(Linn. f.) Ker-Gawl.	8	葱兰	Zephyranthes candida (Lindl.) Herb.
9	酢酱草	Oxalis corniculata L.	10	石竹科	Caryophyllaceae
11	鸢尾	*Iris tectorum* Maxim.	12	玉簪	*Hosta plantaginea*(Lam.) Aschers.
13	萱草	*Hemerocallis fulva* (Linn.) Linn.	14	唐菖蒲	*Gladiolus gandavensis* Vaniot Houtte
15	白三叶	*Trifolium repens* L.	16	睡莲	*Nymphaea tetragona* Georgi
17	常春藤	Hedera nepalensis K. Koch var. *sinensis*(Tobl.)Rehd.	18	射干	*Belamcanda chinensis* (L.)Redouté
19	五叶地锦	*Parthenocissus quinguefolia*(L.) Planch	20	胭脂红景天	*Sedum spurium* cv.*coccineum*
21	八宝景天	*Sedum spectabile* Boreau	22	佛甲草	*Sedum lineare* Thunb.
23	凹叶景天	*Sedum emarginatum* Migo	24	遍地黄金	*Arachis duranensis*
25	薄雪万年草	*Sedum hispanicum*	26	阔叶景天	*Sedum roborowskii* Maxim.

附录 C

(资料性附录)

蔬菜种植季节主要品种

蔬菜种植季节主要品种有:南瓜、西红柿、韭菜、菜椒、冬瓜、苦瓜、丝瓜、四季豆、空心菜、葛薯、苋菜、小白菜、萝卜、四季葱、胡萝卜、洋葱头、生菜、菠菜、大白菜、芥蓝、包菜、秋黄瓜、四季蒜等。

注:冬季种植蔬菜等经济型作物可增设保温性设施,覆地膜或搭建种植棚等。

参考文献

[1] 埃德蒙·斯诺格拉斯,露西·斯诺格拉斯．屋顶绿化植物资源与种植指南[M]．李世晨,王军,杨至德,译．武汉:华中科技大学出版社,2013.

[2] 安立伟．屋顶绿化植物的选择原则及配置方式研究[J]．现代园艺,2013(10):168.

[3] 鲍思伟．云锦杜鹃低温半致死温度对自然降温的适应[J]．西南民族大学学报:自然科学版,2005,31(1):99-102.

[4] 彭博．北京地区屋顶绿化冬春季养护管理技术[N]．中国花卉报,http://www.China-flower.com.2007-01-20,03.

[5] 韩丽莉．屋顶绿化技术规范，DB11/T 281—2005，北京：北京市园林科学研究所，北京市质量技术监督局，2005.

[6] 曹建军，杜明军．小议园林花卉常见病虫害的特点及防治措施［J］．科技致富向导，2013（29）：46.

[7] 陈丰鸽，王希宏．屋顶绿化景观设计与核心技术［J］．河南林业科技，2009，29（2）：103-104.

[8] 陈娟，陈其兵，潘远志，等．六种野生灌木的抗旱性研究．四川林业科技，2007，28（5）：50-54.

[9] 戴杰凡．浅谈屋顶花园的设计与建造［J］．建筑与环境，2007（1）：118-119.

[10] 单进，李连龙，杜伟宁，等．北京地区屋顶绿化植物材料的选择与配置［J］．北京园林，2008，24（83）：26-30.

[11] 范杰英．9 个树种抗旱性的分析与评价［D］．西安：西北农林科技大学，2005.

[12] 付芬云，马仲云，周翔，等．屋顶绿化设计与管护技术［J］．中国林副特产，2007（6）：50-51.

[13] 桂雪艳，梁晓红，赵自申．园林病虫害的防治应走可持续发展的道路［G］．河南风景园林学会．2003 年学术交流论文集．

[14] 河北省林业科学研究院．DB13/T 1403—2011，屋顶绿化技术规程．河北省质量技术监督局，2011.

[15] 环境与景观出版社．景观建筑生态设计与施工：屋顶·墙体绿化［M］．崔正秀，于建波，译．北京：中国建筑工业出版社，2014.

[16] 吉文丽，李卫忠，王诚吉．屋顶花园发展状况及北方屋顶绿化植物选择与种植设计［J］．西北林学院学报，2005（03）：180-183.

[17] 姜燕，张怡．屋顶绿化设计基本原则［J］．内蒙古林业，2006（5）：39.

[18] 金步圣，林应，施俊荣．夏季雷阵雨天气特征分析［J］．气象科学，2010，30（4）：538-541.

[19] 黎宁，李华兴，朱凤娇，等．菜园土壤的理化性质和微生物生态特征与种植年限的关系［J］．生态环境，2005，14（6）：925-929.
[20] 黎燕琼，刘兴良，郑绍伟，等．岷江上游干旱河谷四种灌木的抗旱生理动态变化［J］．生态学报，2007，27（3）：870-878.
[21] 李吉吉．屋顶绿化植物根系阻拦的必要性［J］．中国花卉园艺，2004（18）：13.
[22] 李吉跃．太行山区主要造林树种耐旱特性的研究（Ⅲ-Ⅵ）［J］，北京林业大学学报，1991，13（S2）：230-279.
[23] 李谦盛．屋顶绿化栽培基质的选择［J］．安徽农业科学，2005，33（1）：84-85.
[24] 李雁冰．福州市屋顶绿化植物的选择及其耐热性评价［D］．福州：福建农林大学，2009.
[25] 梁明霞．华北地区植被屋面植物材料筛选的初步研究［D］．北京：北京林业大学，2009.
[26] 林夏珍．论屋顶环境与屋顶绿化［J］．浙江林学院学报，1998，15（1）：91-95.
[27] 马树庆，王琪．气象条件对花卉生长发育的影响概述［J］．吉林气象，2002（1）：2-5.
[28] 马月萍，董光勇．屋顶绿化设计与建造［M］.2 版．北京：机械工业出版社，2011.
[29] 马志飞．上海市屋顶绿化现状研究［D］．北京：北京林业大学，2008.
[30] 任义，关坤，段晔．谈屋顶绿化及其植物配置［J］．北京园林，2011，27（95）：51-55.
[31] 汤聪．广州地区草坪式屋顶绿化植物筛选及栽培基质研究［D］．广州：仲恺农业工程学院，2013.
[32] 唐澄，吴杰．城市屋顶花园的功能及其在园林景观建设中的应用［J］．安徽农业科学，2013，41（12）：5421-5423.
[33] 王洪成．浅谈屋顶花园的设计［J］．北方园艺，2007（2）：137-138.
[34] 王力园．广州地区四种屋顶绿化植物适宜性评价及基质配方研究［D］．兰州：甘肃农业大学，2011.
[35] 王伟，陈建茂．园林病虫害防治与可持续发展［J］．现代农业科技，2007（16）：100.
[36] 王仙民．屋顶花园设计与案例解析［M］．南京：江苏科学技术出版社，2013.
[37] 魏艳，赵慧恩．我国屋顶绿化建设的发展研究——以德国、北京为例对比分析［J］．林业科学，2007，43（4）：95-101.
[38] 吴琼峰，林燕芳．几种屋顶绿化植物抗旱性对比研究［J］．安徽农学通报，2010，16（21）：88-90.
[39] 肖远志，李卫东，王双伍，等．城市屋顶绿化植物选择研究［J］．湖南农业科学，2010（9）：113-116.
[40] 谢建磊，罗富成．屋顶绿化研究综述［J］．现代农业科技，2010（9）：248-251.
[41] 谢晓金，郝日明．南京地区 12 种常绿阔叶树种冬季抗寒性动态变化［J］．生态学

报，2009，29（4）：2149-2154.
［42］胥悦，罗言云．北方城市屋顶花园的景观人性设计［M］．安徽农业科学，2014，42（17）：5549-5551.
［43］徐峰，封蕾，郭之一，等．屋顶花园设计与施工［M］．北京：化学工业出版社，2007.
［44］徐燕，薛立，屈明．植物抗寒性的生理生态学机制研究进展［J］．林业科学，2007，43（4）：88-94.
［45］徐振华，高运茹，钱金娥，等．覆盖物对屋顶绿化基质水分变化和植物生长的影响［J］．林业科技开发，2014，28（3）：59-62.
［46］徐振华，刘俊，尹新彦．我国屋顶绿化研究概况［J］．林业科技开发，2010，24（4）：10-13.
［47］徐振华，马香利．冬季自然条件下12种屋顶绿化木本植物抗寒性分析［J］．中国农学通报，2011，27（19）：251-254.
［48］徐振华．一种屋顶绿化雨水收集及滴灌装置．中国，201320535769.4［P］．2014-03-12.
［49］严寒静，谈锋．栀子叶片生理特性与抗寒性的关系［J］．植物资源与环境学报，2005，14（4）：21-24.
［50］严寒静，谈锋．自然降温过程中栀子叶片膜保护系统的变化与低温半致死温度的关系［J］．植物生态学报，2000，24（1）：91-95.
［51］颜丽丽，韩烈保．四个野生早熟禾属草种的耐热性研究［J］．中国农学通报，2009，25（6）：120-125.
［52］杨鹏辉，李贵全，郭丽，等．干旱胁迫对不同抗旱大豆品种花荚期质膜透性的影响［J］．干旱地区农业研究，2003，21（3）：127-130.
［53］杨森，赵志刚．园林地被植物在城市屋顶花园的应用［J］．安徽农业科学，2009，37（6）：2527-2529.
［54］张吉立，刘振平，毕海，等．冬季自然条件下4种彩叶植物抗寒生理研究［J］．山西农业科学，2009，37（7）：44-47.
［55］张杰，李海英，侯晓红．轻型屋顶绿化人工基质配方的筛选［J］．湖北农业科学，2011，50（8）：1568-1571.
［56］张娱倩．自然的空调——屋顶绿化的设计实施要点［J］．云南建筑，2007（5）：32-34.
［57］赵惠恩，饶戎，董翔．屋顶绿化技术与建筑节能应用——生态建筑的植被屋面［M］．北京：中国建筑工业出版社，2009.
［58］赵玉宏．应用 Logistic 方程测定冷季型草坪草抗热性研究［J］．湖北农业科学，2004，12（4）：108-110.
［59］赵玉婷，胡永红，张启翔．屋顶绿化植物选择研究进展［J］．山东林业科技，2004（2）：27-29.
［60］中直机关绿化委员会办公室．中直机关屋顶绿化养护管理工作要点［J］．国土绿

化，2007（6）：38.

[61] AITKEN S N，HANNERZ M. 2001. Genecology and gene resource management straiegies for conifer cold hardiness//Bigras F J. Columbo S J. Conifer cold hardiness. Kluwer Academic Publishers，Dordreeht，The Netherlads：23-53.

[62] KELLIHER F M，et al. Stomatal resistance，transpirations and growth of drought-stressed eastern cottonwood. Can. For. Res.，1980，10：447-451.

图 12-1　全国政协机关办公楼屋顶花园全景

图 12-2　全国政协机关办公楼屋顶花园一隅

图 12-3　王府世纪停车楼屋顶花园全景

图 12-4　王府世纪停车楼屋顶花园一隅

图 12-5　河北省人民医院屋顶花园全景

图 12-6　河北省人民医院屋顶花园一隅

图 12-7　石家庄怀特古文化茶城屋顶花园全景

图 12-8　石家庄怀特古文化茶城屋顶花园一隅

图 12-9　河北经贸大学屋顶绿化全景

图 12-10　河北经贸大学屋顶绿化一隅